汽车发动机原理

于增信　孙　莉　编著

机 械 工 业 出 版 社

本书是关于内燃机原理及其基础理论的教材。全书以能量转换与传递过程及其效果改善为主线，将内燃机原理与热工基础、燃料及燃烧基础合编于一册，阐述发动机及其能量转换与利用的基本理论基础、知识、概念及新的概念与技术发展。围绕发动机动力、经济、排放等基本性能的提高与改善，突出了经典的基本理论、知识及其在节能减排新技术和检修、设计等工程实践中的实际应用。全书主要内容包括热工基础、燃料及燃烧基础知识、发动机工作循环、发动机性能与评价指标、发动机能量平衡及热损失、发动机换气过程、汽油机混合气形成及燃烧过程、柴油机混合气形成及燃烧过程、发动机特性和发动机节油与减排技术等。

本书可用作汽车服务工程、车辆工程、热能与动力机械工程（内燃机）等专业的教材，也可作为机械工程、交通运输工程等专业相应课程的教材，同时，还可供从事汽车、拖拉机、内燃机开发、研究、制造及运用的工程技术人员参阅。

图书在版编目（CIP）数据

汽车发动机原理/于增信，孙莉编著．—北京：机械工业出版社，2019.12（2024.4 重印）

ISBN 978-7-111-64419-4

Ⅰ.①汽… Ⅱ.①于… ②孙… Ⅲ.①汽车-发动机-理论-教材 Ⅳ.①U464.11

中国版本图书馆 CIP 数据核字（2019）第 286882 号

机械工业出版社（北京市百万庄大街 22 号　邮政编码 100037）
策划编辑：杜凡如　责任编辑：杜凡如　刘　煊
责任校对：李　杉　封面设计：严娅萍
责任印制：刘　媛
涿州市般润文化传播有限公司印刷
2024 年 4 月第 1 版第 3 次印刷
184mm×260mm · 14.25 印张 · 346 千字
标准书号：ISBN 978-7-111-64419-4
定价：49.00 元

电话服务	网络服务
客服电话：010-88361066	机　工　官　网：www.cmpbook.com
010-88379833	机　工　官　博：weibo.com/cmp1952
010-68326294	金　　书　　网：www.golden-book.com
封底无防伪标均为盗版	机工教育服务网：www.cmpedu.com

Preface

前言

汽车及用内燃机驱动的其他机械或装置是社会生产、生活中不可缺少的一部分。然而，汽车保有量的持续快速增加，也带来了能源消耗的急剧增大，排气、噪声等环境公害问题日趋严重。面对能源短缺和环境保护的压力，各个国家或地区制定了越来越严的油耗标准和排放法规，节能与新能源汽车已提升至国家战略高度，与汽车寿命周期有关的节能、减排的要求提到了空前高度。发动机是汽车的心脏，其性能必然与相关标准和法规发生密切联系，在更高效、更节能、更环保的要求下，新的发动机理论、概念及技术不断涌现。

热工基础知识是热机及其他能量转换与传递设备的理论基础。在发展绿色经济、建设低碳社会的今天，相关领域的工作人员都应了解和掌握内燃机及能量转换与利用知识，以便合理使用、正确评价、有效管理、节能减排。

高等教育教学的改革不断深化。一方面，科学技术的快速发展、与国际接轨的工程教育质量认证，对宽口径、厚基础、学科交叉的人才培养提出了更高的要求；另一方面，突出创新创业能力及意识培养的素质教育不断强化，第二课堂活动日益丰富，第一课堂学时大幅减少。按学科/专业划分、设置多门专门学科基础及专业类课程的体系，已难以适应上述要求。以整体知识观、方法观优化整合相关教学内容，建设涵盖相关知识点的综合性课程和教材，则是以尽可能少的学时、精炼的内容达到良好效果的有效方法。

基于上述背景，作者结合多年来的教学改革实践，以能量转换与传递过程及其效果改善为主线，基础理论与应用相结合，将发动机原理及其重要基础——工程热力学、传热学、燃料及燃烧基础知识等合编为一册，阐述发动机及其能量转换与利用的基本理论基础、知识、概念及新的概念与技术发展。本书编写中，考虑了热工基础的系统性与易读性，但限于篇幅，在内容取舍上侧重于与内燃机原理关联密切的部分。对内燃机原理的内容，注重了精选与优化整合、继承与发展革新，突出了经典的基本理论、知识及其在新技术和检修、设计等工程实践中的实际应用。围绕发动机动力、经济、排放等基本性能的提高与改善，剖析工作过程原理、燃烧原理，揭示性能指标及特性与设计因素、使用因素、运行因素、调控参数、技术状况等诸多因素的内在联系，以阐明优化组织工作过程的原则及方法、发动机原理基本理论知识及其与节能减排新技术（压缩比可变、排量可变、超膨胀循环、分层稀薄混合气燃烧、混合动力、均质混合气压燃、代用燃料等）及实际应用的关系，以期达到举一反三、触类旁通、提高判断技术方向能力的效果，并提供持续自行深入学习的基础。

本书在内容描述上，强调概念清晰、循序渐进、简明扼要、实例高效，力求逻辑严密、层次分明、通俗易懂；注重归纳总结，对重要的、容易混淆或容易忽略的知识点、概念，均以“注意”警示，结论明确；每章附有思考题与练习题，以期学思结合、学以致用、知行统一。

本书除作为汽车服务工程、车辆工程、热能与动力机械工程（内燃机）等专业的本科生教材外，还可作为机械工程、交通运输工程等专业相应课程的教材。同时，亦可供从事汽车、拖拉机、内燃机开发、研究、制造及运用的工程技术人员参阅。

本书由北京联合大学于增信、孙莉编著。于增信负责第6~10章主要内容编写及全书统稿，孙莉负责第1~5章主要内容编写。孔令才对本书图表的整理做了大量工作，在此特致以衷心的感谢。

书中定有作者力所不及和笔述不到之处，错误和疏漏在所难免，欢迎广大读者批评指正。

编　者

Contents

目录

第1章 热工基础

热工基础包括工程热力学和传热学两部分。工程热力学将热力学基础理论——热力学第一定律、热力学第二定律等应用于工程技术领域，研究热能与机械能相互转换的规律和条件，传热学则研究热量传递的规律。它们是热机（将燃料燃烧产生的热能转变为机械能的机器）、压气机、制冷机等能量转换与传递热工设备，以及其节能减排工作的重要理论基础。

根据燃料燃烧地点的不同，热机分为内燃机和外燃机两大类。内燃机的燃料燃烧发生在发动机内部，如（往复或旋转）活塞式内燃机、燃气轮机、喷气式发动机等。外燃机燃料的燃烧发生在发动机外部，它包括活塞式蒸汽机、蒸汽轮机和热气机（斯特林发动机）等。

内燃机及汽车中存在各种形式的能量转换与传递：燃烧将燃料中的化学能转变成热能、再通过曲柄连杆机构转变为机械能，冷却散热、冷起动进气预热，电动机将电能转换成机械能，燃料电池则将燃料中的化学能转变成电能，发电机把机械能转变成电能，制动器或其他做相对运动的零部件将机械能转变成热能，光电传感器将光能转变成电能等。本章将主要讨论研究发动机原理中涉及的工程热力学及传热学的基本原理、基本概念。

1.1 基本概念

1.1.1 热力系统与状态

1. 热力系统

热力学中，为了分析问题的方便，从周围物体中人为分割出来的研究对象称为热力系统。与系统能量转换有关的周围物体统称为外界。系统与外界间的分界面称为边界。边界可以是实际存在的，也可以是假设的；可以是固定的，也可以是变动的。系统内用来完成能量转换的物质称为工质，如活塞式发动机气缸内的空气、燃油蒸气、燃气组成的混合气体即是工质。当以气缸内气体为热力系统时，气缸壁和活塞顶面即构成了系统的真实边界，且边界随着活塞的运动而变动。

热力系统的外界主要是热、功的交换对象，如：高温热源，简称热源，即向系统传递热量的高温物体或物质，发动机之热源为燃烧放热；低温热源，简称冷源，即接收系统传出热量的物体或物质，发动机之冷源为冷却液和大气等；活塞则是与系统交换功的外界。

按照系统与外界是否有质量与能量交换，热力系统可分为四种类型。

闭口系统：系统与外界只有能量交换，而无质量交换，工质质量保持不变。

开口系统：系统与外界既有能量交换，又有质量交换（工质质量可能发生变化）。

绝热系统：系统与外界无热量交换，但可以有功量交换。

孤立系统：系统与外界既无质量交换又无能量交换。

自然界中，绝对的绝热系统和孤立系统是不存在的。但根据系统的主要特点可近似看成是绝热系统和孤立系统，使问题得到简化。

2. 热力状态

热机中，热能转变为机械能是依靠工质经历被压缩、吸热、膨胀、放热等过程，发生宏观状况的变化来实现的。工质在某一瞬时所呈现的宏观物理状况称为工质热力状态，简称状态。用来描述工质所处状态的物理量叫做状态参数，其中可直接或间接测量的称为基本状态参数，如压力、温度、比容。其他状态参数可由基本状态参数导出，称为导出状态参数，如内能、焓、熵等。

若热力系统中压力处处相等，各部分间无相对位移，则系统处于力平衡；若系统内温度处处相等，各部分间无热交换，则系统处于热平衡。当系统的状态参数均匀一致，同时具备了热与力的平衡，即压力、温度处处相等，则系统处于热力平衡状态，简称平衡态。当系统在外界作用下、平衡遭到破坏时，则其内各部分之间便发生传热和位移，经过一定时间后达到新的平衡。所以，不平衡状态总是自发地趋于平衡态。

注意：只有处于平衡状态的系统，状态参数才有唯一确定值。所以，热力学只对平衡状态进行分析研究。

1.1.2 基本状态参数与状态方程

1. 压力

工质垂直作用于单位面积容器壁上的力，称为绝对压力，简称压力，以 p 表示。

在国际单位制中，压力的单位为帕斯卡，简称帕，以 Pa 表示。$1\text{Pa}=1\text{N/m}^2$。实用中，单位帕太小，常以千帕（kPa）、兆帕（MPa）作为压力单位。

工程上，常用的压力单位有巴（bar）、工程大气压（at）、标准大气压力（atm）、毫米汞柱（mmHg）、毫米水柱（mmH_2O）等。各压力单位具有以下换算关系

$$1\text{MPa}=10^3\text{kPa}=10^6\text{Pa}=10\text{bar}=9.807\text{at}=9.869\text{atm}=7.5\times10^3\text{mmHg}=1.02\times10^5\text{mmH}_2\text{O}$$

通常，测量压力的仪表（压力计和真空计）不能直接测出容器内的绝对压力，而只能测出它与当地大气压力的差值，即相对压力值。

当绝对压力高于环境大气压力 p_0时，压力表测出的相对压力称为表压力或正压力 p_g

$$p_g=p-p_0 \tag{1-1}$$

当绝对压力低于环境大气压力 p_0时，真空计测出的相对压力称为真空度或负压力 p_v

$$p_v=p_0-p \tag{1-2}$$

例如，如果用压力计测得发动机进气管真空度为 0.006MPa，气缸压缩压力为 1.8MPa。假设大气压力为 0.1MPa，则进气管绝对压力为 0.094MPa、绝对压缩压力为 1.9MPa。

注意：即使容器内的绝对压力保持不变，环境大气压力变化时，表压力和真空度也要发生变化。所以表压力和真空度不是状态参数，只有绝对压力才是气体的状态参数。本书中的压力未给出特别注明时，均指绝对压力。

2. 温度

温度标志着物体（质）的冷热程度。不同温度的物体（质）互相接触时，热总是从温度较高的物体（质）传到温度较低的物体（质），直至最终二者达到相同的温度。

测量温度高低的标尺，称为温标。国际单位制中，采用热力学温标确定的温度称为热力学温度，以 T 表示，单位为 K。在热力学温标中，取标准大气压下纯水的三相点温度为基准点，规定冰点为 273.15K、沸点为 373.15K。

与热力学温标并用的还有摄氏温标，由摄氏温标所确定的温度为摄氏温度，以 t 表示，单位为℃。摄氏温标中，规定标准大气压下纯水冰点为 0℃、沸点为 100℃。故热力学温标与摄氏温标的关系为

$$T = 273.15 + t$$

3. 比容

单位质量的工质所占有的容积称为比容，又叫比体积，以 v 表示

$$v = V/m \qquad (\mathrm{m^3/kg}) \qquad (1\text{-}3)$$

式中 V——工质的总容积，$\mathrm{m^3}$；

m——工质质量，kg。

密度 ρ 与比容互为倒数：$\rho = 1/v$，代表单位容积工质具有的质量，单位为 $\mathrm{kg/m^3}$。密度与比容均描述了工质在某一状态下分子的密集程度。

4. 理想气体状态方程

所谓理想气体，就是气体分子本身不占体积，分子间又没有吸引力的假想气体。这种气体实际并不存在。但当压力较低或温度较高时，一般实际气体可简化为理想气体。发动机气缸内的气体也可近似看成理想气体。

依据分子运动论，容器中的气体压力是分子不停地撞击容器壁而引起，温度则标志着分子热运动的激烈程度。当气体受压缩时，比容减少，使分子靠拢，分子与分子、分子与容器壁碰撞频率提高，分子运动速度加快，温度提高，压力增大。温度升高，分子运动速度加快，碰撞频率加快，压力增大。所以，平衡状态下，理想气体压力、温度、比容之间存在一定关系，这就是理性气体的状态方程。

对 1kg 理想气体

$$pv = RT \qquad (1\text{-}4)$$

对 m kg 理想气体

$$pV = mRT \qquad (1\text{-}5)$$

式中 R——气体常数，仅与气体种类有关，kJ/(kg·K)。对空气，$R = 0.287$kJ/(kg·K)，其他常用气体的气体常数可查阅相关手册的气体热力性质表格。

若已知储气容器体积及其内气体的压力、温度，则可根据式（1-5）计算出容器内气体的质量。

由式（1-4）可知，只要两个状态参数即可确定气体的状态。对于平衡状态，可在状态参数构成的 $p-v$ 或 $p-V$ 平面坐标图内表示出来，如图 1-1 中的点 1、2。不平衡态没有确定的状态参数，无法表示在状态参数坐标图上。

1.1.3 热力过程

系统中能量的相互转换必须通过工质状态的连续变化来实现。在外界作用下，工质从某

一状态变化至另一状态所经历的全部状态的总和就称为热力过程，简称过程。状态改变都是原平衡被打破的结果，实际过程都是不平衡过程。只有平衡状态才有唯一确定的状态参数，才能在 $p-v$ 图上直接表示出来，不平衡过程是很难描述的，因此引入准平衡过程的概念。

如果一个过程，每一平衡状态被破坏时偏离原状态非常小，且很快达到或无限接近新的平衡态，则该系统所经历的过程是由一系列平衡态组成的，这样的过程称为准平衡过程或准静态过程。显然，过程进行得非常缓慢才有足够的时间建立新的平衡态，这是一种理想化的过程。但是，热机中所进行的实际过程，因为系统内气体分子运动速度远大于边界（如活塞）移动速度，可近似视为准平衡过程。

准平衡过程可以直接在状态参数坐标图上用一条曲线表示，非常方便能量转换的分析，如图 1-1 中曲线 1－2 表示一准平衡过程。而非平衡过程由于经历的中间状态无法确切地表示出来，习惯上可用虚线示意表示。

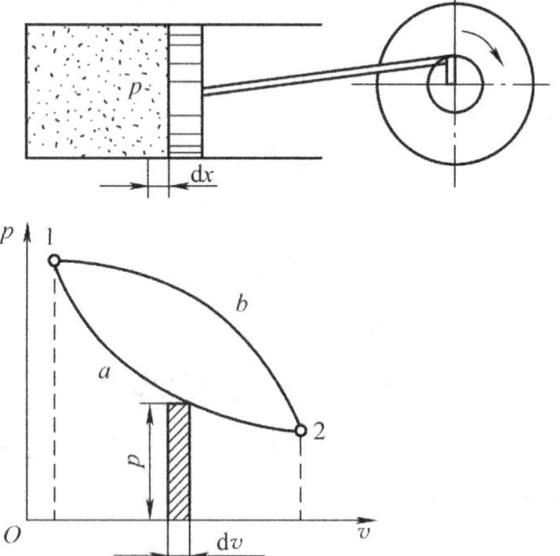

图 1-1　压容图（$p-v/p-V$ 图）与过程功

如果一个系统完成了一个热力过程后，能够沿着原路线逆行回复到原态，外界也随之回复至原态，而不留下任何变化，则该过程为可逆过程。

可逆过程与准平衡过程的区别在于：可逆过程不仅系统内部是平衡的，而且系统与外界的相互作用也是平衡的，是运动无摩擦、传热无温差的过程。但实际过程存在摩擦生热和温差传热，逆向进行必须有外界的作用，所以可逆过程是实际过程追求的理想极限，是热力学研究的主要对象。

1.1.4　过程功与热量

功和热量是系统和外界交换的两种形态的能量。当系统与外界的压力和温度不等时，系统将进行某一热力过程，过程中将伴有系统与外界间功和热量的交换。但功和热量都不是状态参数，而是与初、终状态及工质所经历过程均有关的过程量，就像人运送一重物从一地到另一地，做功或消耗能量的多少与所走的路线有关。

1. 功与示功图

考察气缸内高压气体由初始状态 1 膨胀到终了状态 2 推动活塞移动的过程。假设过程是可逆的，则可表示在 $p-v$ 图上，如图 1-1 中 1－2 所示。

若气缸体积为 V，活塞顶面积为 A，则作用在活塞上的力为 pA。当活塞移动一微小距离 $\mathrm{d}x$ 时（容积变化极小、可视为压力不变），所做的功为 $W=pA\mathrm{d}x$，而 $A\mathrm{d}x=\mathrm{d}V$。所以微元过程中气体膨胀所做的功

$$\delta W=p\mathrm{d}V\ (\mathrm{kJ}) \tag{1-6}$$

整个过程所做的膨胀功为

$$W=\int_{V_1}^{V_2}p\mathrm{d}V\ (\mathrm{kJ}) \tag{1-7}$$

1kg 气体所做的膨胀功则为

$$\delta w = p\mathrm{d}v \quad \Rightarrow \quad w = \int_{v_1}^{v_2} p\mathrm{d}v \ (\mathrm{kJ/kg}) \tag{1-8}$$

根据积分学，$p-v/p-V$ 图上过程曲线下方的阴影面积即代表该过程中对外膨胀做的功。故 $p-v$ 又叫示功图，用以分析过程功非常方便。由初始状态 1 经历不同的过程到达状态 2，所做的功是不相同的，如图 1-1 中过程 1 – a – 2 与过程 1 – b – 2。所以，功不仅与初、终状态有关，还与中间过程有关，是过程量，而非状态量。

由式（1-7）、式（1-8）可知，$\mathrm{d}v=0$，工质比容不变，做功为零或不做功。即只有工质的比容或容积发生变化时，系统与外界才有功的交换。$\mathrm{d}v>0$，工质膨胀对外做功，功为正；$\mathrm{d}v<0$，工质受压缩，外界对工质做功，功为负。

2. 热量与温熵图

热量是热力过程中系统与外界有温差时所传递的非功形式的能量。热量与功均是过程量，不是状态参数，具有许多相同的特征。1kg 工质传递的热量以 q 表示，$m$kg 工质传递的热量以 Q 表示，其单位与功相同。

可逆过程中系统与外界交换的功 $\mathrm{d}w=p\mathrm{d}v$，其中状态参数压力 p 是做功的推动力，比容 v 的变化是衡量做功与否的标志。既然热量也是系统与外界交换的能量，温度是传热的推动力，相应地也应有某一状态参数的变化表征是否有热量传递，这个状态参数称之为熵。每 1kg 工质的熵称为比熵，以 s 表示，单位 kJ/(kg · K)；$m$kg 工质的总熵以 S 表示，单位是 kJ/K。所以，类似于可逆功的表达形式，工质与外界交换的微元热量表达为

$$\delta q = T\mathrm{d}s, \delta Q = T\mathrm{d}S \text{ 或 } q = \int_1^2 T\mathrm{d}s,\ Q = \int_1^2 T\mathrm{d}S \tag{1-9}$$

熵的定义式为

$$\mathrm{d}s = \frac{\delta q}{T},\ \mathrm{d}S = \frac{\delta Q}{T} \tag{1-10}$$

即在微元过程中，工质的微元熵变化等于外界传给工质的微小热量，除以传热时工质的热力学温度所得的商。熵是可叠加量，$S=ms$。

只有工质的熵发生变化时，系统与外界才有热交换。$\mathrm{d}s>0$，工质吸收热量，$\delta q>0$；$\mathrm{d}s<0$，工质放出热量，$\delta q<0$；$\mathrm{d}s=0$，无热交换即系统绝热，为等熵过程。

同样，可逆过程热量也可以状态参数坐标图 $T-s$ 图直接表示出，如图 1-2 所示。

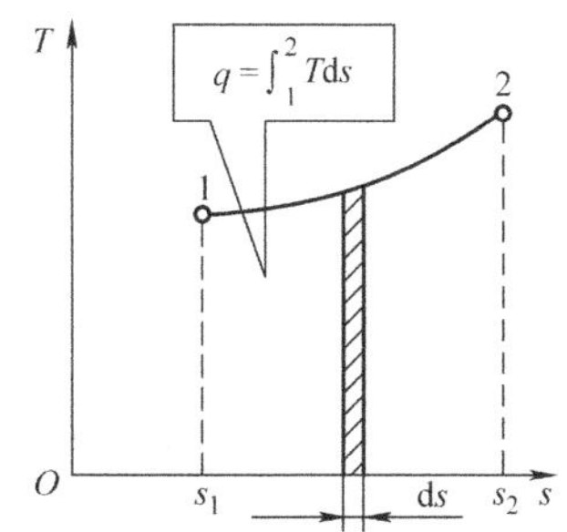

图 1-2 温熵图（$T-s$ 图）与过程热量

1.1.5 比热容与热量计算

1. 比热容定义及分类

相同量的不同物质温度变化一定值时，其吸收和放出的热量不同，这种特性用比热容描述。单位数量的物质，温度变化单位值（1℃或 1K）时所吸收或放出的热量叫作比热容，简称比热。根据物量计量单位的不同，比热容分为质量比热容 c、单位为 kJ/(kg · K)，摩尔

比热容 C_m、单位为 kJ/(kmol·K)，体积比热容 c'、单位为 kJ/(Nm^3·K)。其中最常用的是质量比热容，摩尔比热容次之。若摩尔质量为 M_r，则三者之间关系为 $C_m = M_r c = 22.4 \times c'$。

由于热量是过程量，所以按换热过程条件，质量比热容和摩尔比热容又分为定容比热容 c_v、定容摩尔比热容 C_{mv} 和定压比热容 c_p、定压摩尔比热容 C_{mp}。定容比热容，即容积保持不变时换热过程的比热容；定压比热容，即压力保持不变时换热过程的比热容。

理想气体的比热容与其分子原子数有关。一般地，比热容随分子原子数的增多而增大，见表 1-1。

气体的比热容与温度有关。通常，比热容随温度的升高而增大。可表示为

$$c = f(t) = a_0 + a_1 t + a_2 t^2 + a_3 t^3 + \cdots$$

式中　a_0、a_1、a_2、a_3…——常数，由实验确定。

2. 利用比热容计算热量

根据比热容定义，$c = \delta q/\mathrm{d}t$。若已知过程初、终状态的温度 t_1 和 t_2 或 T_1 和 T_2，则

$$q = \int_1^2 c\mathrm{d}t = \int_1^1 f(t)\,\mathrm{d}t \tag{1-11}$$

为简化计算，可用平均比热容进行计算

$$q = c_m\Big|_{t_1}^{t_2}(t_2 - t_1) = c_m\Big|_0^{t_2} t_2 - c_m\Big|_0^{t_1} t_1 \tag{1-12}$$

式中　$c_m\Big|_{t_1}^{t_2}$——从 t_1（℃）到 t_2（℃）的平均比热容；

$c_m\Big|_0^{t_2}$——从 0 到 t_2 的平均比热容；

$c_m\Big|_0^{t_1}$——从 0 到 t_1 的平均比热容。

工程中已将常用气体从 0℃到各温度 t（℃）的平均比热容制成表供查用。

对温度不太高、变化范围不大，计算精度要求不高的情况，可忽略温度对比热容的影响，将比热容近似视为定值，可按定值比热容（表 1-1）计算热量

$$Q_v = mc_v(t_2 - t_1) \tag{1-13}$$

$$Q_p = mc_p(t_2 - t_1) \tag{1-14}$$

式中　Q_v 和 Q_p——分别是定容过程和定压过程中 $m$kg 物质吸收或放出的热量，kJ。

内燃机中的进气预热、增压中冷器、冷却系散热器，都可视为等压换热，可按式（1-14）计算。

3. 等熵指数

定压比热容与定容比热容之比称为等熵指数或比热容比，以 k 表示，是热力分析中常用的参数。即

$$k = c_p/c_v \tag{1-15}$$

定容比热容较定压比热容小，即气体在定容下升温较在定压下升温需要的热量少。原因在于，如果容积保持不变，加入的热量全部用来增加气体的温度。而压力保持不变时，加入

的热量一部分用来升高气体温度（或提高压力），另一部分由于容积增大对外做功消耗了，这就需要较多的热量。

表 1-1 理想气体定值比热容

	单原子气体	双原子气体	多原子气体
$C_{m,p}$/[kJ/(kmol · K)]	5 ×4186.8	7 ×4186.8	9 ×4186.8
$C_{v,p}$/[kJ/(kmol · K)]	3 ×4186.8	5 ×4186.8	7 ×4186.8
k	1.67	1.4	1.29

1.1.6 传热

获得（或失去）热量、或对系统有功交换，将引起工质温度、压力变化。热总是自发地从温度较高的物体（质）传到温度较低的物体（质）。根据传热机理的不同，传热分为三种基本方式：热传导、热对流和热辐射。

热传导又称导热，是不同温度的物体或物体温度不同的各部分之间，依靠物质的分子、原子及自由电子等微观粒子的热运动，将热量从高温部分传给低温部分的现象（详见 1.7 节）。如发动机中各受热零件（活塞、气缸壁、气门、气缸盖等）内部温度不均匀，便发生传热。

热对流是指流体不同部分之间发生相对位移而产生的能量转移现象（详见 1.8 节）。热对流与流体的流动有关，发生在流体内部、流体与边界物体表面之间。流体内部存在温差时，由于密度不同，促使流体做自由流动，形成自然对流。大多数情况是依赖外力做强迫对流，如发动机冷却系统中冷却液的循环等。

热辐射是指物体以电磁波方式向外发射辐射能的现象（详见 1.9 节）。物体温度越高，热辐射能力越强。处于一定相对位置的物体，表面具有不同的温度，它们之间因为辐射便发生热量的传递。

实际的传热过程，往往是三种基本传热形式同时出现，尤其热传导和热对流两种基本形式（详见 1.10 节）。如发动机气缸内高温气体将部分热量传给冷却液的过程：缸内高温气体与气缸壁间发生热对流加小部分热辐射，气缸内外壁间进行热传导，冷却液流过冷却水套则与气缸外壁发生热对流，将热量带走。

1.2 理想混合气体

理想气体组成的混合气体称为理想混合气体。工程中常用的气体工质多是混合气体，如活塞式发动机气缸内工质是由空气（N_2+O_2）、燃油蒸气（各种烃）、燃气（CO_2+H_2O+CO 等）等组成的混合气体。N_2、O_2、CO_2等在一般情况下都可视为理想气体。水蒸气在密度较低或温度较高的条件下也可看成理想气体。所以，空气、燃气都可作为理想气体处理。理想混合气体具有理想气体的性质，并服从理想气体的定律。

1. 分压力

某一组分气体单独占有与混合气体相同的体积 V，在与混合气体相同温度时所呈现的压力，称为该组分气体的分压力。由理想气体的状态方程可以证明，理想混合气体的压力等于各组分气体的分压力之和，称为道尔顿分压定律，即

$$p = p_1 + p_2 + \cdots + p_n = \sum_1^n p_i \tag{1-16}$$

2. 分体积

某组分气体具有与混合气体相同的压力 p 和温度 T 而单独存在时的体积，称为该组分气体的分体积。由理想气体的状态方程证明，理想混合气体的体积等于各组分气体的分体积之和，这称为亚美格定律，即

$$V = V_1 + V_2 + \cdots + V_n = \sum_1^n V_i \tag{1-17}$$

3. 理想混合气体的成分

各组分气体所占混合气总量的比例或份额称为混合气体的成分。按所用物量单位的不同，混合气体成分分为质量分数 w_{i}、摩尔分数 x_i和体积分数 φ_i。若混合气体质量为 m、摩尔数为 n、体积为 V，第 i 组分的量分别为 m_i、n_i和 V_i，则

$$w_i = m_i/m, \ w_1 + w_2 + \cdots + w_n = \sum w_i = 1$$

$$x_i = n_i/n, \ x_1 + x_2 + \cdots + x_n = \sum x_i = 1$$

$$\varphi_i = m_i/m, \ \varphi_1 + \varphi_2 + \cdots + \varphi_n = \sum \varphi_i = 1$$

将理想气体的状态方程分别用于混合气体和第 i 组分，各种成分之间存在以下换算关系

$$x_i = \varphi_i$$

$$w_i = \varphi_i M_{ri}/M_r$$

4. 理想混合气体常数及摩尔质量

摩尔质量

$$M_r = m/n = \sum m_i/n = \sum n_i M_{ri}/n = \sum x_i M_{ri}$$

对 1kmol 气体，千摩尔体积用 V_m表示，则 $V_m = M_r v$。1kmol 理想气体的状态方程为 $pV_m = M_r RT$，则 $M_r R = pV_m/T$。根据阿伏伽德罗定律，同温同压下任何气体的千摩尔体积 V_m均相等（标准状态下 $V_m = 22.4$ 标准 m^3）。所以，$M_r R = R_M$是一个与气体种类和状态无关的常数，称之为摩尔气体常数或通用气体常数。由此可得混合气体的气体常数

$$R = R_M/M_r = R_M/\sum \varphi_i M_{ri}$$

1.3 热力学第一定律与能量方程

1.3.1 内能与热力学第一定律的实质

内能即是系统内部储存的能量，包括工质内部分子运动动能和分子间位能，二者分别是标志分子热运动程度的温度 T 和描述分子间距离的比容 v 之函数。1kg 工质的内能 u 称为比内能，单位为 kJ/kg。$m$kg 工质的总内能为 $U = mu$（kJ）。

系统内能取决于工质温度 T 和比容 v，即 $u = f(T, v)$，内能是状态参数。对理想气体，分子间无吸引力，分子位能为零，其内能仅有内动能，是温度的单值函数。

由于分子运动不息，没有内能为零的基准点，故任意状态的内能绝对值无法确定。能量转换研究关心的是初、终态间内能的变化量 Δu，可任选某一状态为基准点。对理想气体，常选 0K 的比内能为 0。如果工质初、终态的温度相同，不论工质经历什么过程，其比内能

的变化为零。

热力学第一定律是能量转化与守恒定律在热力学中的具体应用。它指出：热和功可以相互转换，转换过程中它们的总量保持不变。它告诉人们，要想得到一定的功，必须消耗一定的热，不消耗能量而产生机械功的机器（第一类永动机）是不可能制成的。

任何热力系统的能量转换必须遵守热力学第一定律（能量平衡），即

$$\text{输入系统的能量} - \text{输出系统的能量} = \text{系统储存能量的变化} \tag{1-18}$$

1.3.2 闭口系统能量方程

若闭口系统中 $m$kg 工质由状态 1 变化到状态 2，从外界净吸入热量 Q，对外做功为 W，内能变化为 ΔU。根据能量转化与守恒定律，则

$$Q = \Delta U + W \text{ 或 } \Delta U = Q - W \tag{1-19}$$

对 1kg 工质可写为

$$q = \Delta u + w \text{ 或 } \Delta u = q - w \tag{1-20}$$

或以微分形式表示

$$\delta Q = \mathrm{d}U + \delta W \text{ 或 } \delta q = \mathrm{d}u + \delta w \tag{1-21}$$

以上三式为闭口系统能量方程，或热力学第一定律解析式。其中各项都是代数值，可为正、负或零，如前规定：系统吸热，q 为正；系统向外放热，q 为负。系统对外做功（膨胀功），w 为正；外界对系统做功（压缩功），w 为负。系统内能增加，Δu 为正；系统内能减少，Δu 为负。

上述能量方程表明，系统从外界吸收的热量，一部分用来对外做功，一部分用来增加工质的内能。同时说明，做功和传热是改变系统内能的两种方式：外界对系统做功，系统内能增加，反之则内能减少；系统吸热，内能增加，系统对外放热，内能减少。

式（1-19）~（1-21）适合于任何闭口系统，不管工质是理想气体还是实际气体，过程是可逆的还是非可逆的。如果将式（1-8）代入，可得闭口系统可逆过程的能量方程

$$\delta q = \mathrm{d}u + p\mathrm{d}v,\ q = \Delta u + \int_1^2 p\mathrm{d}v,\ Q = \Delta U + \int_1^2 p\mathrm{d}V \tag{1-22}$$

1.3.3 开口系统稳定流动能量方程

实际热机中，热功转换过程往往伴随着工质的流入和流出，是开口系统，与外界既有能量交换，也有物质交换。

1. 稳定流动与流动功

稳定流动是指工质在流过热力系统过程中，任何截面上的各种参数（压力、比容、温度、流速等）不随时间而变，单位时间内系统与外界交换的热量和功也不随时间而变。热机工作的大多时间属于稳定流动，只有起动、加减速和停机过程中的流动是不稳定流动。活塞式发动机工质呈周期性变化，但就各周期之间来看，仍可视为稳定流动。

开口系统中，上游工质在推动紧邻的下游工质流动时所做的功，称为流动功或推动功。如图 1-3 所示，外界欲将质量为 m_1、体积为 V_1 的工质推动 L_1 的距离、通过截面积为 A_1 的进口截面 1－1 进入系统内，所做的推动功为 $p_1A_1L_1 = p_1V_1$。同理，系统把质量为 m_2、体积为 V_2 的工质从出口截面推出时，需对外界做功 p_2V_2。所以，流动功表示为 pV，对 1kg 工质则

为 pv。

2. 焓

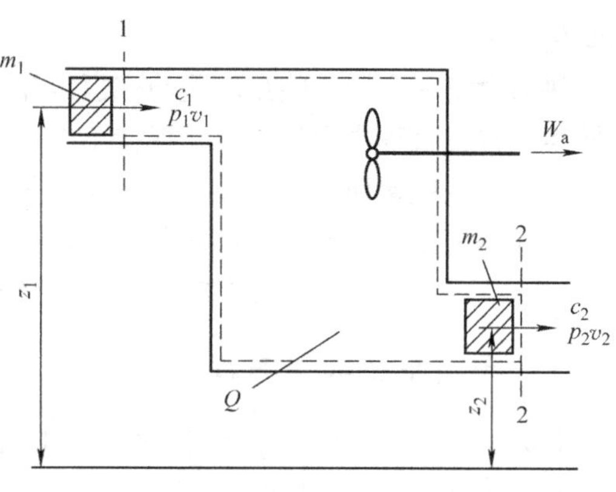

图 1-3 开口系统示意图

工质在流动过程中，在将流动功带入、带出系统的同时，也将其内能带入、带出系统，热力学中将二者之和定义为焓，即

$$H = U + pV \text{ 或 } h = u + pv \qquad (1\text{-}23)$$

式中 H——工质的总焓；

h——1kg 工质的焓（比焓），其单位与内能相同。

因为 u、p、v 都是状态参数，由它们组成的焓也是状态参数。

对于理想气体，内能是温度的单值函数，而 $h = u + pv = u + RT = f(T)$ 也是温度的单值函数。

3. 稳定流动能量方程

如图 1-3 所示，假设时间 t 内有 1kg 工质稳定流过虚线为边界的开口系统。稳定流动条件下，系统储存的能量不发生变化，所以进入系统的能量等于离开系统的能量。系统与外界交换热量为 q，输出的功为 w_s。

进入系统的能量有工质带入的比内能 u_1、流动功 p_1v_1、动能 $c_1{}^2/2$、位势能 gz_1 和吸热 q，离开系统的能量是比内能 u_2、流动功 p_2v_2、动能 $c_2{}^2/2$、位势能 gz_2 和输出的轴功 w_s。于是有

$$q + (u_1 + p_1v_1) + c_1{}^2/2 + gz_1 = w_s + (u_2 + p_2v_2) + c_2{}^2/2 + gz_2$$

$$q = h_2 - h_1 + (c_2{}^2 - c_1{}^2)/2 + g(z_2 - z_1) + w_s = \Delta h + \Delta c^2/2 + g\Delta z + w_s \qquad (1\text{-}24)$$

对微元过程，有

$$\delta q = \mathrm{d}h + \mathrm{d}c^2/2 + g\mathrm{d}z + \delta w_s \qquad (1\text{-}25)$$

对 $m$kg 工质流过开口系统，则有

$$Q = H_2 - H_1 + m(c_2{}^2 - c_1{}^2)/2 + mg(z_2 - z_1) + W_s \qquad (1\text{-}26)$$

以上三式为开口系统稳定流动能量平衡方程式，也叫热力学第一定律的第二解析式。它是由能量转换与守恒定律直接导出，适用于任何工质稳定流动的任何过程。

工程热力学中，将式（1-24）中“$\Delta c^2/2 + g\Delta z + w_s$”三项直接可以利用的机械能之和称为技术功，以 w_t 表示。则式（1-24）写为

$$q = \Delta h + w_t = \Delta u + (p_2v_2 - p_1v_1) + w_t \qquad (1\text{-}27)$$

对开口系统的稳定流动过程，由于系统内各点的状态不随时间变化，整个流动过程的总效果相当于一定质量的工质从进口界面处的状态 1 变化到出口界面处的状态 2，并与外界进行了功和热的交换。将闭口系统能量方程（1-20）代入上式，有

$$q - \Delta u = w = (p_2v_2 - p_1v_1) + w_t$$

对于可逆过程，$w = \int_1^2 p\mathrm{d}v$，则技术功为

$$w_t = \int_1^2 p\mathrm{d}v + p_1v_1 - p_2v_2 = \int_1^2 p\mathrm{d}v - \int_1^2 \mathrm{d}(pv) = -\int_1^2 v\mathrm{d}p \qquad (1\text{-}28)$$

式（1-28）表明，若过程中压力降低（$dp<0$），技术功为正，工质对外界（机器）做功。反之，若压力升高（$dp>0$），技术功为负，外界（机器）对工质做功。参照图1-4，在$p-v$图上，技术功可用过程线左方与纵坐标轴所围成的面积表示。一般热力装置进出口处流速和离地高度相差不大，动能和势能的变化可忽略，则$w_t=w_s$。所以，对微元过程，开口系统稳定流动能量方程可为

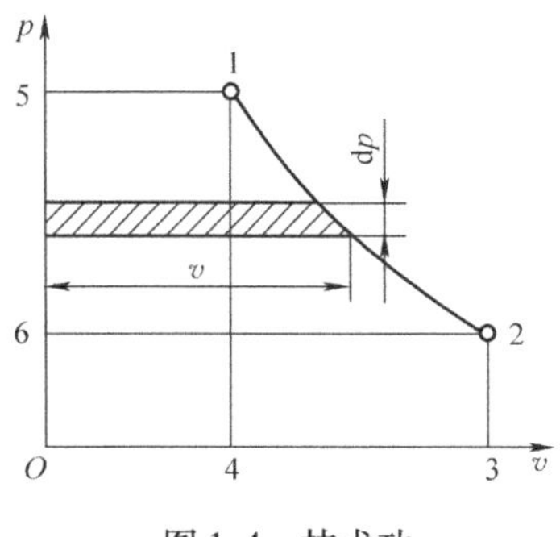

图1-4 技术功

$$q = \Delta h - \int_1^2 v\mathrm{d}p, \delta q = \mathrm{d}h - v\mathrm{d}p, Q = \Delta H - \int_1^2 V\mathrm{d}p \tag{1-29}$$

4. 开口系统能量方程应用举例

许多热力设备在稳定工况下，工质流动可看作稳定流动，可根据其特点、应用稳定流动能量方程式进行分析。

（1）热力机械

高温、高压工质流经涡轮机时，膨胀、压力降低，对外输出功w_s。热力设备采用了良好的隔热措施，且工质流过的时间很短，可以忽略散热。工质动能、势能变化很小，也可以忽略。则

$$w_s = h_1 - h_2 \tag{1-30a}$$

即对外输出的功来自于工质的焓降。

（2）压气机、泵和风机

工质流过这些设备时，压力升高，消耗机械功。也可忽略散热、动能和势能变化。则

$$-w_s = h_2 - h_1 \tag{1-30b}$$

即工质受压缩过程中，消耗的功用于工质焓的升高。

（3）锅炉及热交换器

工质流经锅炉、热交换器时，与外界只有热交换，没有功的交换。则

$$q = h_2 - h_1 \tag{1-30c}$$

可见，燃烧室中燃烧放出的热量或热交换器内吸收的热量用于工质焓的增加。

（4）喷管与扩压管

喷管是让流动气体膨胀、加速的管道，扩压管是使流动气体升压、减速的管道。工质在其中不做技术功，位能差和热交换可忽略。则

$$(c_2{}^2 - c_1{}^2)/2 = h_1 - h_2 \tag{1-30d}$$

即工质流经喷管（扩压管）时，动能的增加（减少）等于它的焓降（增）。

1.4 气体的基本热力过程

热力设备中，工质通过不同的热力过程实现热功转换。而实际过程存在各种不可逆因素影响，过程描述及能量转化分析、计算非常复杂。常根据实际过程状态参数及能量交换的特

点，将其简化为理想的定容、定压、定温、绝热和多变可逆过程，以利用理想气体状态方程及其他性质、热力学第一定律等，得到过程方程 $p=f(v)$，确定初、终状态工质状态参数关系或增量，分析热功转换规律并计算热和功交换量。以下按由特殊到一般的顺序讨论气体热力过程。

1. 定容过程

定容过程是比容或容积保持不变的热力过程，其过程方程为 $v=$ 常数。

由状态方程 $pv=RT$，可得等容过程中工质压力与温度成正比关系

$$p/T=\text{常数} \quad \text{或} \quad p_2/p_1=T_2/T_1 \tag{1-31}$$

因为等容过程中 $\mathrm{d}v=0$，工质对外不做功。根据闭口系统能量方程，则

$$\delta q=\mathrm{d}u,\ q=u_2-u_1 \tag{1-32}$$

即定容过程中，工质吸收的热量全部用于增加自身内能，或工质放出的热量全部来自于其内能的减少。

再利用定容比热容来计算热量，$\delta q=c_v\mathrm{d}T$。与式（1-32）比较，得 $\mathrm{d}u=c_v\mathrm{d}T$。因为理想气体的内能是温度的单值函数，若比热容为定值，则

$$q=c_v(T_2-T_1) \tag{1-33}$$

根据 $\mathrm{d}s=\delta q/T$，则

$$\mathrm{d}s_v=c_v\frac{\mathrm{d}T}{T},\quad \Delta s_v=\int_1^2\frac{c_v\mathrm{d}T}{T}=c_v\ln\frac{T_2}{T_1} \tag{1-34}$$

在 $p-v$ 图上，等容过程是一条垂直于 v 轴的直线，在 $T-s$ 图上为一条对数曲线，如图 1-5 所示。过程 1－2，工质等容吸热，压力、温度升高，内能、熵增加。过程 1－2′，工质等容放热，压力、温度降低，内能和熵减少。

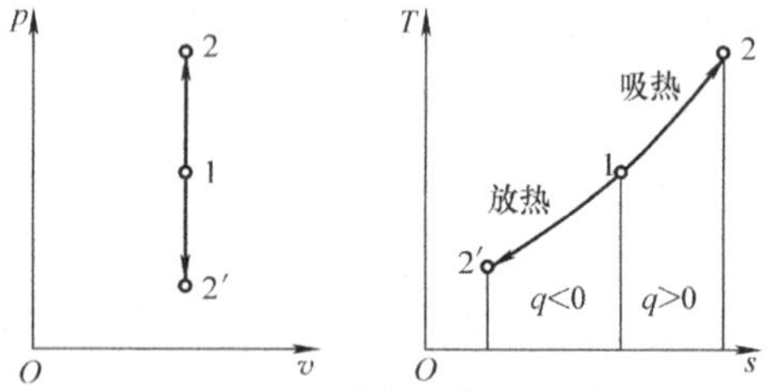

图 1-5　定容过程

2. 定压过程

定压过程是工质压力保持不变的热力过程，过程方程为 $p=$ 常数。

根据状态方程 $pv=RT$，定压过程中工质的比热容和温度成正比关系

$$v/T=\text{常数} \quad \text{或} \quad v_1/T_1=v_2/T_2 \tag{1-35}$$

因为等压过程中 $p=$ 常数，工质对外做功为

$$w=\int_1^2 p\mathrm{d}v=p(v_2-v_1)=R(T_2-T_1) \tag{1-36}$$

根据闭口系统能量方程式（1-22），则过程所交换热量为

$$\delta q=\mathrm{d}u+p\mathrm{d}v,q=\Delta u+\int_1^2 p\mathrm{d}v=h_2-h_1 \tag{1-37}$$

或根据式（1-29），定压过程 $\mathrm{d}p=0$，则技术功为 0，$\delta q=\mathrm{d}h$，得到上式同样结果。即定压过程中，工质吸收的热量全部用于增加自身的焓，或工质放出的热量全部来自于其焓的减少。

再利用定压比热容来计算热量，$\delta q=c_p\mathrm{d}T$。对比式（1-37），则 $\mathrm{d}h=c_p\mathrm{d}T$。因为理想气体的焓是温度的单值函数，若比热容为定值，则

$$q = c_p(T_2 - T_1) \tag{1-38}$$

$$ds_p = c_p \frac{dT}{T} \quad 或 \quad \Delta s_p = = \int_1^2 \frac{\delta q}{T} = \int_1^2 \frac{c_p dT}{T} = c_p \ln \frac{T_2}{T_1} \tag{1-39}$$

由式（1-36）和式（1-37），$q = u_2 - u_1 + R(T_2 - T_1) = (c_v + R)(T_2 - T_1)$，与式（1-38）比较便得到迈耶公式

$$c_p - c_v = R \tag{1-40}$$

即理想气体定压比热容与定容比热容之差等于气体常数。

在 $p-v$ 图上，等压过程是一条平行于 v 轴的直线，在 $T-s$ 图上为一条对数曲线，如图1-6所示。过程 $1-2$，工质等压吸热、膨胀做功，温度、内能、焓、熵增加。过程 $1-2'$，工质等压放热、受压缩并消耗外界功，温度、内能、焓、熵内能减少。在 $T-s$ 图上定容过程线斜率 $dT/ds_v = T/c_v$（式（1-34））大于定压过程线斜率 $dT/ds_p = T/c_p$（式（1-39））。

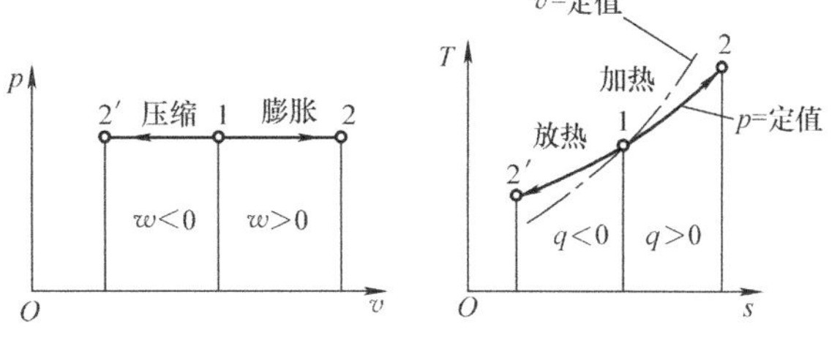

图1-6　定压过程

3. 定温过程

等温过程是工质温度保持不变的热力过程。根据 T = 常数及 $pv = RT$，可得过程方程

$$pv = 常数 \tag{1-41}$$

由此得到初、终态基本状态参数间的关系为

$$p_1 v_1 = p_2 v_2 \quad 或 \quad \frac{p_2}{p_1} = \frac{v_1}{v_2} \tag{1-42}$$

因为 T = 常数，理想气体 $\Delta u = 0$。根据能量方程式（1-22），等温过程中工质与外界交换的热量等于对外界做的功

$$q = w = \int_1^2 p dv = \int_1^2 \frac{RT}{v} dv = RT \ln \frac{v_2}{v_1} = RT \ln \frac{p_1}{p_2} \tag{1-43}$$

根据熵的定义，则

$$\Delta s = s_2 - s_1 = \frac{q}{T} = R \ln \frac{v_2}{v_1} = R \ln \frac{p_1}{p_2} \tag{1-44}$$

在 $p-v$ 图上，等温过程是一条等边双曲线，在 $T-s$ 图上为一条平行于 s 轴的直线，如图1-7所示。过程 $1-2$，工质等温吸热、膨胀做正功，压力、熵增加。过程 $1-2'$，工质等温受压缩、放热，外界对工质做功，压力、熵减小。

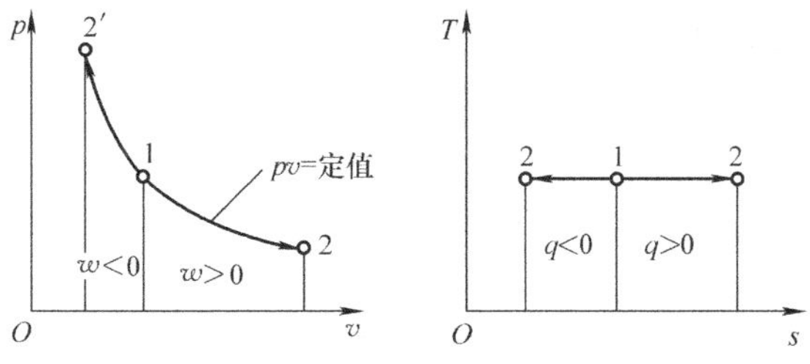

图1-7　定温过程

4. 绝热（定熵）过程

绝热过程是工质和外界没有热交换情况下进行的热力过程，即 $\delta q=0$，$q=0$。

将 $\delta q=0$、$\mathrm{d}u=c_{\mathrm{v}}\mathrm{d}T$、$\mathrm{d}h=c_{\mathrm{p}}\mathrm{d}T$ 和 $pv=RT$ 带入能量方程式（1-22）和式（1-29），并注意等熵指数 $k=c_{\mathrm{p}}/c_{\mathrm{v}}$，则整理有

$$\frac{\mathrm{d}p}{p}+k\frac{\mathrm{d}v}{v}=0\Rightarrow \ln p+k\ln v=常数\Rightarrow \ln pv^{k}=常数$$

于是，得到绝热过程方程式

$$pv^{k}=常数 \tag{1-45}$$

由此得到初、终态基本状态参数之间的关系为

$$\frac{p_2}{p_1}=\left(\frac{v_1}{v_2}\right)^{k},\ \frac{T_2}{T_1}=\left(\frac{p_2}{p_1}\right)^{\frac{k-1}{k}}=\left(\frac{v_1}{v_2}\right)^{k-1} \tag{1-46}$$

根据 $q=0$ 和能量方程（1-22）式，绝热过程膨胀功等于工质内能的减少

$$w=-\Delta u=c_{\mathrm{v}}(T_1-T_2)=\frac{R}{k-1}(T_1-T_2)=\frac{1}{k-1}(p_1v_1-p_2v_2)=\frac{RT_1}{k-1}\left[1-\left(\frac{p_2}{p_1}\right)^{\frac{k-1}{k}}\right] \tag{1-47}$$

在 $p-v$ 图上，绝热过程是一条不等边双曲线，在 $T-s$ 图上为一条垂直于 s 轴的直线，如图 1-8 所示。过程 1-2，工质绝热膨胀对外做功，内能减少，压力、温度下降。过程 1-2′，工质绝热压缩，外界做功使工质内能增加，温度、压力都上升。在 $p-v$ 图上定温过程线比绝热过程线陡，因为由式（1-41）和式（1-45）求出的斜率

$$\left(\frac{\mathrm{d}p}{\mathrm{d}v}\right)_T=-\frac{p}{v}<\left(\frac{\mathrm{d}p}{\mathrm{d}v}\right)_s=-k\frac{p}{v}$$

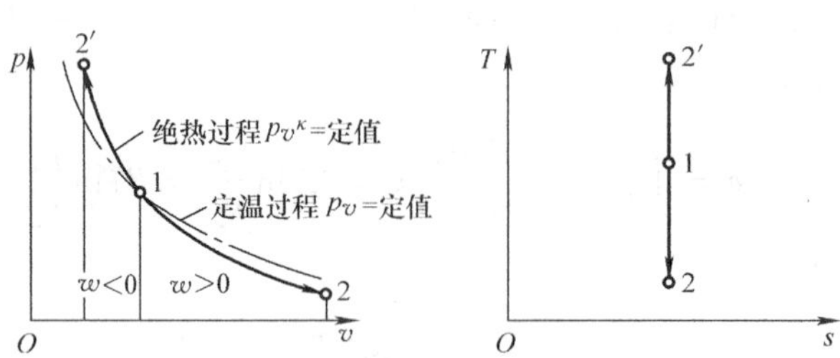

图 1-8　绝热过程

5. 多变过程

上述四个特殊的基本过程，都是有一个状态参数保持不变。实际的过程往往多个参数同时变化，是一个多变过程，其过程方程式为

$$pv^{n}=常数 \tag{1-48}$$

式中　n——多变指数，可以是 $-\infty$ 到 ∞ 间任何一个实数。

当 n 有不同数值时，过程就表现出不同的特性。上述四种基本热力过程就是多变过程的特例。

当 $n=0$ 时，$pv^0=常数$，即 $p=常数$，是等压过程；

当 $n=1$ 时，$pv=$常数，是等温过程；

当 $n=k$ 时，$pv^k=$常数，是绝热过程；

当 $n=\infty$ 时，$pv^n=$常数可写为 $p^{1/n}v=$常数，则有 $v=$常数，是等容过程。

多变过程方程式与绝热过程方程形式一致，其初、终状态基本状态参数的关系式、膨胀功计算式在形式上相同，只是以 n 替代 k 而已。

状态参数之间关系

$$\frac{p_2}{p_1}=\left(\frac{v_1}{v_2}\right)^n,\ \frac{T_2}{T_1}=\left(\frac{p_2}{p_1}\right)^{\frac{n-1}{n}}=\left(\frac{v_1}{v_2}\right)^{n-1} \tag{1-49}$$

过程膨胀功

$$w=\frac{R}{n-1}(T_1-T_2)=\frac{1}{n-1}(p_1v_1-p_2v_2)=\frac{RT_1}{n-1}\left[1-\left(\frac{p_2}{p_1}\right)^{\frac{n-1}{n}}\right] \tag{1-50}$$

过程交换热量

$$q=\Delta u+w=c_{\mathrm{v}}(T_2-T_1)+\frac{R}{n-1}(T_1-T_2)=\left(c_{\mathrm{v}}-\frac{R}{n-1}\right)(T_2-T_1)=c_{\mathrm{n}}(T_2-T_1) \tag{1-51}$$

式中　c_{n}——多变比热，可简化为

$$c_{\mathrm{n}}=c_{\mathrm{v}}-\frac{R}{n-1}=c_{\mathrm{v}}-\frac{c_{\mathrm{p}}-c_{\mathrm{v}}}{n-1}=c_{\mathrm{v}}\frac{n-k}{n-1}$$

分别取 $n=0$、1、k 和∞ 时，便得到定压过程 $c_{\mathrm{n}}=c_{\mathrm{p}}$，定温过程 $c_{\mathrm{n}}=\infty$（意为热容量无穷大，能保持恒温），定熵过程 $c_{\mathrm{n}}=0$，定容过程 $c_{\mathrm{n}}=c_{\mathrm{v}}$。所以上式是确定过程比热的通式。

多变过程内能、焓、熵的变化量可由下列公式求得

$$\Delta u=c_{\mathrm{v}}(T_2-T_1)$$

$$\Delta h=c_{\mathrm{p}}(T_2-T_1)$$

$$\Delta s=\int_1^2\frac{\delta q}{T}=\int_1^2 c_{\mathrm{n}}\frac{\mathrm{d}T}{T}=\frac{n-k}{n-1}c_{\mathrm{v}}\ln\frac{T_2}{T_1}$$

在同一个 $p-v$ 图和 $T-s$ 图上，画出初始点相同的四个基本热力过程线，如图 1-9 所示。按顺时针方向，多变指数由小到大递增。多变指数 n 越大，过程曲线的斜率的绝对值越大。对任一多变过程，只要知道多变指数 n，就能确定其在图上的相对位置，并能据此定性判断、分析该过程中功、热量的正负及状态参数的变化。

膨胀功的正负以定容线为分界。从同一初态出发向右方（$p-v$ 图，图 1-9a）或右下方（$T-s$ 图，图 1-9b）进行的过程，工质膨胀做正功；向左（$p-v$ 图）或左上方（$T-s$ 图）进行的过程，气体受压缩做负功。

热量的正负以绝热线为分界。从同一初态出发向右（$T-s$ 图）或右上方（$p-v$ 图）进行的过程，工质吸热，$q>0$；向左（$T-s$ 图）或右下方（$p-v$ 图）进行的过程，工质放热，$q<0$。

内能、焓的变化以等温线为界。从同一初态出发向上（$T-s$ 图）或右上方（$p-v$ 图）进行的过程，工质温度升高，内能、焓增大；向下（$T-s$ 图）或右下方（$p-v$ 图）进行的过程，工质，工质温度降低，内能、焓减少。

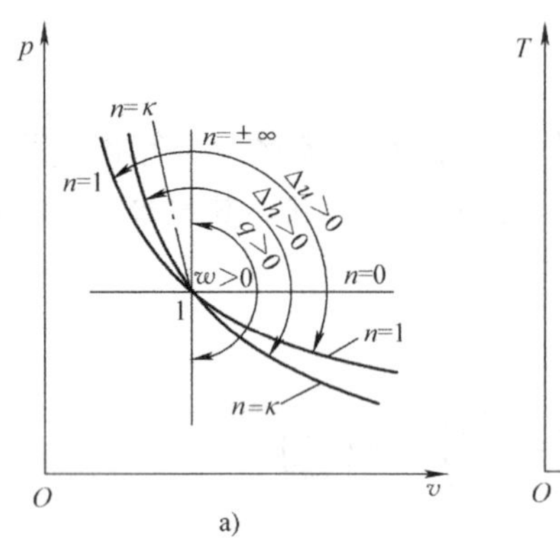

a)

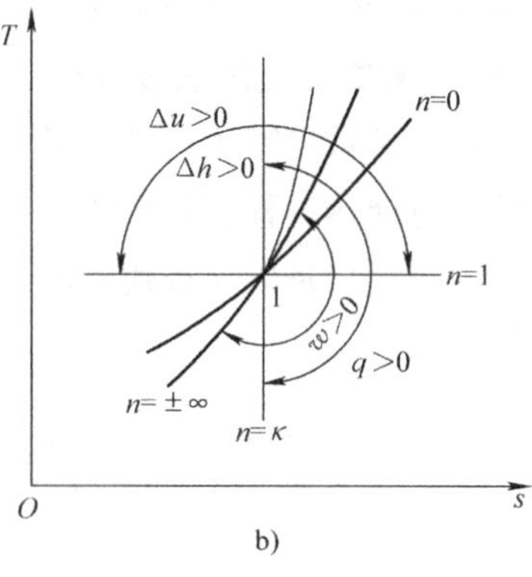

b)

图 1-9　多变过程

a）$p-v$ 图　b）$T-s$ 图

1.5　热力学第二定律与热力循环

1.5.1　热力学第二定律

热力学第一定律仅说明了能量转换中的总量不变的关系。但实际的能量转换过程受到一定约束，如热量总是自发地由高温物体传向低温物体，而不能自发地从低温物体向高温物体传递；机械能（摩擦功）自发地转变为热能，而热能却不能自发地、全部地转变成机械能。从热物体排出热量的制冷过程必须消耗功；热转变成机械功时，必须有一部分热量从高温热源传向低温热源散失掉。热力学第二定律就说明了热力过程进行中受到的约束，即热力过程进行的条件、方向性及限度（效率）等问题。

热力学第二定律有以下两种说法：

开尔文说从热功转换的角度描述第二定律：不可能制造出一种只从高温热源取热，并全部（100%）转变成功，而不向低温热源放热的机器（称之为第二类永动机）。即只从单一热源吸热做功的机器是不能制成的，或第二类永动机是不能制成的。

克劳修斯从热传递的方向表述：热不可能自发地、无代价地从低温热源传向高温热源。即热量只能自发地从高温物体传向低温物体，而从低温传向高温则必须消耗机械能。

1.5.2　热力循环与热效率

工质从初始状态经过一系列变化后又回到原来状态的过程称为热力循环，简称循环。在 $p-v$ 图和 $T-s$ 图上它是一条封闭的曲线，如图 1-10 所示。根据循环中能量转换效果的不同，将其分为正向循环和逆向循环。

1. 正向循环

在 $p-v$ 图和 $T-s$ 图上，按顺时针方向进行的循环称为正向循环，循环的效果是把热能转化为机械能，故又称热机循环或动力循环。如图 1-10 中的 $1-a-2-b-1$ 循环。

循环中，1kg 工质在膨胀过程 $1-a-2$ 中，从高温热源吸收总热量 q_1 及所做膨胀功，分别以 $p-v$ 图和 $T-s$ 图面积 $1-a-2-3-4-1$ 表示。工质经过压缩过程 $2-b-1$ 返回初态，

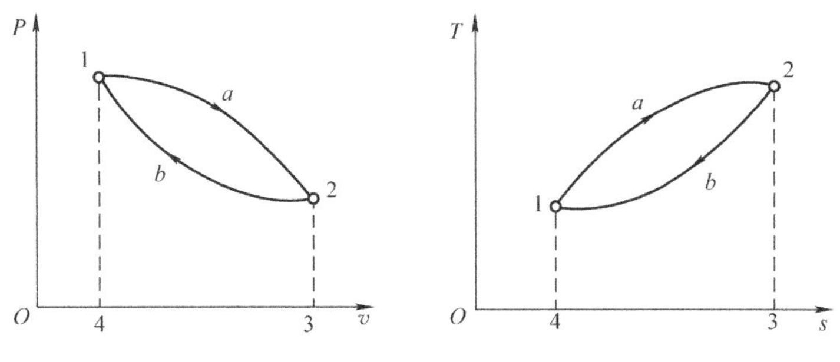

图 1-10 热力循环示意图

向低温热源放出热量为 q_2 及消耗功，以面积 2 - b - 1 - 4 - 3 - 2 表示。所以循环净功 w_0 为面积（1-a - 2 - 3 - 4 - 1）- 面积（2 - b - 1 - 4 - 3 - 2）= 面积（1 - a - 2 - b - 1），即 $p-v$ 图上循环曲线所包围的面积。

根据热力学第一定律能量方程式（1-22），经过一个循环后工质回到初始状态，状态参数内能不变，即 $\Delta u=0$。所以，循环净功等于工质在循环中吸收的净热量 q_0（$T-s$ 图上循环曲线所包围的面积）

$$\oint \delta q = \oint \delta w, \quad q_1 - q_2 = w_0 \tag{1-52}$$

即正向循环中从高温热源得到的热量，只有其中一部分（q_1-q_2）转化为机械能做功，剩余部分 q_2 传给了低温热源。

正向循环的经济性用热效率 η_t 来评价，其定义为：循环净功与循环过程中高温热源加入的总热量之比，即

$$\eta_t = \frac{w_0}{q_1} = \frac{q_1 - q_2}{q_1} = 1 - \frac{q_2}{q_1} \tag{1-53}$$

2. 逆向循环

逆向循环是消耗外界功将热量由低温热源传向高温热源的循环，故又称制冷循环或热泵循环。在 $p-v$ 图和 $T-s$ 图上循环按逆时针方向进行，如图 1-10 中 2 - a - 1 - b - 2 循环。

膨胀过程 1 - b - 2 中，1kg 工质从低温热源吸热 q_2、做膨胀功。在过程 2 - a - 1 中向高温热源放热 q_1、消耗功。因压缩功大于膨胀功，循环净功 w 为负，即消耗功。放热量 q_1 大于吸热量 q_2，循环净热量 q 也为负。同样，根据热力学第一定律，循环净功等于循环净热量

$$-w = q_2 - q_1 \quad \text{或} \quad q_1 = q_2 + w$$

制冷循环的目的是将热量 q_2 从低温热源取出，经济性以制冷系数 ε 评价。热泵循环的目的是向高温热源提供热量 q_1，经济性以供热系数 ε' 评价。

$$\varepsilon = \frac{q_2}{w_0} = \frac{q_2}{q_1 - q_2}, \quad \varepsilon' = \frac{q_1}{w_0} = \frac{q_1}{q_1 - q_2}$$

1.5.3 卡诺循环与卡诺定理

1. 卡诺循环及其热效率

卡诺循环是由二个等温过程和二个绝热过程组成的理想循环，如图 1-11 所示。1kg 工

质先经过等温膨胀过程 1－2，在恒温热源温度 T_1 下吸入热量 q_1；然后经过绝热膨胀过程 2－3，温度降至 T_2；再经过等温压缩过程 3－4，在恒温冷源温度 T_2 下放出热量 q_2；最后经绝热压缩回到初始状态 1，完成一个循环。

根据 $T-s$ 图，$q_1=T_1(s_2-s_1)$，$q_2=T_2(s_2-s_1)$。所以，卡诺循环热效率为

$$\eta_{tc}=1-\frac{q_1}{q_2}=1-\frac{T_2}{T_1} \tag{1-54a}$$

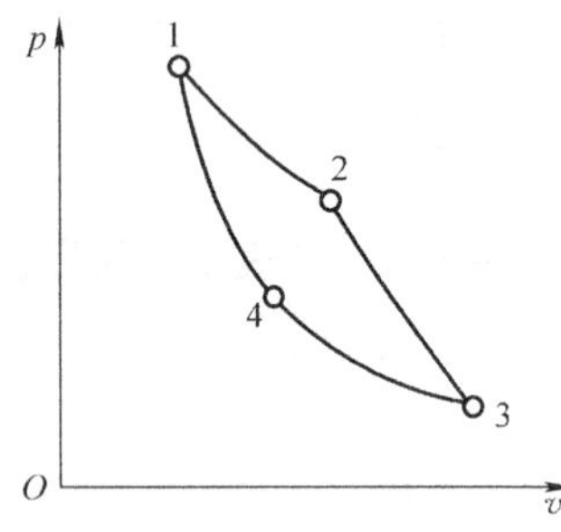

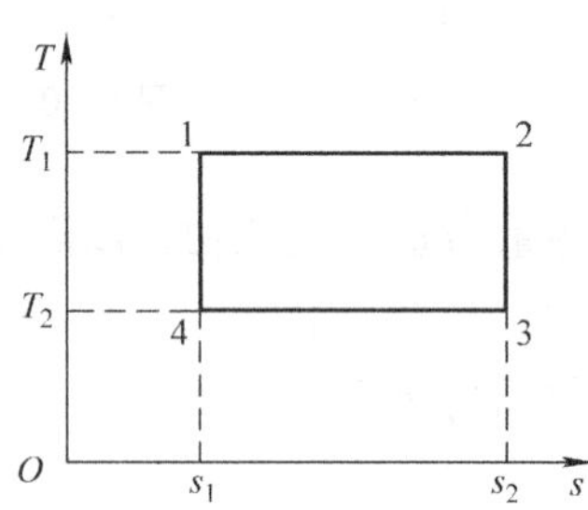

图 1-11　卡诺循环示意图

从卡诺循环热效率公式可得出以下重要结论：

1）卡诺循环热效率仅取决于高温热源温度 T_1 和低温热源温度 T_2，与工质性质无关。降低冷源温度或提高热源温度可提高热效率。

2）卡诺循环热效率只能小于 1，不可能等于 1。因 $T_1=\infty$ 和 $T_2=0$ 是不可能实现的。即热机循环中，工质从高温热源吸收的热量不可能全部转变为机械能。

3）当 $T_1=T_2$ 时，卡诺循环热效率为 0。说明仅从单一热源取热并转化成机械能是不可能的，将热转化成功必须有至少两个温度不等的热源。

2. 卡诺定理

卡诺定理回答了在两个恒温热源间工作的所有热机的热效率极限问题。

1）在给定温度 T_1 的高温热源和温度 T_2 的低温热源之间工作的所有可逆循环热机，具有相同的热效率，与工质性质无关。

2）在给定温度 T_1 的高温热源和温度 T_2 的低温热源之间工作的所有不可逆循环热机，其热效率必小于可逆循环热机的热效率。

可将上述 2 个定理综合为：在给定的高温热源 T_1 和低温热源 T_2 之间工作的所有热机，卡诺循环的热效率为最高。

卡诺循环及卡诺定理在实际应用中的意义就在于，从热力学理论揭示了一定温差间工作的热机循环的最高极限效率，指明了改善热机循环动力性和经济性的方向，即在相同加热量条件下，尽可能提高加热温度 T_1 或尽可能降低放热温度 T_2。

对实际热力循环，吸热和放热往往是在温度变化情况下进行的，可以平均吸热温度、平均放热温度进行分析。

例 1-1　已知汽油机奥托循环由绝热压缩过程 1－2、等容加热过程 2－3、绝热膨胀过程 3－4、等容放热过程 4－1 组成（图 1-12），状态 1、2、3、4 点的温度分别为 $t_1=27℃$，$t_2=341℃$，$t_3=1727℃$，$t_4=704℃$，工质比热容 $c_v=0.717\text{kJ/(kg}\cdot\text{K)}$。求循环吸热量 q_1、放热量 q_2、净功 w_0 及热效率 η_{tv}，并与工作在相同温度范围内的卡诺循环热效率比较。

解：过程2－3吸热量

$$q_1=c_v(t_3-t_2)=0.717\times(1727-341)=994(\text{kJ/kg})$$

过程4－1放热量 $q_2=c_v(t_4-t_1)=0.717\times(704-27)=485.4(\text{kJ/kg})$

循环净功 $w_0=q_1-q_2=994-485.4=508.6(\text{kJ/kg})$

奥托循环热效率 $\eta_{tv}=w_0/q_1=508.6/994=51.2\%$

卡诺循环热效率 $\eta_{tc}=1-T_2'/T_1'=1-300/2000=85\%$

比较奥托循环与卡诺循环，二者温度范围相同 $T_1'=2000\text{K}$，$T_2'=300\text{K}$，而前者平均吸热温度 T_{1m}与平均放热温度 T_{2m}为［Δs，见式（1-34）］

$$T_{1m}=\frac{q_1}{\Delta s}=\frac{995}{0.717\ln\dfrac{614}{2000}}=1173(\text{K})<T'_1$$

$$T_{2m}=\frac{q_2}{\Delta s}=\frac{486}{0.718\ln\dfrac{300}{977}}=573(\text{K})>T'_2$$

于是，用平均吸热温度和平均放热温度表示的奥托循环热效率为

$$\eta_{tv}=1-\frac{q_2}{q_1}=1-\frac{T_{2m}}{T_{1m}} \tag{1-54b}$$

式（1-54b）所得效率值小于卡诺循环热效率。

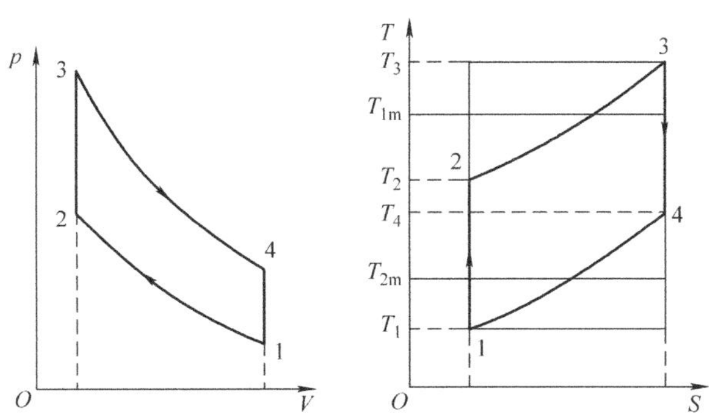

图1-12 奥托循环机器与卡诺循环的比较

1.6 气体在喷管中的流动

1. 喷管与扩压管

喷管是使流过的气体降压增速的变截面短管。与喷管相反，扩压管是使流过的气体升压降速的变截面短管。它们的应用很广。如，在涡轮机里，工质先进入喷管膨胀降压获得高速后，再驱动叶轮做功。而压气机出口处则设一段扩压管，使气体进一步降速升压。内燃机为了减少进排气阻力、充分换气，进、排气道多采用变截面结构，化油器汽油机利用变截面管使汽油雾化等。

目前，常用的喷管有两种，即渐缩喷管和缩放喷管，如图1-13所示。

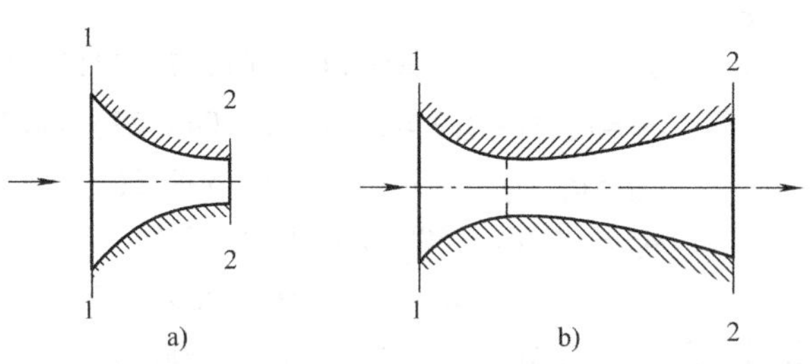

图 1-13　喷管示意图

a）渐缩喷管　b）缩放喷管

2. 喷管中的稳定流动方程

视喷管中的流动为一元稳定流动，即流体参数仅沿流动方向变化，其他方向没有变化，且喷管各截面上的参数不随时间而变。

（1）连续性方程

根据质量守恒原理，流过喷管各截面的质量流量 q_m（kg/s）相等，即

$$q_{m1} = q_{m2} = \frac{Ac_1}{v_1} = \frac{Ac_2}{v_2} = \Lambda \quad 或 \quad q_m = \frac{Ac}{v} = 常数 \tag{1-55}$$

式中　下脚标 1 和 2——指进口和出口截面；

c——流速；

v——比容；

A——截面积。

微分式（1-55），并整理得

$$\frac{dc}{c} + \frac{dA}{A} - \frac{dv}{v} = 常数 \tag{1-56}$$

式（1-56）称为稳定流动连续性方程。

（2）稳定流动能量方程

由于喷管很短、气体流过速度又很快，可以忽略气体与外界的换热（为绝热流动）、忽略位能变化，流动过程对外不做功。再假设流动是可逆的（无摩擦和扰动）。则由式（1-25）、式（1-29）得

$$\frac{1}{2}dc^2 = -dh = -vdp \tag{1-57}$$

$$\frac{1}{2}(c_2^2 - c_1^2) = h_1 - h_2 = -\int_1^2 vdp \quad 或 \quad h_i + \frac{1}{2}c_i^2 = 常数 \tag{1-58}$$

式（1-58）表明，气体绝热流过喷管时，动能的增加是其焓降或压力降的结果，或气体的压力能（即技术功 $-vdp = -dp/\rho$）转变为动能。

3. 喷管截面变化规律

由式（1-56）可知，比容变化率和速度变化率的关系决定了喷管截面的变化规律：当 $dv/v < dc/c$ 时，则 $dA/A < 0$，即喷管是渐缩形；当 $dv/v > dc/c$ 时，则 $dA/A > 0$，喷管是渐扩

形；当 $dv/v = dc/c$ 时，则 $dA/A = 0$，喷管截面不变。

为确定 dv/v 和 dc/c 的关系，引入声速 $a = \sqrt{kRT} = \sqrt{kpv}$、马赫数 $M = c/a$（某截面处气流速度与当地声速之比）。由式（1-57）及 $pv = RT$ 得出 $dc/c = -(RT/c^2)dp/p$，再由绝热过程方程微分形式 $d(pv^k) = 0$ 得到 $dp/p = -k(dv/v)$，则

$$kM^2 \frac{dc}{c} = -\frac{dp}{p} = k\frac{dv}{v} \quad \Rightarrow \quad M^2 \frac{dc}{c} = \frac{dv}{v} \tag{1-59a}$$

将式（1-59a）代入式（1-56）得

$$(M^2 - 1)\frac{dc}{c} = \frac{dA}{A} \tag{1-59b}$$

由式（1-59b）可知：$M<1$、亚音速流动时，$dA<0$，喷管为渐缩形，如图 1-13a 所示；$M=1$、音速流动，$dA=0$，截面收缩至最小；$M>1$、超音速流动时，$dA>0$，喷管为渐扩形，如图 1-13b 右半部分所示。所以，通过渐缩喷管，气流速度最高升至声速，且只能在出口截面达到。若使气流从亚声速连续升高至超声速，必须使用缩放喷管，如图 1-13b 所示。缩放喷管最小截面处称为喉部，此处流速为当地声速，是气流由亚声速变为超声速的转折点，此点的状态称为临界状态，其参数为临界参数，加下脚标 cr 表示，如临界压力 p_{cr}等。

4. 喷管计算

喷管计算主要是出口流速及流量计算。

（1）流速

由式（1-58）得出口截面气流速度

$$c_2 = \sqrt{2(h_1 - h_2) + c_1^2} \tag{1-60}$$

式（1-60）由能量方程导出，适用于任意工质的绝热过程。对定比热容理想气体可逆绝热流动过程，喷管进口速度比出口速度小很多，可忽略不计，则

$$c_2 = \sqrt{2c_p(T_1 - T_2)} = \sqrt{2\frac{k}{k-1}RT_1\left(1 - \frac{T_2}{T_1}\right)} = \sqrt{2\frac{k}{k-1}RT_1\left[1 - \left(\frac{p_2}{p_1}\right)^{\frac{k-1}{k}}\right]} \tag{1-61}$$

可见，当工质和进口状态一定时，喷管出口流速只取决于出口压力与进口压力之比 $\beta = p_2/p_1$。对渐缩喷管，出口截面达到临界状态之前，流速随压力比或出口压力的降低而增大。但达到临界和超临界状态时，即便出口外的压力继续降低，出口截面压力将保持临界压力不变，流速保持当地声速不再继续升高。缩放喷管出口截面压力则可一直随出口外压力的降低而下降，流速继续增大，但最小截面一直为临界状态不变。

在临界状态截面上，流速达到临界值 $c_{er} = \sqrt{kRT_{er}}$，由式（1-61）得到临界压力比 β_{cr}

$$\beta_{cr} = \frac{p_{er}}{p_1} = \left(\frac{2}{k+1}\right)^{\frac{k}{k+1}} \tag{1-62}$$

临界压力比仅与气体性质有关。如，空气一类的双原子气体 $k = 1.4$，$\beta_{cr} = 0.528$；多原子气体 $k \approx 1.3$，$\beta_{cr} \approx 0.546$。所以，各种气体在喷管中速度从 0 增高到声速，其压力约降低一半。

实际压力比与临界压力比对比，是判断流动状态或选择喷管的依据。例如，若 $p_2/p_1 \geqslant$

β_{cr}，为亚临界流动，应选用渐缩喷管；如果 $p_2/p_1 < \beta_{cr}$，为超临界流动，则应选用缩放喷管。

（2）流量计算

按质量守恒方程式［式（1-55）］，喷管任意截面的质量流量 q_m 相同，可按任意截面计算。通常以最小截面来计算。对缩放喷管，按出口截面处计算，当出口截面达到临界状态时，流量达到最大。对于缩放喷管，其最小截面处总是临界流速，喷管各截面流量等于此处流量。

注意：在临界或超临界状态时，流速维持当地声速不变，流量只与喷管截面积和临界参数有关，而与进、出口压差无关。

1.7 导热

1. 温度场和温度梯度

物体内部产生导热起因于各部分之间存在温差，温差则取决于其内部温度分布。某一瞬时物体内各点温度分布称为温度场，它是空间坐标 x、y、z 和时间 t 的函数，即

$$t = f(x, y, z, t)$$

随时间变化的温度场称为不稳定温度场，所发生的导热称为不稳定导热。不随时间变化的温度场称为稳定温度场，温度分布仅是空间坐标的函数 $t = f(x, y, z)$。如果温度只在两个或一个方向上有变化，则称之为二维温度场或一维温度场，表示为 $t = f(x, y)$ 或 $t = f(x)$。

温度场常用一组等温线和等温面描述，它们是温度场中同一瞬时相同温度的各点相连而成的线和面。不同温度等温线或等温面不能相交。

温度场中，某一点的热流必定沿等温面法线、温度降落最强烈的方向，如图 1-14 所示。温度变化的强烈度用温度梯度表示，它是等温面法线方向上的温度增量 Δt 与法向距离 Δn 比值的极限，用符号 grad t 表示

$$\text{grad}\ t = \lim \frac{\Delta t}{\Delta n} = \frac{\partial t}{\partial n}$$

即温度梯度是等温面法线方向上单位长度的温度增量，是一个指向温度增加方向的矢量。

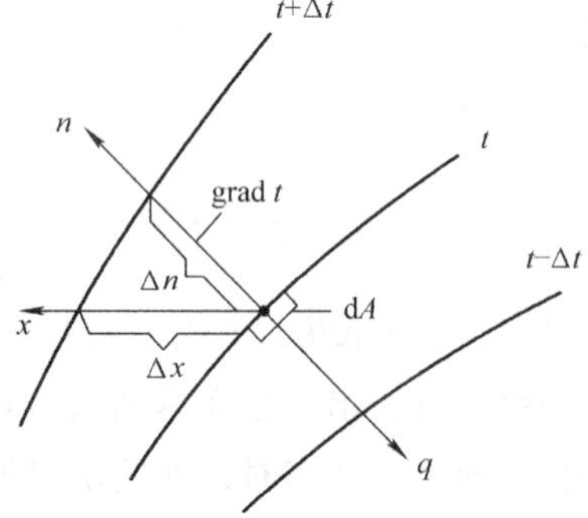

图 1-14　温度梯度和热流

2. 导热定律和导热系数

傅里叶总结了均质固体中的导热规律，即发生纯导热时，单位时间内、垂直于热流方向的单位面积之导热量与该处的温度梯度绝对值成正比，方向与温度梯度相反，即

$$q = -\lambda \text{grad} t \tag{1-63}$$

式中　q——热流密度，kJ/(m^2·K)；

λ——热导率，又称导热系数，表征物质导热能力的物性参数，是温度梯度为 1K/m 时的热流密度，W/(m·K)。

这就是傅里叶导热定律表达式。

热导率大小主要取决于物体材料特性成分、结构、密度、温度和湿度。固体的热导率较

大，气体则很小，液体介于两者之间。金属热导率大于非金属的，纯金属大于相应合金。多孔固体材料的热导率很小，因其孔隙中的静止空气热导率很小。通常把热导率小于0.23 W/(m·K)的材料称为保温材料，如石棉板热导率为0.14W/(m·K)。保温材料含水量增大，热导率增大。防止保温材料中进水是保持其保温效果的重要举措。随温度的升高，气体分子间碰撞频率加快，热导率增大。温度对液体、固体热导率的影响较小。

3. 平壁稳态导热

（1）单层平壁

如图1-15所示，平壁厚δ，两侧表面积均为A，表面温度均匀恒定、分别为t_1和t_2，壁内温度只在与壁面垂直的x方向有变化，属一维稳态温度场。热导率为常数，由导热定律得

$$q = -\lambda \frac{dt}{dx}$$

对上式积分，并利用边界条件$x=0$、$t=t_1$确定积分常数，得到平壁内温度分布为

$$t = -\frac{q}{\lambda} + t_1$$

可见壁内温度分布是一直线。再将另一边界条件$x=\delta$、$t=t_2$代入上式，得到热流密度计算式

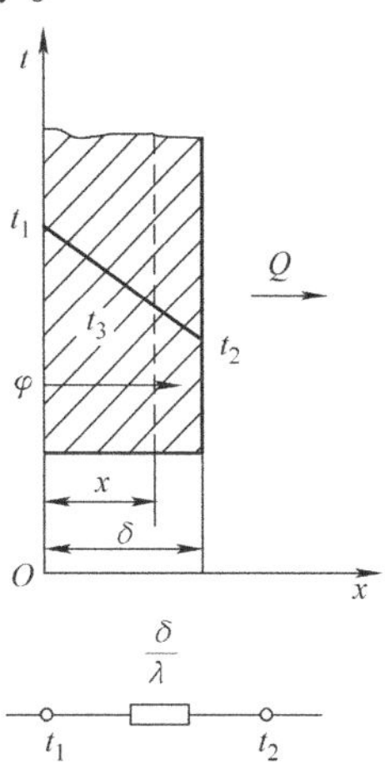

图1-15 单层平壁导热

$$q = \frac{t_1 - t_2}{\delta/\lambda} \tag{1-64}$$

整个平板的热流量则为

$$Q = Aq = \frac{t_1 - t_2}{\delta/(A\lambda)} \tag{1-65}$$

上两式与电学中的欧姆定律$I=U/R$类似。（$t_1 - t_2$）为热量传递推动力，称为温压；$r_\lambda = \delta/\lambda$、$R_\lambda = \delta/(A\lambda)$分别为单位面积热阻和总面积热阻。

实用中，如果平壁厚度小于高和宽的10%时，可作为一维导热来处理，误差不大于1%。

（2）多层平壁

对由几种不同材料组成的多层平壁（如图1-16中的三层平壁），若各层间接触良好，接触面上各处的温度相等。稳态导热情况下，通过各层的热流密度相等

$$q = \frac{t_1 - t_2}{\delta_1/\lambda_1} = \frac{t_2 - t_3}{\delta_2/\lambda_2} = \frac{t_3 - t_4}{\delta_3/\lambda_3}$$

由此可得

$$q = \frac{t_1 - t_4}{\delta_1/\lambda_1 + \delta_2/\lambda_2 + \delta_3/\lambda_3} = \frac{t_1 - t_4}{r_{\lambda1} + r_{\lambda2} + r_{\lambda3}} \tag{1-66}$$

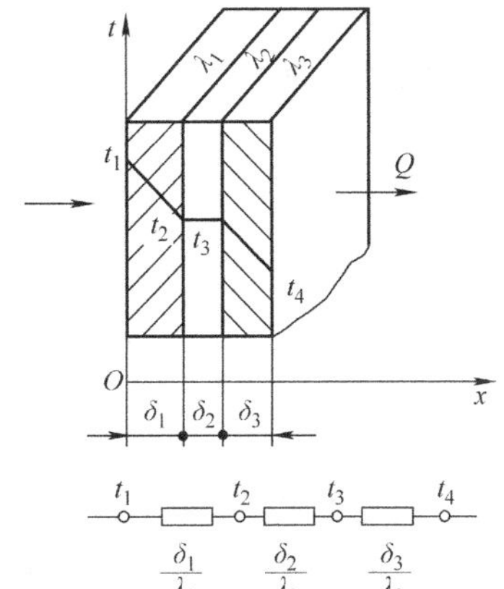

图1-16 多层平壁导热

由此可知，多层平壁之热流密度正比于总温差，反比于总热阻（各层热阻之和）。这与电学

中串联电路的电阻叠加原理类似。热传递过程总热阻等于各串联热阻之和。

4. 圆筒壁稳态导热

图 1-17 为一单层圆筒壁导热示意图。圆筒壁内、外直径分别是 d_1 和 d_2，筒长为 l，导热率 λ 为常数。设内、外壁具有均匀恒定的温度 t_1 和 t_2，壁内温度仅沿半径方向变化，即 $t=f(r)$，属一维导热问题。

在圆筒壁内半径为 r 处取一厚度为 dr 的薄壁圆筒。由导热定律，单位时间通过该薄壁的热量为

$$Q=Aq=-2\pi\lambda l\frac{\mathrm{d}t}{\mathrm{d}r}$$

对上式分离变量并积分，得 r 处温度

$$t=-\frac{Q}{2\pi\lambda l}\ln r+c$$

可见圆筒壁内温度分布是对数曲线。利用边界条件 $r=r_1$，$t=t_1$ 及 $r=r_2$，$t=t_2$ 得长圆筒壁热流量计算式

$$Q=\frac{t_1-t_2}{\ln\frac{r_2}{r_1}\Big/(2\pi\lambda l)} \tag{1-67}$$

式中 $r_\lambda=\frac{1}{2\pi\lambda l}\ln\frac{d_2}{d_1}$，为圆筒壁导热热阻。

对多层圆筒壁导热可以用热阻叠加原理分析计算。图 1-18 所示的三层圆筒壁，其热流量为

$$Q=\frac{t_1-t_4}{\ln\frac{r_2}{r_1}\Big/(2\pi\lambda_1 l)+\ln\frac{r_3}{r_2}\Big/(2\pi\lambda_2 l)+\ln\frac{r_4}{r_3}\Big/(2\pi\lambda_3 l)} \tag{1-68}$$

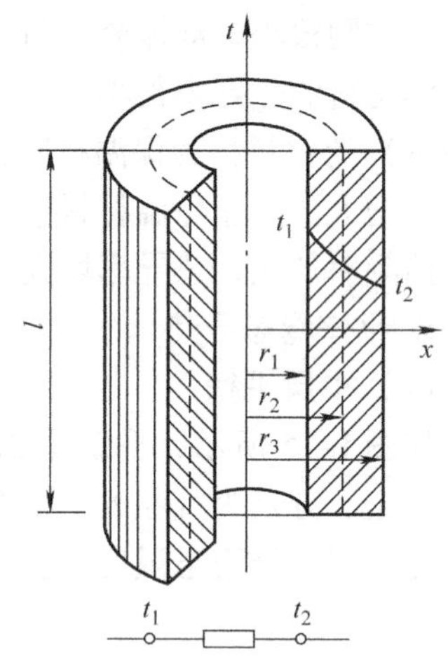

图 1-17 单层圆筒壁导热

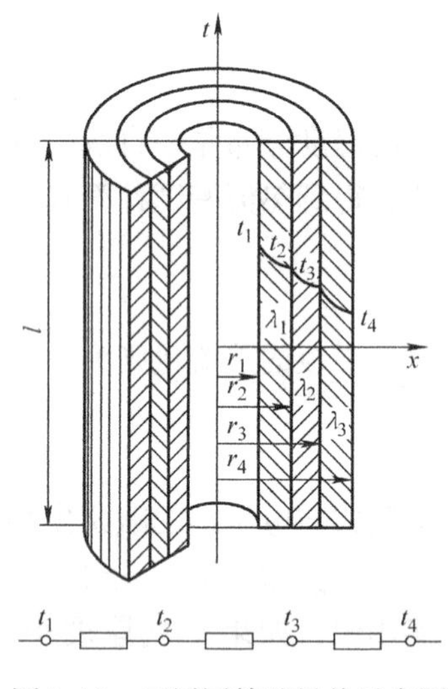

图 1-18 三层圆筒壁导热示意图

1.8 对流换热

流体流过与其温度不同的固体表面或物质界面时，它们之间发生的热传递称为对流换热。

1. 对流换热牛顿公式

牛顿根据经验首先提出了对流换热的热流量计算式

$$Q=\alpha\cdot A\cdot\Delta t \quad 或 \quad q=\alpha\cdot\Delta t \tag{1-69}$$

式中 A——与流体接触的换热面积，m^2；

Δt——流体与接触界面之间的温差；

α——对流传热系数，[W/($\mathrm{m}^2\cdot$K)]，表征对流换热强弱的参数，是分析对流换热的关键因素。

由于其影响因素错综复杂，用纯理论方法很难确定 α，往往采用实验方法来确定。

2. 对流换热的影响因素

（1）流动状态

流体的流动状态分层流与紊流两种。在流道中，流速相对较小时，沿主流方向、流体各部分或微团形成与管道平行的层状流动轨迹，相邻层之间不存在流体微团横向窜动引起的混杂，这种流动称为层流；当速度增大到一定值后，流体各部分或微团在主流的垂直方向出现不规则或紊乱的窜动、混杂，这就是紊流。紊流中流体微团的横向紊动使传热强度提高。

不管是层流还是紊流，在近壁面处都存在一速度边界层和温度（或热）边界层。速度边界层是流体流过壁面时，受黏性力作用，在近壁面处形成的一流速显著变化的薄层。在此边界层内，紧贴壁面流体速度为零，随着远离壁面流体速度逐渐增大，在边界层边缘处与主流体速度相等。温度边界层是流体流过固体表面时，在近壁面处形成的一温度显著变化的薄层。在此边界层内，紧贴壁面的流体温度与壁面温度相同，随着远离壁面流体温度逐渐接近主流体温度。

对于层流边界层，流体层与层之间的传热几乎完全靠导热；对于紊流边界层，紧靠壁面也有一极薄的层流底层，在层流底层内传热仍然靠导热，层流底层外的紊流区，导热和热对流同时存在，传热增强。边界层厚度主要受流速影响，流速越快，速度边界层和热边界层越薄，边界层内温度梯度越大，传热越快。通常，紊流时传热系数 α 要比层流时的传热系数 α 大好几倍甚至更多。

（2）流体流动原因

根据流体流动原因，对流传热分为强迫对流传热和自然对流传热。前者是指传热时流体的流动是由泵或其他压差的作用所致，后者是由于其冷热温差产生密度差形成的浮升力和重力改变所引起。通常强迫对流传热强度高于自由对流传热。

（3）流体的物理性质

影响对流传热的流体物性参数主要有热导率 λ、密度 ρ、比热容 c、动力黏度 μ 等。热导率大，边界层热阻小，传热强。比热容和密度大，热容量大，载热能力强，传热强。黏度大，边界层厚，对传热不利。

（4）壁面几何特征

壁面几何特征主要是指形状、尺寸、在流体中放置的相对位置等，对流体流动有很大影响，进而影响对流传热的强弱。

3. 对流传热系数的确定

综上所述，影响对流传热系数 α 的因素很多，其函数关系可以表示为

$$\alpha = f(v, t_w, t_f, \lambda, \rho, c_p, \mu, l) \tag{1-70}$$

式中 v——流速；

l——壁面特征尺寸；

t_w 和 t_f——分别为壁面温度和流体温度。

由于式（1-70）中的因素多，且相互之间又有影响，故传热系数 α 的计算公式主要由相似理论指导下的实验法获得。

相似理论指导下的实验法是依据相似理论的分析，把众多影响因素组成几个无量纲的

数，每个无量纲数反映一个方面对对流传热的影响，这样的无量纲数称为相似准则。从而把式（1-70）变换成少数几个相似准则的函数式，称之为相似准则方程式。鉴于篇幅，在此不对相似理论及其分析方法进行讨论，只介绍这种方法用于对流传热分析所得出的准则。

雷诺准则：$Re = v\rho l/\mu = vl/v$，$v = \mu/\rho$ 为运动黏度，该准则反映了流体流动时惯性力和黏性力的对比关系。Re 数越大说明惯性力作用大，流态易呈紊流；反之，R_e数越小，说明黏性力作用大，流态易呈层流。它是一个表征强迫流动状态的准则。

奴塞尔准则：$Nu = \alpha l/\lambda$，反映对流传热和导热的相对强烈程度。Nu 数越大，α 也越大，对流传热越强烈。

格拉晓夫准则：$Gr = \gamma g\Delta t l^3/v^2$，式中 γ 为流体膨胀系数，对于理想气体 $\gamma = 1/T$，T 为气体绝对温度，其他流体的 γ 可查相关的物性表；g 为重力加速度；Δt 是壁面与主流体之间的温差，温差造成壁面附近的流体与主流体密度的不同，使壁面附近的流体受到浮升力作用。格拉晓夫准则反映了浮升力和黏性力的对比关系。Gr 数大，表明壁面附近流体受到的浮升力大，自由流动强烈，是表征自由流动状态的准则。

普朗特准则：$Pr = \mu c_p/\lambda = v/a$，式中 $a = \lambda/(c_p\rho)$，称为热扩散率，它与运动黏度 v 对边界层内的速度分布和温度分布影响很大。Pr 数大，表明流体热扩散能力弱而黏度大，如油类物质。Pr 数小，说明是热扩散能力强而黏度小的流体，如液态金属。它反映了流体物性对传热系数的影响。

Re、Gr 和 Pr 数都是由已知量组成，称为一定准则；Nu 数包含待定量 α，称为待定准则。这四个准则之间存在一定关系：

$$Nu = f(Re, Gr, Pr) \tag{1-71}$$

式（1-71）称为对流传热准则方程式。如果对流传热过程中受迫流动占主导地位，自由流动可以忽略，则准则方程为 $Nu = f(Re,\ Pr)$；若对流传热过程中自由流动占主导地位，受迫流动可以忽略，准则方程为 $Nu = f(Gr,\ Pr)$。

相似准则中往往都含有物性参数，而物性参数一般都是随温度变化的。在传热条件下，流场内各处温度不同，物性也不同。所以，计算准则时要选择一个有代表性的温度来确定物性参数，并把它们当成常数处理。用来确定物性参数的温度称为特征温度，常选取流体的平均温度 t_f、壁面温度 t_w，以及壁面与流体的平均温度（$t_f + t_w$)/2。相似准则中还常有代表传热面积的几何特性尺寸，称为特征尺寸。通常选择对流动情况有决定性影响的某一尺寸作为特征尺寸。例如，管内流动选管内径 d，沿平板流动则选取流动方向的板长 l。对截面不规则的通道，取当量直径 $d_h = 4F/U$ 作为特征尺寸，F 为通道截面积，U 为湿周。在应用由实验得到的准则方程时，计算相似准则要使特征温度和特征尺寸与公式所规定的相一致。

4. 管内受迫流动传热

受迫流动传热形式很多，最常见的是管内受迫匀速流动传热和流体横绕管束的传热。

（1）传热影响因素及准则方程式

流体在管内受迫流动传热的准则方程为

$$Nu = c\,Re^n\,Pr^m \tag{1-72}$$

式中　c、n、m——均是由实验确定的常数。

管内受迫流动传热除受 Re（流态）和 Pr（流体物性）影响外，还与入口效应、热流方向、管道弯曲等有关。

1）入口效应，即入口段的流动情况对传热系数的影响。流体以匀速进入管口后，在管壁附近形成速度边界层，且沿着管流方向不断加厚，至某一位置时趋于稳定，速度分布也保持不变。入口处热边界层也有类似于速度边界层的变化情形。入口附近边界层较薄，传热较强烈，这也是其他条件相同的情况下，短管比长管单位表面传热能力大的原因。通常，传热计算的经验公式是由径长比 $l/d>50$ 的长管实验数据综合达到的。这些方程式用于 $l/d<50$ 的短管时，必须乘以管长的修正系数 ε_L。

2）热流方向的影响。当 $t_w>t_f$、液体被加热时，由于液体黏度随温度升高而降低，贴近壁面的液体温度较低，层流底层较薄，传热较强烈。当液体被冷却时，情况则相反。而气体的黏度随温度的升高而增大，传热强度降低。故，在壁面与流体之间温差较大时，应乘以一个考虑热流方向影响的温度修正系数 ε_t。

3）管道弯曲的影响。弯曲段由于离心力的作用，沿管截面会形成二次环流而加强扰动和混合，使传热加强。所以，应乘以一个管道弯曲修正系数 ε_R，尤其是螺旋管道。

（2）管内受迫流动传热计算

管内受迫流动时的状态取决于雷诺数 Re。当 $Re<2200$ 时，管内流动为层流；速度增加，在 $2200<Re<1\times10^4$ 的范围，流态由层流向紊流过渡，流动很不稳定；$Re>1\times10^4$ 时，流动完全处于紊流状态。关于过渡流动状态的传热计算，目前没有较准确的计算公式。实际传热设备也往往避开不稳定的过渡状态。在此只讨论层流和紊流状态下的传热计算。

1）紊流（$Re>1\times10^4$）时的传热计算。对于壁面温差较大和黏度较高（比水的黏度大 2 倍）的流体，$Re_f>10^5$，$0.7<Pr_f<17000$，$l/d>50$。，则以式（1-73）计算

$$Nu=0.027\,Re_f^{0.8}\,Pr_f^{1/3}\left(\frac{\mu_f}{\mu_w}\right)^{0.14} \tag{1-73}$$

式中 下标 f 和 w——分别表示以流体平均温度和壁面温度为特征温度。

当流体和壁面温差不甚大（如水为30℃，油类为10℃，气体为50℃）、$10^4<Re_f<1.2\times10^5$、$0.7<Pr_f<120$、$l/d>50$ 时，可用式（1-74）计算

$$Nu=0.023\,Re_f^{0.8}\,Pr_f^{n} \tag{1-74}$$

式（1-74）中，若流体被冷却，$n=0.3$；被加热，$n=0.4$。特征尺寸为管内径 d。

若用式（1-73）和式（1-74）计算短管（$l/d<50$）和螺旋管时，应以系数 $\varepsilon_L=1+(d/l)^{0.7}$ 和管道弯曲修正系数 $\varepsilon_R=1+1.77\,(d/R)$（气体）、$\varepsilon_R=1+10.3\,(d/R)^3$（液体）进行修正。

2）层流（$Re<2200$）时的传热计算。当 $Re\cdot Pr\cdot d/l$ 的情况下，可用式（1-75）计算

$$Nu=1.86\,Re_f^{0.33}\,Pr_f^{0.33}\left(\frac{d}{l}\right)^{1/3}\left(\frac{\mu_f}{\mu_w}\right)^{0.14} \tag{1-75}$$

5. 流体横向外扰管束时的传热

影响流体与管束壁面间传热系数的主要因素是流速和管束本身所引起的紊流度。

管束排列方式有顺排和叉排两种。顺排时第一排管子受来流冲击，传热较强烈。从第二

排起所受冲击减弱，列管间流体受管壁扰动小，流动方向较为稳定。叉排时流体在管间交替收缩和扩张的弯曲通道中流动，流体受到的扰动强度大，传热也较强烈，且逐排增强。一般到第 10 排管后，扰动、传热系数趋于稳定。所以，叉排管束的平均传热系数要比顺排的大。考虑到纵、横向管间距 s_1、s_2和排数 N 的影响，在 $0.6<Pr_f<500$ 时，流体横向流过管束的传热可用式（1-76）计算

$$N_{uf}=c\,Re_f^m\,Pr_f^{0.36}\left(\frac{Pr_f}{Pr_w}\right)^{0.25}\varepsilon_n \tag{1-76}$$

式（1-76）中，特征尺寸取管径 d。Re_f中的流速取最小截面处的平均流速。ε_n是管束排数少于10时的修正系数，从表 1-2 中查取。系数 c 和指数 m 与管束排列方式和管节距有关：

当 $10^3<Re_f<2\times10^5$时：顺排 $c=0.27$、$m=0.63$；叉排 $s_1/s_2<2$ 时 $c=0.35(s_1/s_2)^{0.2}$，$s_1/s_2>2$ 时 $c=0.40$，m 值均是 0.6。

当 $2\times10^5<Re_f<2\times10^6$ 时：顺排 $c=0.021$，叉排 $c=0.022$；顺排、叉排 m 值均是 0.84。

表 1-2　管束少于 10 排时修正系数 ε_n

排数	1	2	3	4	5	6	7	8	9	10
顺排	0.64	0.80	0.87	0.90	0.92	0.94	0.96	0.98	0.99	1.0
叉排	0.68	0.75	0.83	0.89	0.92	0.95	0.97	0.98	0.99	1.0

6. 流体自由流动传热

原来静止的流体，与不同温度的固体表面接触时，固体表面附近的热边界层内的流体就会因浮升力而产生自由流动。当流体自由对流传热时，边界层的发展不受其他表面干扰时为大空间或无限空间自由对流传热，其准则方程式一般表示为

$$N_{um}=c\,(Gr_m\,Pr_m)^n \tag{1-77}$$

式中　下脚标 m——表示特征温度为流体和壁面的平均温度，$t_m=(t_w+t_f)/2$；

系数 c 和指数 n——取决于流态、壁面几何形状及相对位置，由试验确定，见表 1-3。

表 1-3　式（1-79）中 c 和 n 值

传热表面形状与位置		c	n	适用范围 $Gr_m\cdot Pr_m$	特征尺寸
竖平板和竖圆柱		0.59	1/4	$10^4\sim10^9$（层流）	高度
		0.12	1/3	$10^9\sim10^{12}$（紊流）	
横圆柱		0.53	1/4	$10^4\sim10^9$（层流）	外直径
		0.13	1/3	$10^9\sim10^{12}$（紊流）	
水平板	热面朝上或冷面朝下	0.54	1/4	$10^5\sim2\times10^7$（层流）	矩形取两边长平均值，圆盘取 0.9d，狭长条板取短边长
		0.14	1/3	$2\times10^7\sim2\times10^{10}$（紊流）	
	热面朝下	0.27	1/4	$3\times10^5\sim3\times\times10^{10}$（层流）	

1.9 辐射传热

1. 热辐射的基本概念

任何物体都以电磁波的形式向外放射辐射能。物体转化本身的内能而产生的辐射称为热辐射。热辐射波长范围很宽。波长在0.1~100μm范围内的射线，热辐射效应最显著，其大部分能量位于0.76~20μm的红外线区段，可见光波长在0.38~0.76μm。

辐射能投射到物体表面时，分三部分分别被物体吸收、反射和透射，它们所占投射辐射能的百分比分别被称为吸收率α、反射率ρ和透射率τ，则

$$\alpha+\rho+\tau=1$$

$\alpha=1$，即全部吸收投射来的辐射能，这种物体称为黑体。$\rho=1$和$\tau=1$的物体分别称为白体和透明体。这三种都是理想的物体，自然界中并不存在。气体对辐射能几乎不能反射，$\rho=0$，即$\alpha+\tau=1$；固体一般为不透明体，可认为其$\tau=0$，即$\alpha+\rho=1$。

需要说明的是，黑体、白体和透明体是针对热射线而言，而不是物体表面的颜色，颜色是仅对可见光的。如白色能反射热辐射中的可见光射线，而对其他热射线，和黑色一样能吸收。又如玻璃是光线的透明体，但红外线却几乎不能透过。对红外线的吸收率和反射率有重要影响的，不是表面颜色，而是表面粗糙度，表面越粗糙，反射率越小，吸收率越大。

2. 热辐射的基本定律

（1）斯蒂芬-波尔斯曼定律

理想的辐射体（黑体）在单位时间内、单位表面积所放射的辐射能E_b称为辐射力或辐射度，它与其热力学温度T的四次方成正比，表示为

$$E_b=\sigma T^4 \tag{1-78}$$

式中　$\sigma=5.67\times10^{-8}W/(m^2\cdot K^4)$，称为斯蒂芬-波尔斯曼常数。

这就是斯蒂芬-波尔斯曼定律，又称四次方定律。

实际物体的辐射力小于黑体的辐射力。将实际物体的辐射力E与同温度黑体的辐射力之比值，定义为该物体的黑度或发射率ε，即

$$\varepsilon=E/E_b \tag{1-79}$$

黑度与物体材料、表面温度和表面状况有关，常用材料的黑度可查相关手册。利用黑度定义和四次方定律得实际物体的辐射力为

$$E=\varepsilon E_b=\varepsilon\sigma T^4 \tag{1-80}$$

（2）基尔霍夫定律

黑体对所有波长辐射能的吸收率均等于1，但实际物体的吸收率既与自身性质有关，又与投射来的辐射能的波长有关。为简化传热计算，引入灰体的概念。灰体是指对于各种波长的辐射能具有同样吸收率的理想物体。于是，灰体的吸收率只取决于本身情况，而与投射辐射能的性质无关。一般工程材料在工作温度范围内，可作为灰体处理。基尔霍夫定律则建立了灰体吸收率与黑度之间的关系，即灰体的吸收率等于同温度下的黑度

$$\alpha=\varepsilon \text{ 或 } E/\alpha=E_b \tag{1-81}$$

所以，灰体的辐射力与吸收率之比与物体表面的性质无关，恒等于同温度下黑体的辐射力；物体的辐射力越大，吸收率也越大，即善于辐射的物体也善于吸收；所有实际物体的吸

收率永远小于1，可与黑度互相代替。

3. 辐射传热计算

任何物体都在时刻进行着向外发射辐射能和吸收周围物体发出的辐射能的过程，其本身能量的增减，完全取决于同一瞬间内发射和吸收辐射能的差值。

（1）有效辐射

黑体能够全部吸收投射来的辐射能，但灰体则因吸收率 $\alpha<1$、反射率 $\rho>0$，灰体间辐射传热过程中存在着辐射能的多次吸收与反射现象，情况较复杂。

对无透射能力的物体，单位时间内、周围物体投射到其单位表面积上的总辐射能 E' 称为投射辐射。投射辐射中的 $\rho E'$ 部分被吸收，其余部分 $\rho E'$ 被反射。

有效辐射 J 则是单位时间内由物体单位表面积射离的总辐射能，它是本身辐射 E 和反射辐射 $\rho E'$ 之和，即

$$J=E+\rho E'=\varepsilon E_{\mathrm{b}}+(1-\alpha)E' \tag{1-82}$$

该物体与周围物体的热流 q 为有效辐射 J 与投射辐射 E' 之差，即 $q=J-E'$。将式（1-82）中的 E' 带入，并利用 $\alpha=\varepsilon$，可得

$$q=\frac{E_{\mathrm{b}}-J}{(1-\varepsilon)/\varepsilon} \quad 或 \quad Q=\frac{E_{\mathrm{b}}-J}{(1-\varepsilon)/\varepsilon A} \tag{1-83}$$

式中 A——物体表面积；

Q——辐射传热量。

式（1-83）的分子为“辐射势差”，分母为辐射表面热阻。后者仅取决于辐射表面大小和黑度。黑度大，表面热阻小。黑体的表面热阻为0。

（2）二灰体表面间的辐射传热

1）任意放置的二灰体表面 A_1 和 A_2，它们之间的辐射传热量为

$$Q_{1-2}=J_1A_1F_{1-2}-J_2A_2F_{2-1} \tag{1-84a}$$

式中 F_{1-2}——表面 A_1 发出的辐射能投落到表面 A_2 上去的百分数，称为表面 A_1 对 A_2 的角系数；

F_{2-1}——表面 A_2 对 A_1 的角系数。

角系数为几何因子，只取决于两物体形状、尺寸及其相对位置，而与温度、物性无关。角系数具有互换性，即 $A_1F_{1-2}=A_2F_{2-1}$。则

$$Q_{1-2}=A_1F_{1-2}(J_1-J_2)=A_2F_{2-1}(J_2-J_1) \quad 或 \quad Q_{1-2}=\frac{J_1-J_2}{1/(A_1F_{1-2})}=\frac{J_2-J_1}{1/(A_2F_{2-1})} \tag{1-84b}$$

将该式中的 J_1 和 J_2 称为表面有效辐射势，$1/A_1F_{1-2}$ 或 $1/A_2F_{2-1}$ 称为空间热阻。式（1-84b）与式（1-83）联立求解，可得 A_1 和 A_2 间的辐射传热量

$$Q_{12}=\frac{E_{\mathrm{b1}}-E_{\mathrm{b2}}}{(1-\varepsilon_1)/(\varepsilon_1A_1)+1/(A_1F_{1-2})+(1-\varepsilon_2)/(\varepsilon_2A_2)} \tag{1-85a}$$

$$或\ Q_{12}=\frac{\sigma_b(T_1^4-T_2^4)}{(1-\varepsilon_1)/(\varepsilon_1A_1)+1/(A_1F_{1-2})+(1-\varepsilon_2)/(\varepsilon_2A_2)} \tag{1-85b}$$

式（1-85）分子为与传热表面同温度的黑体表面辐射力之差，分母为二传热表面的表面热阻与空间热阻之和。

2）特定放置的二表面 A_1 和 A_2 间的辐射传热。对由一个凹表面 A_1 包围1个小的凸表面

A_2或平面的情况，$F_{1-2}=1$，若$A_1/A_2\approx 0$，将其代入式（1-85b）并整理得

$$Q_{12}=\varepsilon_1 A_1 \sigma_b (T_1^4-T_2^4) \tag{1-86}$$

对于无限大的平行板表面，可视$A_1=A_2$，且任一表面的辐射全部投落在另一表面上，即$F_{1-2}=1$。根据式（1-85b）可得其辐射传热量为

$$Q_{12}=\frac{\sigma_b A(T_1^4-T_2^4)}{1/\varepsilon_1+1/\varepsilon_2-1} \tag{1-87}$$

1.10 传热过程与传热器

生产与生活中，最常见的传热现象是热量由高温流体传给低温流体，实现这种传热的设备叫传热器。冷热流体间传热的方法有三种：一是回流式传热，即冷热流体交替流过蓄热体做成的同一通道，通道壁面从先流入的热流体吸热，再传给后流入的冷流体；二是混合式传热，冷热流体直接混合在一起；三是表面式（或间壁式）传热，冷热流体分别同时流过固体壁的两侧表面，热流体通过壁面把热量传给冷流体。这种传热方式应用最广泛，内燃机中的冷却液、机油等的散热器均属于此。

1. 传热过程

热量由高温流体通过固体壁传给低温流体的过程称为传热过程。整个过程由三部分组成，即热流与固体壁一侧面的对流传热、固体壁导热、固体壁另一侧与冷流体间的对流传热，若流体为气体时，还可能存在着其与壁面间的辐射传热。所以实际的传热过程是两种或三种传热方式同时存在。

（1）通过平壁的传热

平壁厚δ，导热系数为λ，两侧表面积均为A，两侧壁温分别为t_{w1}和t_{w2}。高、低温流体的温度分别是t_{f1}和t_{f2}，其与壁面的对流传热系数为α_1和α_2。因平壁较薄，可视为一维导热。对于稳态传热过程，高温流体传给一侧壁面的热量、平壁导过的热量和平壁另一侧向低温流体的传热量是相等的，即

$$Q=\alpha_1 A(t_{f1}-t_{w1})=-\frac{\lambda A}{\delta}(t_{w1}-t_{w2})=\alpha_2 A(t_{w2}-t_{f2})$$

求解该方程组得到

$$Q=\frac{A(t_{f1}-t_{f2})}{1/\alpha_1+\delta/\lambda+1/\alpha_2}=Ak(t_{f1}-t_{f2}) \tag{1-88}$$

式中　$k=\dfrac{1}{1/\alpha_1+\delta/\lambda+1/\alpha_2}=\dfrac{1}{r_k}[\mathrm{W/(m^2\cdot K)}]$，称为传热系数；

$r_k=1/\alpha_1+\delta/\lambda+1/\alpha_2$，称为单位面积总热阻。

（2）通过长圆筒壁的传热

长圆筒内、外半径为r_1、r_2，导热系数为λ，内、外壁温分别为t_{w1}和t_{w2}。高、低温流体的温度各为t_{f1}和t_{f2}，两侧传热系数为α_1和α_2。假设温度是仅沿筒壁半径变化，取长度为l的一段圆筒进行分析。在稳态传热过程中，热流体传给内壁的热量、筒壁导过的热量和外壁传给冷流体的热量相等，表示为

$$Q=\alpha_1 2\pi r_1 l(t_{f1}-t_{w1})=\frac{2\pi\lambda l}{\ln(d_2/d_1)}(t_{w1}-t_{w2})=\alpha_2 2\pi r_2 l(t_{w2}-t_{f2})$$

求解，并整理得

$$Q=\frac{2\pi l(t_{f1}-t_{f2})}{1/(\alpha_1 r_1)+\ln(r_2/r_1)/\lambda+1/(\alpha_2 r_2)}=Ak(t_{f1}-t_{f2}) \quad \text{或} \quad q=k(t_{f1}-t_{f2}) \tag{1-89}$$

式中　k——传热系数。

工程上传热系数 k 常以圆筒外表面为计算面积 A。故传热方程应写为

$$Q=A_2k(t_{f1}-t_{f2})$$

于是，以外表面积计算的传热系数为

$$k=\frac{1}{r_2/(\alpha_1 r_1)+r_2/\lambda\cdot\ln(r_2/r_1)+1/\alpha_2} \tag{1-90}$$

2. 传热的增强和减弱

（1）传热的增强

增强传热是指提高传热设备单位面积的传热量，以达到缩小传热设备体积，减轻重量的目的。从传热方程 $q=k\Delta t$ 可知，增大传热系数和温差的任一项，都能使热流增强。但后者往往受到工艺或设备条件的限制。

增大传热系数，也就是减小总热阻。一般传热器的传热面为薄金属壁，导热系数较大，若两侧无积垢，则热阻主要为二侧对流传热热阻。设肋、适当提高流体流速、及时清除污垢等都可增强传热。

（2）传热的减弱

减弱传热的目的是防止热损失和保温，主要手段是敷设隔热材料层。

平壁上敷设隔热层时，热阻与层厚成正比。但圆管壁上则有不同情况。根据圆管壁传热热阻式（1-90）可知，隔热层加厚，虽然导热热阻增大，但外侧传热表面积增大，对流热阻减小。所以，可以证明，存在一个临界值绝热层外半径 r_{2c}

$$r_{2c}=\lambda/\alpha_2$$

当圆管内半径 $r_1<r_{2c}$时，若隔热层外半径 $r_2<r_{2c}$，则随隔热层厚度的增大，总热阻减小，散热量增大。当隔热层加厚到 $r_2<r_{2c}$时，总热阻最小，散热量最大；若再增加厚度，$r_2>r_{2c}$，则随着厚度的增加，总热阻增大，而热量减少。若 $r_1>r_{2c}$，则敷设隔热总热阻总是增加的。

3. 传热器的热计算

传热器的热计算分设计计算和校核计算。设计计算的任务是根据给定的传热要求确定传热面积 A。校核计算的任务是校核已有传热器是否能达到预定传热要求。

以广泛应用的间壁式传热器为例说明传热器的传热计算。间壁式传热器按热、冷流体流过传热器的方式分为平行顺流、平行逆流、交叉流和混合流。若热、冷流体流过传热器壁面的平均温差为 Δt_m，流量分别是 q_{m1} 和 q_{m2}，在传热器入口温度为 t_1'和 t_2'、出口温度为 t_1''和 t_2''，定压比热容为 c_{1p}和 c_{2p}。传热器计算的基本依据是下列传热方程式（1-91）和热平衡方程式（1-92）

$$Q=Ak\Delta t_m Q=Ak\Delta t_m \tag{1-91}$$

$$Q=q_{m1}c_{1p}(t'_1-t''_1)=q_{m2}c_{2p}(t'_2-t''_2) \tag{1-92}$$

对于顺流和逆流的情形，若传热器入口、出口处热、冷流体温差为 $\Delta t'$、$\Delta t''$，则沿整个传热器传热面的平均温差可按对数平均温差计算

$$\Delta t_m = \frac{\Delta t' - \Delta t''}{\ln \frac{\Delta t'}{\Delta t''}} \tag{1-93}$$

若 $\Delta t'$和 $\Delta t''$相差不到一倍，可用算术平均温差 Δt_m = （$\Delta t' + \Delta t''$）/2 代替对数平均温差，误差不超过4%。计算逆流传热器时，若遇到进、出口温差相同的情况，可取 $\Delta t' = \Delta t'' = \Delta t_m$。

对于交叉流和混合流，计算时可先按逆流计算出对数平均温差，然后再乘以修正系数（工程上已制成曲线图，可根据传热器类型等查取）。

【思考题与练习题】

1. 大气压力为97990Pa时，由压力表测得气缸内表压力为0.5MPa，进气管内真空度为0.005MPa。问气缸内和进气管内的绝对压力分别是多少？

2. 何为平衡状态？

3. 何为理想气体？有何实际意义？

4. 用压缩空气驱动内燃机时，罐内压力由6MPa降为4MPa，试确定所消耗的空气量。已知气罐容积为0.07m^3，空气温度为27℃。

5. 热力学第一定律的实质是什么？

6. 说明下列结论是否正确：（1）气体吸热后一定膨胀，内能一定增加；（2）气体膨胀时一定对外做功；（3）气体压缩时一定消耗外功。

7. 气体在某一过程中吸入热量12kJ，同时内能增加20kJ。问过程是膨胀还是压缩？气体与外界交换的功是多少？

8. 在 $p-v$ 图上，等温线和等熵线的相对位置如何确定？在 $T-s$ 图上，等容线和等压线的相对位置如何确定？

9. 气缸内空气经过等容加热，温度由548℃升高到1604℃。若比热容为定值，求1kg空气在过程中内能、焓、熵的变化及所吸收的热量。

10. 空气在气缸内由初态 T_1 =300K，p_1 =0.15MPa，分别进行如下过程：（1）等压膨胀温度升高至480K；（2）先定温膨胀，后在定容下使压力升高至0.15MPa，温度为480K。若比热容为定值，分别计算上述两种过程中1kg空气的膨胀功、热量及内能和熵的变化。对两过程结果进行比较。

11. 试将符合下列要求的多变过程在 $p-v$ 图和 $T-s$ 图上表示出来：（1）工质膨胀、放热；（2）工质受压缩、升温、放热；（3）工质放热、降温、升压。

12. 下列说法是否正确，若不正确请改正：（1）机械能可以全部变成热能，而热不能全部变成机械能；（2）热量可以从高温物体传给低温物体，而不能从低温物体传给高温物体；（3）自发过程是不可逆的，非自发过程就是可逆的。

13. 循环效率式 $\eta_t = 1 - Q_2/Q_1$ 和 $\eta_t = 1 - T_2/T_1$（T_2 和 T_1 为冷热源温度）分别适用于何种范围？

14. 根据循环热效率的定义，能否说循环净功越大，热效率越高；反之热效率越大，循环净功越多。

15. 一卡诺循环，从500℃的高温热源吸热500kJ，向30℃的低温热源放热。求循环热效率、放热量、循环净功。

16. 有一热机按某一循环工作，从高温热源 $T_1=2000\text{K}$ 吸热 Q_1，向冷源 $T_2=300\text{K}$ 放出热量 Q_2，对外做功 W。试确定此热机在下列情况下是可逆的、不可逆的、还是不可能的？

（1）$Q_1=1000\text{kJ}$，$W=900\text{kJ}$；（2）$Q_1=2000\text{kJ}$，$Q_2=300\text{kJ}$；（3）$W=1500\text{kJ}$，$Q_2=500\text{kJ}$。

17. 在什么条件下，渐缩喷管能使气流加速？扩压喷管能使气流升压？

18. 渐缩喷管的流动，是否进、出口压差越大，流速越快？为什么？

19. 物体等温线为何不相交？

20. 材料导热系数受哪些因素影响？

21. 何为速度边界层和热边界层？

22. 管内受迫流动，边界层厚度与流速有何关系？传热与流动状态有何关系？

23. 自由流动传热是如何形成的？

24. 什么是有效辐射？

25. 什么是黑体？什么是灰体？

26. 什么叫传热系数？分别写出通过平壁和圆筒壁传热热阻表达式？

27. 何为临界隔热半径（或直径）？

28. 用比较法测定材料的热导率。已知标准件厚 $\delta_1=16.1\text{mm}$，热导率 0.15W/(m·K)，待测试件厚度 $\delta_2=15.6\text{mm}$ 的玻璃板。将标准件和待测件贴压在一起，并在标准件外侧均匀加热，达到稳态时，测得加热侧壁温 $t_1=44.7℃$，接合面温度 $t_2=22.7℃$，被测件外侧温度 $t_3=18.2℃$。求玻璃板的热导率。

29. 外径 150mm、壁温 250℃的管道，外敷热导率为 0.12W/(m·K) 的蛭石隔热材料。为使单位长度热损失不大于 160W/m。求蛭石层厚度。设蛭石层外侧壁温为 40℃。

30. 外径 50mm 的钢管，外包一层石棉隔热层，其热导率为 0.12W/(m·K)。然后又包一层 20mm 厚的玻璃棉，其导热系数为 0.045W/(m·K)。钢管外壁温为 300℃，玻璃层外壁温为 40℃。求石棉层和玻璃层间的温度。

31. 流量为 0.2kg/s 的冷却液在内径为 12mm 的铜管冷凝器中流过，水的进口温度为 27℃，出口温度为 30℃。管壁温度维持 80℃，求管长应为多少？

32. 某压气机排气量为 $q_{m1}=3000\text{kg/h}$，要将压缩空气通过中冷器，从 $t_1'=125℃$冷却到 $t_1''=30℃$。冷流体为水，与空气逆向流动，流量 $q_{m2}=4.9\times10^3\text{kg/h}$，进口温度 $t_2'=20℃$。已知空气和水的比热容为 $c_{1p}=1\text{kJ/(kg·K)}$，$c_{2p}=4.1868\text{kJ/(kg·K)}$。求中冷器所需传热面积（可忽略水蒸气的凝结放热）。

第 2 章　燃料及燃烧基础知识

2.1　概述

燃烧即燃料与氧化剂进行的快速氧化放热反应，产生大量的高温、高压气体，伴随着发光、流动、传热和扩散等物理现象，火焰是其宏观表现。燃料燃烧时释放的热量及由此产生的高温高压气体是内燃机工作的根本动力。

按燃烧时燃料的状态，燃烧可分为气相燃烧与固相燃烧。气相燃烧是指燃烧反应时燃料和氧化剂（空气）均为气体的情形，其特点是必有火焰产生。固相燃烧是指氧化剂和固体燃料直接反应的情形，燃烧在固体燃料表面进行，又称表面燃烧。这种燃烧不产生火焰，但产生光和热。

实际上的大多数燃烧都是气相燃烧，即便是液体燃料和许多固体燃料。液体燃料燃烧时，首先受热蒸发，然后与空气混合燃烧。某些固体物质燃烧时，经过受热熔化、蒸发或分解汽化后再与空气混合燃烧，如石蜡、煤、木材等。因为燃油受热蒸发发生物理变化需要的能量比分子内部发生化学变化需要的能量低很多，蒸发必定在氧化之前发生，不可能出现液相氧化。所以，气相燃烧是一种基本的燃烧形式，内燃机中的燃烧即是气相燃烧。

按燃烧时燃料和氧化剂混合方式的不同，气相燃烧又分为预混合燃烧和扩散燃烧两类。

预混合燃烧是指在燃烧前燃料已经与空气充分混合，形成了均质可燃混合气（每一燃料分子周围均匀分布着氧化剂分子及其他分子）的燃烧，其燃烧速度主要取决于化学反应速度。理想的预混合燃烧是可燃混合气同时燃烧，整个燃烧空间中，燃料、氧化剂、燃烧产物以及温度等参数时刻保持均匀一致，可称之为“同步燃烧”或“爆发燃烧”。但实际常见的预混合燃烧，是从局部开始形成火焰中心或火焰面，逐步扩展至整个燃烧空间（室），并不完全受控于化学反应速度，又称“渐进燃烧”。汽油机和气体燃料发动机的燃烧即属于渐进式预混合燃烧。

扩散燃烧是指燃烧前燃料和氧化剂没有预先混合，燃烧时燃料才与氧化剂相遇，燃料边蒸发、边扩散与空气混合、边燃烧。扩散燃烧的速度主要取决于燃料与空气扩散、混合的速度。柴油机的燃烧以扩散燃烧为主，只是燃烧初期有部分预混合燃烧。

本章主要考察传统燃料——柴油和汽油的特性，介绍燃烧热化学的基本概念，阐述着火机理、条件、燃烧方式及其特征与影响因素，揭示燃料特性与发动机工作模式的关系，阐明燃烧温度、燃烧速度及其影响因素。

2.2 发动机燃料及使用性能

2.2.1 车用发动机燃料要求及分类

1. 车用发动机燃料的要求

发动机燃料应满足以下条件：

1）资源丰富，供应充足，价格适宜。

2）理化特性适应发动机燃烧及车辆行驶综合性能的要求。

3）储运和使用方便、安全、环保，满足相关法规要求。

4）能量密度高，满足一定续驶里程的要求。

5）对发动机寿命、可靠性无不良影响，对燃油供给装置要求不过于严苛。

2. 车用发动机燃料的分类

按物质的相态，发动机燃料可分为固态、液态和气态三种。目前车用发动机燃料主要是液态的和气态的。

按人们应用燃料的年代早晚或习惯，发动机燃料分为传统燃料和代用燃料。传统燃料又称为常规燃料，是目前占主导地位的发动机燃料，即石油炼制燃料——汽油和柴油。代用燃料则是人们着眼于能源与环保问题而寻找的替代常规燃料的燃料，如醇类（乙醇、甲醇）燃料、液化天然气（LNG）、压缩天然气（CNG）、醚类燃料、生物燃料及氢气等。

按燃料的来源，发动机燃料可分为矿物质燃料和生物质燃料。汽油、柴油、天然气、煤制甲醇、煤制二甲醚、煤制柴油等均为矿物质燃料。而各种植物油（如菜籽油、豆油、棉籽油、棕榈油等）和动物油脂加工成的生物柴油，动物和植物制取的甲醇、乙醇等均属于生物质燃料。

按燃料是否含氧，可分为含氧燃料和非含氧燃料。醇类、醚类、生物柴油等均为含氧燃料，其他为非含氧燃料。

迄今为止，汽车发动机燃料主要是石油基燃料——汽油和柴油，以及少部分投入使用的代用燃料——压缩天然气、乙醇汽油、液化石油气等，其他替代燃料的应用尚在研究中。本章和本书后续的多数章节，均以汽油和柴油燃料及其涉及的发动机燃烧过程、特性等为重点，展开相关讨论，代用燃料相关问题将在10.7节中做概要阐述。

2.2.2 发动机燃料的使用特性

汽油和柴油是天然石油的炼制产品。石油经过蒸馏法、热裂化法、催化裂化法及加氢精制法等，得到不同性质的燃油和其他产品。蒸馏法是提炼燃油的主要工艺，在不同温度下分馏出不同沸点的油品。常压蒸馏条件下，随温度的升高，按照馏分由轻到重先后馏出汽油、煤油、轻柴油和重柴油。剩下的重油再进行减压蒸馏，先后分离出重柴油和润滑油。剩下的渣油可直接当成锅炉燃料，也可掺混部分柴油用为柴油机燃料。各种裂化法都以重馏分作为裂化原料，在高温下使大分子裂化为小分子以获得更多的轻质产品。

石油制品的主要成分是碳和氢，约占97%~98%，也含有少量的硫、氧、氮等物质。各种燃油都是多种烃的复杂混合物，有的多达数百种。由于各种烃的成分、结构、性质及其在燃料中所占组分的不同，再附加各种不同功能的添加剂，便得到不同理化特性、满足各种内燃机要求的燃油。

理化特性对发动机混合气形成、燃烧及整机性能有重要的影响。本节重点介绍影响发动机工作模式的燃油理化特性及评价指标，它们对发动机工作及性能的影响在后续的第 7 章和第 8 章中阐述。

1. 蒸发性

蒸发性是燃料由液态转化为气态的性能，其评价指标是馏程、饱和蒸气压和闪点。

（1）馏程

蒸馏过程中，从燃油初始馏出时的温度至馏出一定量时的温度范围即为馏程。

汽油的馏程以 10%、50%、90% 馏出量的温度表示。柴油的馏程以 50%、90%、95% 馏出量的温度表示。国标燃油标准中规定，汽油 10%、50%、90% 馏出温度和终馏点分别不高于 70℃、120℃、190℃ 和 205℃，轻柴油 50%、90%、95% 馏出温度分别不高于 300℃、355℃、365℃，重柴油沸点范围在 350 ~ 410℃ 之间。汽油与柴油没有严格意义的上分界线，根据要求截取不同组分，温度区间有所交叉。

蒸发性好的燃油组分，在相对低的温度下就会蒸发形成燃油蒸气。蒸发性差的燃油组分，加热到相对较高的温度才能蒸发汽化。各馏程温度的高低反映了不同温度下蒸发性能的好坏，影响混合气形成与燃烧及整机性能（详见第 7 章、第 8 章）。要满足发动机各种工况的要求，汽油、柴油必须由各种不同蒸发性的组分混合而成。

（2）饱和蒸气压

在规定条件下，油品在容器中气液两相达到动平衡时，液体上方的蒸气压力即为饱和蒸气压。饱和蒸气压越高，燃油蒸发性越好，在储运过程中越易产生蒸发损失，泵送过程中则容易形成管道“气阻（或气塞）”现象或故障。

燃油饱和蒸气压的高低主要与大气温度、压力有关。气温越高或气压越低，饱和蒸气压就越高，越容易产生气阻。所以在高原、炎热气候、重负荷条件下运行时，最易产生气阻现象。国标燃油标准中规定，汽油饱和蒸气压在夏季不高于 74kPa，冬季不高于 88kPa。

（3）闪点与燃点

在规定试验条件下加热燃油使其逐渐升温，在达到一定温度时，燃油表面上形成的油蒸气与空气的混合物与火焰接触时，会有火焰闪过、但随即熄灭。这种瞬间的燃烧现象叫“闪燃”，发生闪燃的最低燃油温度即为“闪点”。若继续加热燃油，其表面上的蒸气和空气的混合物与火焰接触而产生持续火焰不少于 5s 时的最低温度称为“燃点”或“着火点（温度）”。

液体燃料的燃点比闪点一般高出 1 ~ 5℃，但低于自燃温度（在一定环境下，自行着火的最低温度）。闪点越低，表明燃油轻质馏分越多，越易挥发，燃点与闪点的差别就越小，遇明火也更容易燃烧。同系烃类燃料中，闪点随相对分子量的增大而变高。

根据测试方法，闪点分开口闪点和闭口闪点两种，常压下开口闪点比闭口闪点高 15 ~ 25℃，常用的是闭口闪点。车用柴油闪点应不低于 45℃，汽油的闪点则在 -50 ~ 30℃ 之间。所以汽油更易被点燃。

2. 自燃性与抗爆性

（1）自燃性

在无外界火源点火情况下，燃油自行着火的性能称为自燃性，以十六烷值（cetane number，CN）评价，是柴油非常重要的指标。十六烷值越高的燃油，自燃性能越好，自燃温度越低。

燃油的十六烷值是与一种标准燃料进行比较来评定的。标准燃料由正十六烷（$C_{16}H_{34}$）和α－甲基萘（$C_{11}H_{10}$）组成。正十六烷的自燃性最好，其十六烷值定义为100。α－甲基萘的自燃性最差，其十六烷值定义为0。它们按不同的比例混合，便得到十六烷值在0～100之间的标准燃料。在测试时，若所测燃油的自燃性与某标准燃料的相同，则标准燃料中正十六烷的体积百分比即为所测燃油的十六烷值。

自燃性与烃分子结构有关。脂肪烃分子是链状结构的饱和烃，在高温下容易断裂，所以含脂肪烃多的燃油，其自燃性好，自燃温度低；环烷烃是分子环状结构的饱和烃，在高温下不易断裂，其自燃性较脂肪烃差，自燃温度也较高；芳香烃是苯环状结构的不饱和烃，分子结构坚固，热稳定性高，自燃性最差，自燃温度也最高。同系烃类燃料中，自燃点随相对分子量的增大而变低。

车用柴油的十六烷值在40～55之间，一般限制在65以下，自燃温度在200～250℃之间。而汽油的自燃温度在300～400℃之间。

（2）抗爆性

爆震燃烧（简称爆震，详见7.4节）是汽油机不正常的燃烧现象，会给汽油机带来一系列危害。汽油机工作时应避免爆震燃烧的发生。燃料在发动机内燃烧时不发生爆震的性能称为抗爆性，以辛烷值（octane number，ON）和抗爆指数评价，是汽油非常重要的指标。

1）辛烷值。燃料的辛烷值是在专用的、压缩比可调的单缸发动机上，与已知辛烷值的标准燃料进行对比试验来测定的。标准燃料由抗爆性很好、辛烷值为100的异辛烷（C_8H_{18}）和抗爆性很差、辛烷值为0的正辛烷（C_7H_{16}）混合组成，其中异辛烷所占的体积百分比即为辛烷值。在标准测试操控条件下，先使用被测燃油运转，不断调高压缩比直至爆震发生为止；然后保持压缩比不变，换用某标准燃料运转，若其与使用被测燃油时产生的爆震强度相同，则标准燃料中异辛烷体积百分比即为所测燃油的辛烷值。燃料的辛烷值越高的汽油，抗爆性越好。

根据试验条件，辛烷值可分为马达法辛烷值（MON）和研究法辛烷值（RON）两种。马达法辛烷值在相对苛刻的试验条件下测得，如较高的转速（900r/min）、较高的混合气温度（预热至149℃）、较大的点火提前角（19℃A～26℃A）等；而研究法辛烷值测试条件则转速较低（600r/min）、混合气不预热、点火提前角较小（13℃A），更适合城市内行驶车辆的实际情况。

同一种汽油，研究法辛烷值较马达法辛烷值一般高出5～10个单位，两者之差称为燃料的灵敏度，反映了燃料对发动机工况的敏感性和适应能力。

辛烷值是划分汽油标号等级的依据。我国的汽油标号是按研究法辛烷值划分的，如89号、92号和95号汽油的研究法辛烷值分别为89、92和95。

2）抗爆指数。抗爆指数即研究法辛烷值与马达法辛烷值的平均值

$$抗爆指数=\frac{MON+RON}{2} \tag{2-1}$$

相对而言，抗爆指数比较全面反映了车辆在各种道路上行驶时的抗爆性能。

汽油抗爆性与汽油组分有关。组分中按烷烃、烯烃、环烷烃、芳香烃的顺序，辛烷值依

次递增。除了调整汽油组分提高辛烷值外，还可以向汽油中添加抗爆剂或掺混抗爆性好的有机混合物：含氧有机化合物，如醇类、醚类有机化合物，提高汽油的辛烷值。含氧有机化合物不仅能够提高汽油的抗爆性能，还由于其中含有氧原子，有助于燃料完全燃烧，减少有害排放物。早期人们曾在汽油中加入四乙基铅提高抗爆性，但由于铅对人体有害，并使催化转化器中的催化剂中毒失效，现已被禁用。

（3）自燃性与抗爆性的关系

十六烷值表征燃料的自燃性能，辛烷值则表征着燃料抵抗自燃的性能。十六烷值越高的燃料，其自燃性能越好，但其辛烷值却越低，抗爆性越差。反之，辛烷值越高的燃料，其抗爆性越好，但其十六烷值却越低，自燃性越差。二者大致存在下列关系

$$\left.\begin{aligned} CN &= 60.96 - 0.56 \times MON \\ CN &= 68.54 - 0.59 \times RON \end{aligned}\right\} \tag{2-2}$$

车用汽油的十六烷值很低，多在10~15之间；而柴油的辛烷值很低，多在20~30之间。所以，燃料的自燃性与抗爆性是互逆的。传统上，柴油机中良好的燃料，对汽油机而言就是较差的燃料，反之亦然。

3. 低温流动性

随着温度的降低，液体燃料流动性降低，甚至产生结晶而失去流动性，影响燃油的泵送及发动机的正常工作，甚至酿成事故。

汽油的低温流动性很好，在各种气候条件下均能保证顺利流动。低温流动性对相对重质馏分的柴油类燃油十分重要，主要评价指标有浊点、冷滤点、凝点及黏度等。

（1）浊点、冷滤点、凝点

在规定试验条件下对燃油进行冷却，清晰的燃油由于析出石蜡晶体而呈现浑浊时的最高温度叫浊点。继续降低温度，当燃油不能以20mL/min的流量通过一定规格过滤器时的最高温度叫冷滤点。进一步降低温度，燃油能够流动的最低温度称为倾点，而继续冷却至燃油液面不能移动时的最高温度叫凝点。浊点、冷滤点、凝点越高，柴油的低温流动性越差。

我国车用轻柴油的标号是按凝点划分的，如10号柴油的凝点是10℃、0号柴油的凝点是0℃、-10号柴油的凝点是-10℃等。而重柴油是按倾点划分牌号，如10号、2号、30号重柴油的倾点分别不高于10℃、20℃、30℃。

注意：冷滤点和凝点是选用柴油的依据，冷滤点温度更接近于柴油的最低使用环境温度。柴油最低使用环境温度应在冷滤点附近，或高于其凝点5℃以上。

（2）黏度

黏度是柴油的主要技术指标之一。它既是衡量燃油流动性能的重要指标，也直接关系到内燃机内燃油的雾化质量，及燃油供给系的工作状况，进而影响燃烧过程和整机性能。

柴油黏度越大，雾化油滴颗粒直径越大、且越不均匀。黏度过小，则会影响喷油泵、喷油器的润滑，以及供油压力和供油量等。

黏度与温度有关，随温度的降低，黏度增大。所以，在低温环境下，必要时需采取燃油预热措施。

热值表征着能量密度，影响发动机动力性，是燃料非常重要的指标，将在本章2.3.3小节说明。

发动机燃料除了上述主要指标外，燃料标准中还有影响储运和使用性能的实际胶质、机械杂质、水分、硫含量、灰分、酸度等指标，在此不一一赘述。

2.3　燃烧热化学

燃烧热化学是将热力学原理和质量守恒用于燃烧化学反应系统中，研究其反应热效应、平衡关系，指明产生燃烧最终产物的条件，确定最终燃烧产物成分、理论燃烧温度及其影响因素等。本节只讨论燃烧热化学的基本知识与概念。

2.3.1　燃料完全燃烧理论空气量

车用发动机采用环境空气作为氧化剂。按体积分数，空气中含有21%的氧气，其余主要为氮气，约占79%。按质量分数，氧含量占23.2%，氮含量约占76.8%。内燃机也可采用比空气含氧更多的氧化剂。

1kg燃料理论上完全燃烧所需的空气量称为理论空气量或化学计量空气量。

发动机燃料主要由碳（C）、氢（H）、氧（O）组成，其他成分含量很少，计算时可忽略不计。燃料完全燃烧是指燃料中可燃部分——C和H都转变成最终氧化产物——二氧化碳（CO_2）和水蒸气（H_2O）。

若1kg燃料中C、H、O的质量分别是g_C（kg）、g_H（kg）、g_O（kg），则

$$g_C + g_H + g_O = 1 \tag{2-3}$$

完全燃烧时，化学反应方程式为

$$C + O_2 = CO_2, \quad H_2 + \frac{1}{2}O_2 = H_2O \tag{2-4}$$

假定，包含在燃料中的氧完全用于C、H的氧化上。根据化学反应的当量关系（表2-1），1kg燃料完全燃烧时需要的氧质量是$\left(\frac{8}{3}g_C + 8g_H - g_O\right)$kg。则1kg燃料完全燃烧时需要的理论空气质量是

$$L_0 = \frac{1}{0.23}\left(\frac{8}{3}g_C + 8g_H - g_O\right) \quad (\text{kg 空气/kg 燃料}) \tag{2-5}$$

表2-1　常用液体燃料和气体燃料的成分与特性参数

		汽油	轻柴油	天然气（NG）	液化石油气（LPG）	甲醇	乙醇	氢	生物柴油
分子式		$C_{5\sim11}H_m$	$C_{15\sim23}H_m$	CH_4，含$C_1\sim C_2$	C_3H_8，含C_4	CH_3OH	C_2H_5OH	H_2	$RCOOCH_3$
质量成分	g_C/kg	0.855	0.874	0.750	0.818	0.375	0.522		0.766
	g_H/kg	0.145	0.126	0.250	0.182	0.125	0.130	1.000	0.124
	g_O/kg					0.500	0.348		0.110
相对分子量		95~120	180~200	16	44	32	46	2	280
液态密度/(kg/L)		0.700~0.750	0.800~0.860	0.420	0.540	0.795	0.790	0.071	0.860~0.900
沸点/℃		25~215	180~360	-162	-42	65	78	-253	182~338
汽化潜热/(kJ/kg)		310~320	251~270	510	426	1100	862	450	

（续）

		汽油	轻柴油	天然气（NG）	液化石油气（LPG）	甲醇	乙醇	氢	生物柴油
理论空气量	L_0/(kg/kg)	14.7	14.3	17.4	15.8	6.5	9.0	34.5	12.6
	L'_0/(kmol/kg)	0.515	0.500	0.595	0.541	0.223	0.310	1.193	0.435
自燃温度/℃		300~400	200~250	650	365~470	500	420		
闪点/℃		-45	45~65	-162以下	-73.3	10~11	9~32		168~178
低热值/(kJ/kg)		44000	42500	50050	46390	20260	27000	120000	40000
理论混合气热值/(kJ/m³)		3750	3750	3230	3490	3557	3660	2899	3730
辛烷值	RON	90~106	20~30	130	96~111	110	106		
	MON	81~89		120~130	89~96	92	89		
十六烷值		10~15	45~55						50~60

1kg燃料完全燃烧时需要的理论空气kmol数是：

$$L'_0 = \frac{1}{0.21}\left(\frac{g_C}{12} + \frac{g_H}{4} - \frac{g_O}{32}\right)(\text{kmol 空气 /kg 燃料}) \tag{2-6}$$

汽油的平均质量成分为 $g_C = 0.855$、$g_H = 0.145$、$g_O = 0.000$，其理论空气量约为14.8kg/kg。

车用轻柴油的平均质量成分为 $g_C = 0.870$、$g_H = 0.126$、$g_O = 0.004$，其理论空气量约为14.3kg/kg。其他燃料的理论空气量，参见表2-1。由表2-1和式（2-5）、式（2-6），有如下结论：

1）燃料组分中，H/C越大，理论空气量越大。因H燃烧需要的空气量比C多。

2）含氧的燃料，会大大减少理论空气量。因燃料中的氧可用于C、H的氧化上。

2.3.2 可燃混合气浓度

供给理论空气量、燃料在化学当量比下的燃烧仅是燃烧的个别情况。实际上，进入发动机气缸内的燃料和空气的比例是随运行状况和其他条件而变化的。混合气中燃料量与空气量的比例即表示了可燃混合气中燃料的浓度，是燃烧热化学和发动机的重要参数，对燃烧过程及整机性能有很大的影响。混合气浓度常用空燃比和过量空气系数表示。

空燃比（air-fuel ratio）是指“混合气中空气与燃油的质量之比”，以 A/F 表示。

过量空气系数（excess air ratio）是“燃烧1kg燃油实际供给的空气量 L 与理论空气量 L_0 之比”，以 ϕ_a 表示

$$\phi_a = \frac{\text{实际空气量}}{\text{理论空气量}} = \frac{L}{L_0} \tag{2-7a}$$

根据定义，空燃比与过量空气系数之间的关系是

$$\frac{A}{F} = \frac{\text{空气量}}{\text{燃油量}} = \frac{\text{燃料量} \times \phi_a \cdot L_0}{\text{燃料量}} = \phi_a \cdot L_0 \tag{2-7b}$$

$A/F < L_0$ 或 $\phi_a < 1$ 的混合气称为浓混合气，又称富燃料混合气。此时，因氧气不足，燃料只能部分燃烧，总有过剩的燃料不能燃烧而浪费掉。

$A/F > L_0$或 $\phi_a > 1$ 的混合气称为稀混合气，又称贫燃料混合气。此时，燃烧产物中存在过剩的空气。

$A/F = L_0$或 $\phi_a = 1$ 的混合气即为理论混合气或化学计量比混合气。此时，燃料理论上能够完全燃烧，燃烧产物中既没有过剩的燃料，也没有过剩的氧气。但实际燃烧中，$\phi_a = 1$ 的情况下通常不能实现所有燃料完全氧化至最终燃烧产物。因为燃料与空气的混合不可能达到理想的均匀程度，使每个微团的燃料周围恰好具有保证其完全氧化所需要的空气。只有在 $\phi_a > 1$ 的情况下燃料才可能完全燃烧。

2.3.3 燃烧热与绝热燃烧温度

1. 燃料热值

在标准状态下（1 标准大气压，25℃），单位数量的燃料完全燃烧时所放出的热量称为燃料的热值。以 H_u表示，单位为 kJ/kg，或 kJ/kmol，或 kJ/标准 m^3。

若燃烧产物温度降至与反应物温度相同（25℃）时，水蒸气凝结成水，反应热计入了其汽化潜热，称为高热值。若燃烧产物温度仅降至较高的温度（如 100℃以上）时，反应热未计入水的汽化潜热，称为低热值。发动机中，排气温度很高，H_2O 呈气态，其汽化潜热得不到利用，应采用燃料的低热值。

2. 混合气热值

标准状态下，单位数量的可燃混合气完全燃烧时所放出的热量称为混合气热值。以 H_{um}表示，单位为 kJ/kg，或 kJ/kmol，或 kJ/标准 m^3。它取决于燃料热值和混合气浓度。若单位数量的燃料形成的可燃混合气数量是 M_1，则其热值为

$$H_{um} = \frac{H_u}{M_1} \tag{2-8}$$

若按质量计，1kg 燃料形成的可燃混合气质量为

$$M_1 = \phi_a L_0 + 1 \tag{2-9}$$

若按千摩尔或体积计，对汽油机类型的发动机，燃烧前空气与蒸发的燃油蒸气已形成混合气。若燃料的摩尔质量为 M_T，则 1kg 燃油形成的可燃混合气 kmol 数为

$$M_1 = \phi_a L_0 + 1/M_T \tag{2-10}$$

对气体燃料发动机，燃烧前空气与气态燃料已形成混合气。1kmol（或 1m^3）气体燃料的可燃混合气 kmol（或 m^3）数为

$$M_1 = \phi_a L_0 + 1 \tag{2-11}$$

对柴油机类型的发动机，液体燃料在压缩末期方喷入气缸，它的体积与空气的体积相比可略去不计

$$M_1 = \phi_a L_0 \tag{2-12}$$

可见，燃料热值取决于其组分，混合气燃烧热值正比于燃料热值、反比于混合气浓度和理论空气量。理论混合气下各种燃料及其混合气燃烧热值见表 2-1。比较各种燃料及其混合气热值，并根据式（2-8）~式（2-12）可得出以下结论：

1）不同液体燃料混合气的热值 H_{um}差别较小，不与相应燃料的热值 H_u成正比。因为，热值高的燃料，其理论空气量也多，单位数量的燃料形成的可燃混合气数量也较多。

2）含氧的液体燃料（醇类燃料），虽然其热值较低，但由于自身的氧用于可燃成分的

氧化，理论空气量相对较少，所以其混合气热值比柴油、汽油没有明显降低。

3）气体燃料混合气热值较低。因为，气体燃料的 H/C 质量比较大，理论空气量多，加之其密度小，在混合气中的体积成分相对较多。

4）纯氢燃料的热值很高，但由于理论空气量比其他燃料多很多，加之其密度小，所占体积较大，其可燃混合气热值却较低。

5）在保证完全燃烧的前提下，混合气过量空气系数越接近理论值 1，热值越高。

注意：热值的大小，表征着燃料和混合气能量密度的高低，是影响发动机循环加热量及输出功的主要因素之一。保证发动机的功率输出，是代用燃料应用研究必须考虑的因素。若选用混合气热值较低的替代燃料，应通过其他提高动力输出的综合措施，以达到动力性要求。

3. 绝热燃烧温度

燃烧过程中，系统没有传热损失，反应热全部用来加热燃烧产物，所能达到的最高燃烧温度叫绝热燃烧温度。

显然，燃料热值越高、产物比热容越小，绝对燃烧温度就越高。此外，混合气浓度对燃烧温度也有重要影响。

理论上，化学计量比下（$\phi_a=1$）完全燃烧时，燃烧温度最高。$\phi_a<1$ 的浓混合气和 $\phi_a>1$ 的稀混合气，总有剩余的反应物。剩余的反应物具有掺冷作用，会使燃烧温度降低。

实际上，在混合气稍偏浓时，燃烧温度达到最高。此时，虽然存在少量的不完全燃烧，但由于不完全燃烧产物 CO 等双原子分子气体的增多，比热容减小，反而使燃烧温度稍增高。对于汽油/空气混合气，其燃烧最高温度出现在过量空气系数 $\phi_a=0.85\sim0.95$ 之间。

2.4 着火

所有的燃烧过程都要经历两个阶段，即着火（或开始）阶段和燃烧（发展）阶段。着火是燃烧过程的准备阶段，此阶段内燃料要经历受热、蒸发、扩散，并与空气形成可燃混合气的物理准备；同时也进行着由缓慢氧化至急剧氧化的化学反应加速过程，直至出现火焰、进入稳定的燃烧阶段。

着火如同爆炸一样，均是反应的自动加速且具有极高的反应速率，过程短促。所以在燃烧学中，着火又称为爆炸。

2.4.1 活化能与化学反应速度

1. 活化能与有效碰撞

为深入了解着火及燃烧现象，先简要说明化学转变的基本条件。化学反应是由反应物分子（或粒子）之间相互发生碰撞的结果，但并不是每一次分子（或粒子）碰撞都能发生化学转变。只有那些相对运动速度或能量达到一定水平的分子（或粒子），在碰撞时才能发生化学变化。发生化学转变时，分子（或粒子）所必须具备的最低能量称为活化能，以 E 表示。能量能够达到或超过活化能 E 的分子（或粒子），称为活化分子（或活性粒子）。能够发生化学转变的分子（或粒子）碰撞称为有效碰撞。活化能越小，活化分子（或活性粒子）越多，则有效碰撞次数越多，反应越容易进行，反应速度越快。

2. 化学反应速度影响因素

任何使有效碰撞次数增多的因素，均可提高化学反应速度。

(1) 温度与压力

随着温度的升高，分子（或粒子）运动速度增大，分子动能增大，达到活化状态的分子（或粒子）数目及碰撞次数增多，故反应速度将加快。反之，温度降低，反应速度则降低。

通常情况下，压力越大，反应物密度越大，有效碰撞数越多，反应速度越快。

(2) 反应物成分或浓度

理论上，燃料与氧化剂按化学当量比混合时，分子有效碰撞次数最大，具有最大的反应速度。若有一种反应物过多或过少，则有效碰撞次数减少，反应速度降低。另外，若反应物中有不参与反应的惰性物质存在，也会使有效碰撞数减少，反应速度降低。所以，纯氧与燃油的混合气在化学当量比下的反应速度最大。而在空气中，因有大量氮气和其他掺冷物质的介入，反应速度将减小，在稍浓的混合气中（ϕ_a略小于1）出现最高燃烧温度和最大反应速度。偏浓或偏稀的混合气中，其组成离化学当量比越远，反应速度就越小。

(3) 反应物分子稳定性

燃料分子稳定性越强或活性越差，反应需要的活化能越大，则有效碰撞次数越少，越不易进行反应。烃类燃料，相对分子量越大，越不稳定，氧化反应速度越快。

2.4.2 着火方法与着火机理

根据着火方法的不同，着火分为自燃着火（spontaneous ignition）和强迫着火（forced ignition）两种，或称为自燃和点燃。

自燃着火是指燃料和空气组成的可燃混合物在所处环境（如一定的温度、压力）下，能够自发地加速氧化放热反应，直至着火燃烧，而不需要外界能量的情形，且着火是同时在整个混合气空间（燃烧室）中发生的。

点燃是靠外部火源（如电火花、炽热物体、点火火焰、电热线圈等）强迫引燃与其相邻的可燃混合气形成火焰核心，并能自动地向未燃混合气区间传播出去。

可以看出，点燃是点火源在其附近局部的加热而引发火焰（即单点着火），有火焰的传播过程；而自燃是全部可燃混合气整体加热，同时发生着火（即多点同时着火），而没有火焰的传播问题。汽油机属于前者，而柴油机属于后者。

根据化学反应加速的原因，着火可分为热力着火、链式着火、热－链式着火三种方式。

1. 热力着火

热力着火是指将可燃混合气加热到某一温度时而自动着火的现象，氧化反应的自动加速主要是由热量的积累所致。当可燃混合气的氧化反应放热速度大于其向周围介质散热的速度（这是热力着火的必要条件）时，混合气的温度将升高，而温度的升高又促使反应速度和放热速度增大。这种相互促进的影响，最终引起极快的氧化反应，出现着火。

2. 链式着火（链爆炸）

有些反应或着火不需要预热会突然发生，在低温下等温进行，并且有颇大的反应速度。例如，乙醚、磷和一些烃类燃料蒸气低温氧化时的冷焰现象等。

另有，某些少量的添加物对反应具有强烈的加速或阻滞作用。在反应过程中使反应大大加速而本身不消耗的物质称为催化剂。三元催化转化器中的铂、铑、钯等金属就是特别活化的催化剂。某些气体和水蒸气也有显著的催化能力，如水蒸气对一氧化碳（CO）的氧化反应有强烈的加速作用，而干燥的 CO 与空气或氧的混合气却不易着火。

上述现象不可能是热活化的机理，显然有另外的活化源，它产生于反应过程中，而无需预先明显地加热，这就是链锁反应机理。

链锁反应的基本概念是复杂的化学反应均不是由参与反应的物质直接形成最终产物，即不是由燃料和氧分子直接形成 CO_2 和 H_2O，而是要经过一系列非常活化的中间产物分步进行，每一中间反应所需活化能较小，反应容易进行。这些转变的结果是形成最终产物的同时产生出某些新的活化中间产物、重新进入反应。犹如抛石过山头需要“巨人”的力量，而多人排队传石过山头，则人人都能胜任。

链式反应有三个基本步骤：链起始、链传递、链终止。

链起始即借助于光、热或电离等，使反应物分子化学键断裂，形成活化粒子（自由原子或自由基）；链传递即由活化粒子与反应物分子相互作用形成新的活性中心的过程；活化粒子与活化粒子、或与容器壁、或与惰性气体分子碰撞时，活化能被吸收形成分子，活化粒子消失即为链终止。

链传递的每一步中间反应中，若一个活化粒子与原始分子作用产生一个新的活化粒子，则为直链反应；若一个活化粒子与原始分子作用产生二个以上的活化粒子，则为支链反应。当链的增长（活化粒子产生）速度超过链终止（活化粒子消失）的速度时，随着反应的进行活化粒子越来越多，反应速度越来越大，最终形成着火。所以，链式着火是由活化粒子的积累导致反应自动加速的结果，活化粒子的作用就类似于催化剂的作用。显然，分支链越多，链长越大，反应加速越快。

3. 热－链式着火

实际的着火现象很难用上述单一着火理论解释，往往是由热量和活性中心的累积共同作用、且相互促进的结果。一般说来，低温下链锁反应是着火的主要机理，而高温下则以热自燃为主要机理。内燃机中燃油/空气混合物的着火便是热－链式的。

2.4.3 着火范围与特征

着火的本质是可燃混合物氧化放热反应速度的突然加速，而影响反应速度的主要因素是温度、压力和混合物成分。燃料氧化剂的混合物只有在一定温度、压力和成分条件下才能达到着火的氧化反应速度，并需要一定的感应期。

1. 着火温度

在自燃着火条件下，可燃混合气达到某一温度 T_c 后，氧化反应速度才开始急剧增大，产生发光、放热，形成着火，压力急剧升高，此温度 T_c 称为着火温度。烃燃料分子量越大，分子越不稳定，着火温度越低。

2. 着火界限

（1）温度、压力界限

如图 2-1 所示，混合气成分一定时，着火温度随压力的升高而降低。反之，压力降低时，需要在更高的温度下才可能着火。若压力（或温度）很低，则不管温度（或压力）多高，都不能形成着火。

在柴油机工作条件下，压缩比较大，着火时气缸内的压力很高，正常情况下压缩压力不大的变化，对着火没有很大的影响，除非气缸密封性下降很多、泄漏较严重的情形。

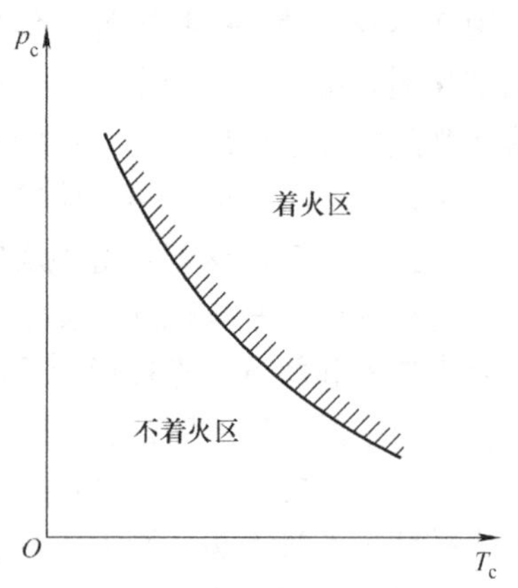

图 2-1　着火临界温度、压力的关系

（2）浓度界限

理论上，燃料与氧化剂在化学当量比下，具有最大的氧化反应速度，也最易着火，着火温度最低。对过浓或过稀的混合气，偏离化学当量比越远，反应速度就越小，越不易着火，需要更高的着火温度和压力。在超出一定浓度范围后，无论温度（或压力）多高都不能着火。所以，着火具有一定的混合气浓度界限（图 2-2），且此界限随温度（或压力）的升高，会逐渐变宽。但当温度（或压力）高到某一值时，着火浓度界限基本不变；反之，随温度（或压力）的降低，着火浓度界限变窄。但当温度（或压力）过低时，任何浓度的混合气均不能着火。

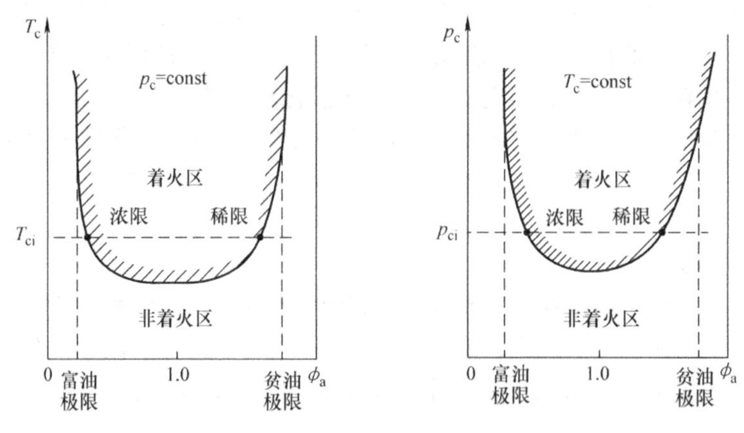

图 2-2　着火温度、压力与浓度的关系

（3）点火能量与点火界限

点燃条件下，点燃成功是指不仅在点火源附近的局部混合气内形成火焰中心，并能向较低温度的混合气中传播开来。对电火花塞跳火点燃的情形，能否点火成功，除了要求电极间隙内混合气温度、压力、浓度在一定范围内，还要求电火花必须达到一定的能量。

在一定的混合气温度、压力、浓度下，能够形成火焰中心、点燃成功的最小电火花能量称为最小点火能量。当混合气温度、压力、浓度不同时，最小点火能量也不同。给定温度、压力下，在化学当量比附近的混合气最小点火能量最小，随着混合气的变浓、变稀，最小点火能量需增大；或者说随最小点火能量减小（或增大），着火范围变窄（或变宽），如图2-3所示。对给定的最小点火能量，有一着火浓度界限，超出此界限便不能点火成功。

当然，最小点火能量还与混合气的流动速度有关。当气流速度较小时，流速增加时点火浓度界限变宽。当流速过大、超过一定值时，散热损失增大，最小点火能量需加大、浓度界限变窄，否则无法形成火焰中心。所以，火花塞附近的气流速度应适度，否则电火花易被

“吹灭”。

3. 着火滞后期

不管是自燃还是点燃，可燃混合物在达到着火温度后并非立即着火，而是经过某一感应期或诱导期后才发生着火，通常称之为着火滞后期。在着火滞后期内，反应速度非常缓慢，可燃混合气浓度变化很小，温度、压力几乎不变。

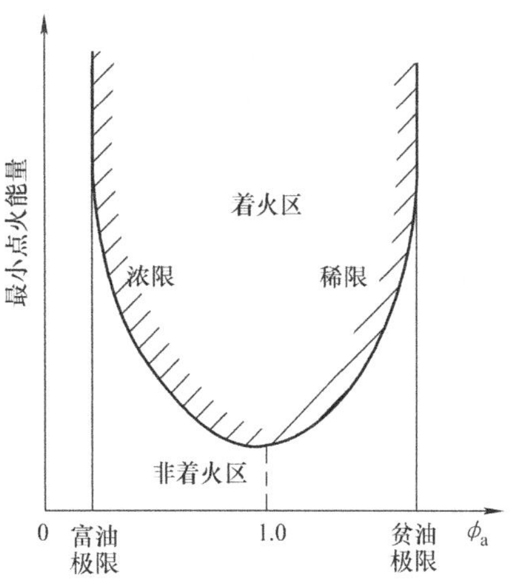

图2-3 最小点火能量与浓度的关系

4. 烃类燃料的着火特点

烃类燃料与空气混合物的着火机理是热-链式的，一般在较高温度下（200℃以上）进行，且在不同温度下呈现出不同特征，其着火温度、压力界限如图2-4所示。

（1）低温多阶段着火

在压力不很高（0.03~0.25MPa）和温度不很高的范围（200~400℃）内，烃燃料通过不完全氧化，产生中间过氧化物，再分解成醛等物质，并逐步降低碳序、形成大量甲醛等，甲醛受激发或各种活化粒子再化合产生的激发态分子辐射发光产生冷焰（类似磷光）；随着甲醛等进一步氧化产生大量的一氧化碳 CO，产生蓝焰；最后大量的 CO 进一步氧化形成 CO_2，放出大量热量，形成高温热焰，完成着火。这种经过冷焰滞燃期、冷焰阶段、蓝焰阶段至热焰的着火历程称为低温多阶段着火，整个着火延迟时间中，冷焰滞燃期和冷焰阶段占了大部分，如图2-5所示。

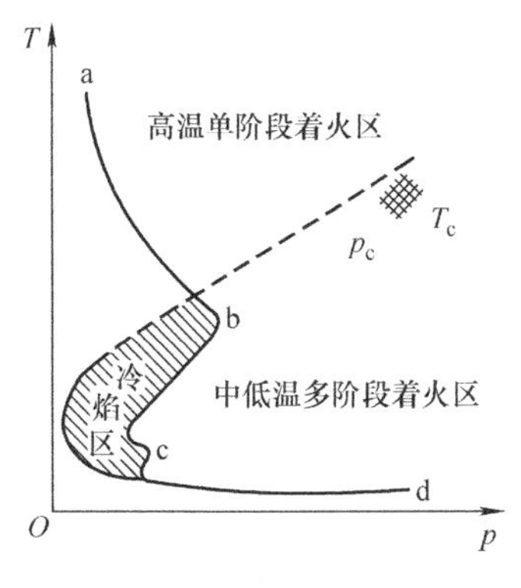

图2-4 烃燃料的着火界限

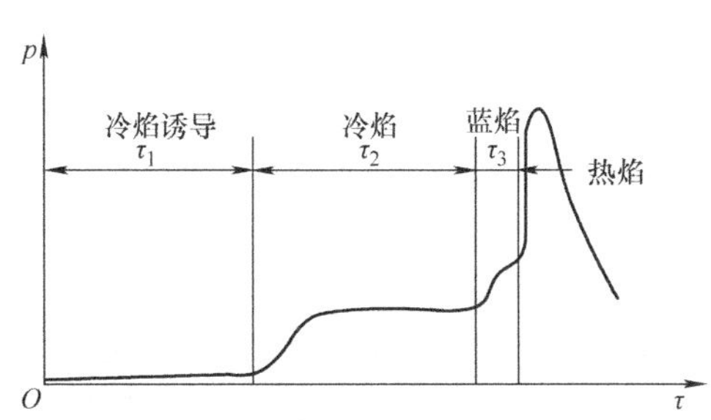

图2-5 烃燃料的低温多阶段着火过程

初始的冷焰滞燃期及冷焰阶段，反应的加速主要靠活化粒子的积累，释放出约5%~10%左右的燃烧热，使甲醛分子激发发光，温度升高100~200℃。由于燃油分子仅是不完全氧化，需氧甚少，高度过浓的混合气更有利于初期反应的进行；蓝焰阶段比冷焰有较深的氧化，需要较多的氧，放出较多的热量，具备了较高的温度。该阶段的最佳混合气成分应是适当过浓，而不是高度过浓；着火最终阶段的最佳混合气成分应在化学当量比附近。

一般情况下，温度升高会导致反应速度增大，着火延迟期缩短。但在冷焰区内，温度升高反而反应速度降低，反映在图2-4中，即多阶段着火的温度随压力的升高而升高，延迟期随温度的升高而延长。

发动机压缩比增大，压缩压力和温度均升高，着火温度也升高。所以，柴油机的着火总是处于低温多阶段着火的范围内。

（2）高温单阶段着火

当温度高于某一界限后（一般500℃以上），冷焰不再形成，着火反应便不出现多阶段的特征，而是经过甚短的延迟，直接进入热焰阶段，转化为高温单阶段着火，此时热爆炸和链爆炸紧密交织在一起。电火花点火则具有高温单阶段着火的特征。

烃类燃料不管是自燃还是点燃、低温多阶段着火还是高温单阶段着火，其着火机理都是热-链式的。着火过程的初期，由于燃油分子是不完全氧化，需氧量少，较浓的混合气更有利于初期反应的进行，这也是内燃机中不利于着火的工况下或在火花塞附近，为保证可靠着火与燃烧，应适当加浓的主要原因之一。而柴油机中，液相燃油的存在，可以持续供给燃油蒸气、保持过浓的混合气区，有利于初期着火过程的进行。而热爆炸对温度非常敏感，内燃机燃烧室内的温度是不均匀的，所以着火也总是在温度最高的小区域开始。

2.5 燃烧方式

1. 均质混合气点燃

对采用蒸发性好的液体燃料和气体燃料的发动机，如汽油机、天然气发动机、醇类燃料发动机、部分双燃料发动机和多数缸外喷射式的汽油机等，燃烧前燃料与空气已开始混合，可燃混合气成分较均匀，属于均质预混合燃烧。

均质预混合燃烧多为火花点火形成火焰中心，该火焰中心引燃与其相邻的混合气，形成新的燃烧层，并逐渐推进，呈现火焰面在混合气中传播的现象。火焰面是进行燃烧反应的、薄的燃烧带，又称为火焰前锋面，它是已燃区和未燃区的分界面。火焰前锋面在其法线方向相对于未燃混合气的移动速度，或未燃混合气进入火焰面的速度称为火焰传播速度。

注意：均质预混合燃烧，火焰中心形成后能否具有自身传播的能力，主要取决于混合气自身化学反应速度，即取决于混合气的温度和浓度；火焰传播速度除了与混合气的温度和浓度有关外，还与混合气流动状态有关。

（1）层流火焰传播

在静止或层流（流速较低）状态下的混合气中的火焰传播，称为层流火焰传播。层流火焰前锋面形状较规则，厚度很薄，一般在1mm以下。很薄的火焰前锋面内，进行着激烈的燃烧化学反应，存在着温度和物质成分的急剧变化，产生着强烈的传热和传质活动，推进了火焰的传播。

层流火焰传播速度很低，一般小于1m/s。汽油预混合气中，层流火焰传播速度只有0.4~0.5m/s。火焰传播速度主要受混合气浓度、温度和燃料特性的影响。混合气浓度对层流火焰传播速度影响最大。2.3节中已阐明，在过量空气系数ϕ_a略小于1的稍浓混合气中，燃烧温度最高、反应速度最大。汽油机中，过量空气系数$\phi_a=0.85\sim0.95$时，火焰传播速度最快，燃烧温度最高。同上述着火界限的情形类似，在过稀或过浓的混合气中，由于反应速度极慢，反应温度过低火焰将难以传播；未燃混合气温度越高，火焰传播速度越快。

（2）紊流火焰传播

层流火焰传播速度远远不能满足汽油机实际燃烧的要求。当可燃混合气的流动速度加快，处于紊流（又称湍流，指流体微团无规则、随机的脉动）状态时，将使火焰传播速度大大加快，可达到20~70m/s。因为紊流时流体中存在着大量的无规则运动的微团，对火焰传播产生以下作用：其一，使火焰前锋面发生了皱褶变形，增大了火焰表面积，且增大火焰面厚度，增加了单位时间内燃烧掉的可燃混合气量；其二，加速了火焰前锋面内的传热、传质和化学反应，使火焰传播速度提高。

（3）淬熄效应与淬熄距离

火焰在管道内或燃烧室内传播时，由于低温壁面的对热量的吸收和对活性粒子的吸附作用，使靠近壁面的一薄层可燃混合气不能燃烧，这就是壁面的淬熄效应。靠近壁面不能燃烧的薄层厚度，即为淬熄距离。管道直径减小至某一值时，火焰将不能在其中传播，此为淬熄直径。

汽油机中燃烧室壁及活塞与气缸间隙、活塞环各间隙等淬熄效应，均使吸附在燃烧室壁和进入各间隙中的混合气不能烧掉，这是HC排放的主要来源之一。

（4）回火与吹熄

均质混合气火焰传播式燃烧，可能出现回火和吹熄现象。

当混合气流速等于火焰传播速度时，火焰面将稳定在喷油器或管口处。

当混合气流速大于火焰传播速度，火焰面将逐渐远离喷油器或管口，由于大气扩散进入使混合气变稀，燃烧速度降低，火焰面边缘回缩，最终导致火焰熄灭，这就是吹熄现象。

当混合气流速小于火焰传播速度时，火焰面将回传至喷油器或管内，即回火。回火与混合气浓度有关，当混合气浓到过量空气系数小于某一值时，将不会发生回火；当混合气稀到过量空气系数大于某一值时，就易发生回火。

（5）均质混合气点火燃烧的特点

① 主要取决于混合气自身化学反应速度，即取决于混合气的温度和浓度。

② 混合气浓度、温度、压力分布均匀，燃烧浓度界限较窄，一般过量空气系数必须在$\phi_a=0.8\sim1.2$，否则难以实施稀混合气燃烧。

③ 燃烧温度高、速度快，火焰呈透明的蓝色。

2. 均质混合气压燃

均质可燃混合气压燃，整个燃烧空间中混合气浓度、温度、成分等分布均匀一致，几乎瞬间同时着火燃烧，又称之为“同步燃烧”。柴油机燃烧过程的初期阶段的多点同时着火就类似于同步燃烧。由于均质混合气压燃技术具有高效、清洁之优势，已成为当前内燃机燃烧技术的热点，受到了广泛关注（详见10.6节）。

3. 扩散燃烧

对蒸发性差的燃料，难以在燃烧前形成均匀的燃料-空气可燃混合气，而是在燃料和空气界面附近燃油蒸气（或可燃气体）与空气边扩散混合、边燃烧，其燃烧不呈现火焰面的传播现象。柴油机燃油与空气混合时间极短，着火多出现在喷油终止之前，燃油边雾化、蒸发、扩散、混合，边燃烧，因此扩散燃烧是柴油机主要方式之一（详见第8章）。

相对于点燃式预混合燃烧，扩散燃烧具有以下特点：

1）燃烧速度主要取决于燃料、空气扩散混合的速度。

2）由于混合气浓度分布不均匀，为保证完全燃烧，要求有足够的过量空气。一般过量空气系数$\phi_a\geqslant1.2$，且能在$\phi_a\geqslant7$的稀薄条件下稳定燃烧，其燃烧浓度界限很宽。而预混合点燃式燃烧混合气浓度范围较小，一般为 $\phi_a=0.8\sim1.2$，难以稀燃。

3）混合气浓度和温度分布很不均匀，存在局部的高温缺氧区，易产生炭烟。预混合燃烧一般不产生炭烟，即所谓的无烟燃烧。

4）燃烧温度低，由于有炭烟产生，火焰呈黄红色。而预混合燃烧无炭烟产生，火焰呈透明的蓝色。

5）扩散燃烧一般无回火发生，预混合燃烧则在混合气过稀时会发生回火。

2.6 燃油特性对发动机工作模式的影响

汽油与柴油特性的差异，导致了传统的汽油机与柴油机，在混合气形成、着火及燃烧方式、负荷调节方式上均不同。

1. 混合气形成方式的不同

汽油沸点低、蒸发性好，易于在常温下与空气形成均匀混合气。所以传统的汽油机都采用在气缸外部（进气管中）开始与空气预先混合，以形成均质混合气；而柴油的沸点高、黏度大、蒸发性差，不适于在气缸外部较低温度下与空气预混合。因此，传统的柴油机均在高压下将柴油以良好的雾化形态喷入燃烧室内受压缩的高温、高压空气中，使其快速受热、蒸发、扩散，形成非均质的混合气。

2. 着火、燃烧方式的不同

汽油自燃温度高，但闪点低，易点燃。传统的汽油机采用火花点燃均质预混合气，形成火焰中心后、火焰面向未燃混合气逐层推进的燃烧方式。

柴油自燃性好，着火温度低，以高压、雾态喷入高温的燃烧室后，在浓度合适的多个点或区域很容易形成着火，且燃油边喷入边燃烧，以扩散燃烧为主。所以，传统的柴油机采用压燃式着火。

3. 负荷调节方式不同

对均质混合气点火燃烧的汽油机，能点燃的浓度范围较小，过量空气系数 $\phi_a=0.4\sim1.3$。实际上，为保证能够可靠、稳定燃烧的混合气浓度变化范围，较上述火焰传播界限更窄，ϕ_a仅在 $0.6\sim1.2$ 之间。所以，传统的汽油机不能依赖调节混合气浓度改变功率输出，只能靠改变进气系统内节气门的开度，控制进入气缸内的混合气数量来调节功率输出，以适应负荷的变化，这种调节方式称之为“量调节”。

对非均质混合气压燃的柴油机，燃烧室内只要有浓度适宜着火的区域或点即可，平均着火浓度范围很宽。所以可以依靠调节循环供油量，改变气缸内混合气浓度来调整功率输出，以适应转速和负荷的变化，这就是“质调节”。

随着技术的发展，传统的汽油机和柴油机的工作模式已被突破。非均质稀薄混合气点火燃烧汽油机已成功面世，均质混合气压燃技术也取得了进展，这些将在第 10 章介绍。

【思考题与练习题】

1. 为什么内燃机中液体燃料的燃烧属于气相燃烧？
2. 燃油的蒸发性如何评价？

3. 根据汽油与柴油闪点的高低，说明其点燃性的差异。

4. 柴油的自燃性如何评价？汽油的抗爆性如何评价？自燃性与抗爆性有何关系？

5. 解释过量空气系数和空燃比的概念，说明它们与混合气浓度的对应关系。

6. 何为理论混合气量？它与什么有关？

7. 何为燃料热值？为何代用燃料应用研究要考虑热值问题？

8. 为何液体燃料的热值不同，而其混合气热值却相差不多？为何天然气热值比汽油大，其混合气热值反而低？

9. 为何含氧燃料的热值比汽油的低，但混合气热值相差不大？

10. 理论上什么样的混合气浓度时燃烧温度最高？实际上呢？为什么？

11. 理论上什么样的混合气浓度时化学反应速度最快？实际上呢？为什么？

12. 解释烃燃料的着火机理？

13. 压力、温度对反应速度有何影响？

14. 解释为何存在着火浓度稀限和浓限？

15. 最小点火能量与混合气浓度有何关系？

16. 气流速度对最小点火能量有何影响？

17. 利用烃燃料的着火特点，说明在内燃机中不利于着火的情形下需要加浓混合气的原因？

18. 均质混合气点火燃烧时，紊流为何能加速火焰传播速度？什么浓度的混合气中火焰传播速度最快？

19. 均质混合气点火燃烧时，为何存在淬熄距离？它对 CH 排放有何影响？

20. 比较均质混合气点火燃烧与扩散燃烧的特点。

21. 为何柴油机在缸内形成混合气，而传统的汽油机在缸外就可以预混合？

22. 什么是质调节？什么是量调节？为何柴油机采用量调节，而传统的汽油机采用质调节？

第3章　发动机工作循环

3.1　概述

活塞式发动机通过吸气、压缩、燃烧-做功、排气组成的工作循环，周而复始地将燃料的化学能转变为热能，再将热能转化为机械能对外输出。根据循环工质的性质（成分、比热容等）、质量和热力过程性质的不同，可得到不同性质的工作循环。理想气体的工质（空气）完成的可逆热力循环为理论循环，又称标准循环；真实工质完成的不可逆热力循环为实际循环。根据分析的需要，在理论循环和实际循环中间还可以假想存在其他性质的工作循环，如真实工质完成的可逆循环称为燃料-空气循环。

工作循环的完善程度，对发动机的运行品质具有决定性的影响。实际循环的所有热力过程都是不可逆的，存在的各种损失降低了热功转换的效果。本章将通过发动机循环的分析达到三个目的：

1）确定理论循环热效率和平均压力及其与基本热力参数的关系，指出改善循环效果的基本途径。

2）找到限定条件（如加热方式、特征参数、加热量及可靠性）下的循环最佳化或改进措施。

3）判断实际循环进行的完善程度以及改进潜力，明确实际存在的各种损失、影响因素，以及合理组织各工作过程、提高循环效果的方向。

3.2　发动机理论循环

理论循环的研究在发动机理论中占有重要地位。它们把握了气缸内热功转换的主要规律、特征，既可以在示功图、示热图上直观显示，又具有计算简单、结果显示明显的优势，对指导改善发动机循环效果具有重要意义。

3.2.1　理论循环基本假定

活塞式发动机实际工作循环非常复杂，不能达到理想的可逆过程。针对循环中工质存在成分、质量、比热容的变化，气缸内温度、压力不均匀，工质与工质、工质与气缸壁之间存在着摩擦、热交换，燃烧放热存在着不完全、不及时，进排气过程中存在节流，还有气缸密封不严造成的工质泄漏等一系列不可逆损失，给出如下简化和假设。

1）工质为理想气体（空气），比热容为定值，不随温度、压力等参数的变化而变化。

2）燃烧放热过程以高温热源向工质定容或/和定压加热的可逆过程代替。

3）压缩和膨胀过程都是可逆绝热过程。

4）换气过程以工质向冷源（外界）可逆定容放热过程代替。

5）忽略所有摩擦、工质泄漏等不可逆因素。

通过上述简化和假定，实际的开口系统的循环转化成了封闭系统的理想热力循环。

3.2.2 基本理论循环类型及组成

根据燃料在发动机气缸中实际燃烧放热的特点（详见第7章、第8章）和上述假设，发动机循环可简化成三种加热方式的理论循环：等容加热循环、等压加热循环和混合加热循环，如图3-1所示。

1. 等容加热循环的组成

等容加热循环又称奥托（Otto）循环，是最早的活塞式发动机循环，由绝热压缩过程 *ac*、等容加热过程 *cz*、绝热膨胀过程 *zb* 和等容放热过程 *ba* 组成，如图3-1a所示。

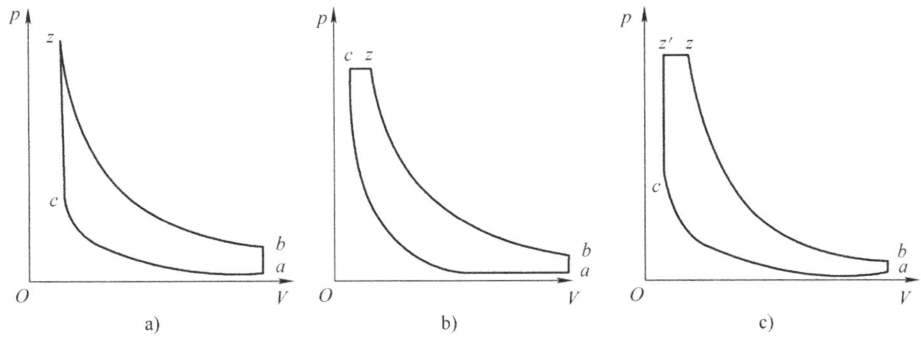

图3-1 发动机理论循环

a）等容加热循环 b）等压加热循环 c）混合加热循环

汽油机和气体燃料活塞式发动机等点燃式发动机，燃烧放热速度快，主要集中在上止点附近进行，接近定容燃烧。人们常将等容加热循环视为点燃式发动机的理论循环。

2. 等压加热循环的组成

定压加热循环又称狄塞尔（Diesel）循环，由绝热压缩过程 *ac*、等压加热过程 *cz*、绝热膨胀过程 *zb* 和等容放热过程 *ba* 组成，如图3-1b所示。

低速大功率柴油机、高增压柴油机，其喷油及燃烧放热持续时间较长，燃烧主要在膨胀过程初期临近上止点附近进行，接近等压燃烧，其理论循环可视为等压加热循环。

3. 混合加热循环的组成

混合加热循环又称萨巴德（Sabathe）循环，由绝热压缩过程 *ac*、定容 *cz′* 和定压 *z′z* 两个加热过程、绝热膨胀过程 *zb* 及定容放热过程 *ba* 组成，如图3-1c所示。

现代高速柴油机燃烧初期（临近上止点）放热速度快，近似于定容燃烧，随后放热速度减慢，部分燃料在膨胀过程初期燃烧，近似于定压燃烧。混合加热循环较适合于对高速柴油机工作过程进行研究。

实际发动机中不存在完全的等容燃烧放热，也不存在完全的等压燃烧放热。仅仅是某些发动机更接近于定容燃烧放热，某些发动机则更接近于等压燃烧放热，二者所占比例不同而已。所以，现代发动机都是混合加热循环，等容加热循环和等压加热循环只是其特殊情况。当混合加热循环中等压加热的比例逐渐减少，直至 *z′* 点和 *z* 点重合，即为等容加热循环；若等容加热的比例逐渐减少，直至 c 点和 z' 点重合，即为等压加热循环。

3.2.3 理论循环的评价指标

循环热效率 η_t 和平均循环压力 p_t 是评价理论循环效果的基本指标。前者评价循环之经济性，后者则评价循环之动力性。

循环热效率 η_t 是循环获得的功 W 与热源加入的总热量 Q_1 之比，是热转换为功的质量指标——热利用率。

$$\eta_t = \frac{W}{Q_1} = 1 - \frac{Q_2}{Q_1} \tag{3-1}$$

平均循环压力 p_t 是循环功 W 与气缸工作容积 V_s 之比，即一个循环内单位气缸工作容积所做的功，是热转换为功的数量指标。

$$P_t = \frac{W}{V_s} = \frac{Q_1}{V_a - V_c}\eta_t \tag{3-2}$$

1. 混合加热循环的评价指标

对混合加热循环，引入下列三个无量纲的特征参数：

1）压缩比 ε，是气缸总容积 V_a 与燃烧室容积（或压缩容积）V_c 之比，$\varepsilon = V_a/V_c$。

2）压力升高比 λ，定义为循环最高压力 p_z 与压缩终了压力 p_c 之比，即 $\lambda = p_z/p_c$。显然，压力升高比正比于与等容过程加热量。

3）预胀比 ρ，定义为等压加热过程终点的气缸容积 V_z 与燃烧室容积 $V_{z'}$ 之比，$\rho = V_z/V_{z'}$。预胀比 ρ 与等容加热过程加热量成正比。

循环加热量 Q_1 和放热量 Q_2 为

$$Q_1 = Q_{1v} + Q_{1p} = c_v(T_{z'} - T_c) + c_p(T_z - T_{z'}) \tag{3-3}$$

$$Q_2 = c_v(T_b - T_a) \tag{3-4}$$

根据各过程的特征和状态方程，可确定循环中各过程初、终状态的温度值。

由绝热压缩过程 ac 得

$$T_c = T_a(V_a/V_c)^{k-1} = T_a\varepsilon^{k-1} \tag{3-5}$$

由等容加热过程 cz' 得

$$T_{z'} = T_c(p_{z'}/p_c) = T_c \cdot \lambda = T_a\lambda\varepsilon^{k-1} \tag{3-6}$$

由等压加热过程 $z'z$ 得

$$T_z = T_{z'}(V_z/V_{z'}) = T_{z'} \cdot \rho = T_a\lambda\rho\varepsilon^{k-1} \tag{3-7}$$

由绝热膨胀过程 zb 得

$$T_b = T_z(V_z/V_b)^{k-1} = T_z(V_z/V_a)^{k-1} = T_a\lambda\rho^k \tag{3-8}$$

将式(3-5)~式(3-8)代入式(3-3)和式(3-4)，再将式（3-3）和式（3-4）代入式（3-1）可得

$$\eta_{tm} = 1 - \frac{1}{\varepsilon^{k-1}}\left[\frac{\lambda\rho^k - 1}{(\lambda - 1) + k\lambda(\rho - 1)}\right] \tag{3-9}$$

将式(3-5)~式(3-7)代入式(3-3)，再将式（3-3）、$\varepsilon = V_a/V_c$、状态方程，及 $c_p - c_v = R$，代入式（3-2）可得

$$p_{tm} = \frac{\varepsilon^k}{\varepsilon - 1} \cdot \frac{p_a}{k - 1}[(\lambda - 1) + k\lambda(p - 1)] \cdot \eta_t \tag{3-10}$$

2. 等容加热循环的评价指标

等容加热循环是混合加热循环预胀比$\rho = 1$（等压加热量$Q_{1p} = 0$）时的特殊情况。将$\rho = 1$代入式（3-9）和式（3-10），即可得等容加热循环热效率和平均循环压力

$$\eta_{tv} = 1 - \frac{1}{\varepsilon^{k-1}} \tag{3-11}$$

$$p_{tv} = \frac{\varepsilon^k}{\varepsilon - 1}\frac{(\lambda - 1)}{k - 1}p_a\eta_{tv} \tag{3-12}$$

3. 等压加热循环的评价指标

等压容加热循环是混合加热循环压力升高比$\lambda = 1$（等容加热量$Q_{1v} = 0$）的特殊情况。将$\lambda = 1$代入式（3-9）和式（3-10），即可得等压加热循环热效率和平均循环压力

$$\eta_{tp} = 1 - \frac{1}{\varepsilon^{k-1}}\frac{\rho^k - 1}{k(\rho - 1)} \tag{3-13}$$

$$p_{tp} = \frac{\varepsilon^k}{\varepsilon - 1}\frac{k(p - 1)}{k - 1}p_a\eta_{tp} \tag{3-14}$$

3.3 理论循环效果分析

根据热力学原理，在给定循环温度范围内，卡诺循环热效率取决于高低温热源温度，任何可逆循环的热效率均小于卡诺循环热效率。所以热力循环的最佳化就是探求热效率最大限度地接近于卡诺循环热效率的方案，包括循环过程组成，及其在限定条件下特征参数的最佳化问题。对于给定的热力循环，则主要是特征参数的优化问题。若循环热效率和平均循环压力的最大值分别对应不同的循环参数，则必须进行折中。循环热效率和平均循环压力随循环参数的变化规律，在循环最佳化研究中具有重大意义。

注意：对变温过程加热和放热的热机循环，热效率取决于加热过程平均温度和放热过程平均温度，可等于平均加热温度和平均放热温度范围内的当量卡诺循环的热效率。这是热力循环分析的理论依据。

3.3.1 理论循环的影响因素

由式(3-9)～式(3-14)可知，影响循环热效率和循环平均压力的主要参数是压缩比、压力升高比、预膨胀比、等熵指数。同时，循环平均压力与热效率及压缩初始点压力成正比。

1. 压缩比ε的影响

由式(3-9)～式(3-14)可知，对所有类型的内燃机循环来说，随压缩比的增大，循环热效率和平均循环压力均提高，尤其在压缩比较小时，效果较显著。但压缩比较大时，这种影响便不明显。图3-2表示了等容加热循环热效率随压缩比变化的情形。

以$T-S$图也可以直观说明压缩比对循环的影响。如图3-3所示，循环$ac'z'b'a$的压缩比较循环$aczba$的大，在相同的初始状态a和加热量Q_1（面积$S_ac'z'S_{b'}$ = 面积S_aczS_b）的条件下，压缩比较高的循环具有较高的平均加热温度、以较低的平均放热温度，以及较小的放热量面积（面积$S_aab'S_{b'}$ < 面积S_aabS_b）。所以，压缩比较高的循环之热效率和循环功，均大于压缩比较低的循环之热效率和循环功。

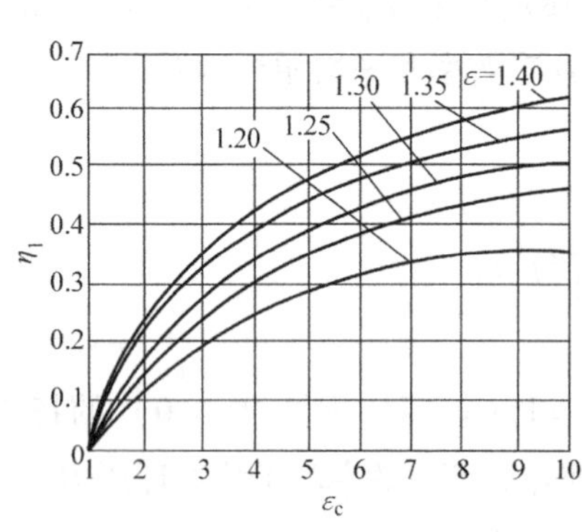

图 3-2　等容加热循环热效率随压缩比的变化

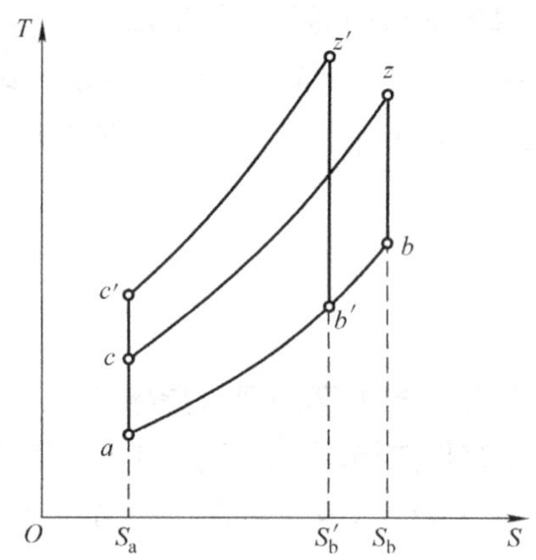

图 3-3　压缩比对循环的影响

2. 等熵指数 k 的影响

随等熵指数 k 的增大，所有发动机循环的热效率和平均压力均提高。因为，k 越大，比热容越小，相同加热量、压缩始点条件下则工质升温越高，循环平均加热温度越高。

3. 压力升高比 λ 和预膨胀比 ρ

混合加热循环中，加热量 Q_1、压缩比 ε 和等熵指数 k 相同时，压力升高比 λ 和预膨胀比 ρ 的改变，意味着等容加热量与等压加热量比例的变化。压力升高比 λ 增大或预膨胀比 ρ 减小，即定容加热量增加或等压加热量减小，热效率和平均压力均增大。

如图 3-4 所示，压力升高比 λ 较大的循环 $acz'b'a$ 与压力升高比 λ 较小的循环 $aczba$ 相比，放热量较少（面积 $S_aab'S_{b'}$ < 面积 S_aabS_b）、平均加热温度高、平均放热温度低，其热效率和循环功均较大。反之，当增大预膨胀比 ρ 时，由于 Q_{1p} 是气缸体积不断增大、膨胀比不断减小时加给工质的，平均加热温度降低、平均放热温度升高，放热量增多，热效率、循环功均降低。

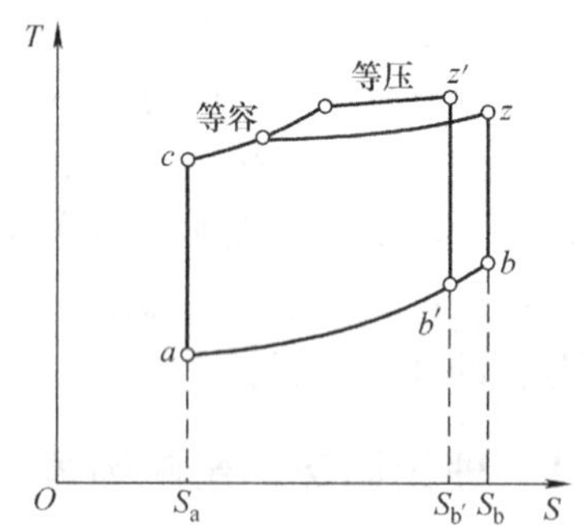

图 3-4　混合加热循环 λ、ρ 对循环的影响

对预胀比 $\rho = 1$ 的等容加热循环，热效率与压力升高比 λ 无关。当压缩比不变时，定容加热循环中，λ 增大意味着加热量 Q_1 增多、平均加热温度升高。高温工质以与压缩比相同的膨胀比膨胀后，放热量 Q_2 及平均放热温度与加热量和平均加热温度成比例地增大，所以热效率不变。但加热量与放热量之差（$Q_1 - Q_2$）增大，循环功增多，平均压力升高。

对压力升高比 $\lambda = 1$ 的等压加热循环，随着 ρ 增大，加热量 Q_1 增加，循环功、平均压力增加，但热效率减小。

4. 压缩初始状态

因为理论循环忽略了进排气过程的损失，所以压缩初始压力 p_a 对三种基本理论循环的热效率没有影响。但循环平均压力随压缩初始压力的增大按一定比例提高。

3.3.2 改善循环效果的基本途径

上述理论循环参数对循环效果的影响，指明了改善循环效果的基本途径，也是实际发动机经济性、动力性改善的理论依据。

1. 提高压缩比

提高压缩比对改善循环的经济性和动力性都有重要意义。汽油机的发展以不断努力提高压缩比为特征，但压缩比的提高受到燃烧时爆燃的限制。柴油机不受爆燃的限制，且为使燃料可靠着火，反而要求有足够高的压缩比。

对工质的压缩，是各种类型热机提高热效率的主要措施。也正是由于内燃机压缩比及其加热过程的平均温度，较其他形式的热机（如燃气轮机、蒸汽轮机）高得多，所以其热效率高于其他热机。

2. 提高循环加热的等容度

使燃烧放热在上止点附近能够完全、及时、迅速地结束，以减小循环预胀比，提高循环加热的等容度，则是对燃烧放热过程的基本要求。

3. 提高工质的等熵指数

等熵指数 k 取决于工质的性质。气体分子原子数越多，比热容越大，k 越小。对空气（双原子气体），$k=1.4$。燃油蒸气、燃气为多原子气体，$k<1.4$。

在实际循环中，k 主要与混合气浓度有关。混合气越稀，空气成分越多，比热容越小，k 越大，热效率越高。这就是稀薄混合气燃烧可提高循环热效率的理论依据。

柴油机的空燃比明显高于汽油机，所以等熵指数和循环热效率也较高。

4. 提高压缩初始状态的压力

在实际循环中由于存在进排气过程，压缩初始状态压力的提高即意味着进气终了时压力的提高。改善进气过程的措施（如减少进气阻力、降低进气温度）及增压技术、可变进气歧管技术、可变配气相位技术等，均使进气终了压力提高，从而改善了循环效果，提高了功率输出。

3.3.3 理论循环的最佳化

发动机循环研究的目的是在一系列限制条件下寻求循环效果的最佳化。虽然提高压缩比 ε、压力升高比 λ 等参数能够改善发动机循环效果，但这些循环特征参数的确定不仅与循环加热方式有关，还受发动机的可靠性（最高压力与最高温度）、燃烧、排放等方面的约束和限制。所以，综合考察不同加热方式、特征参数、加热量及可靠性条件等限制下发动机循环效果更具有指导意义，从理论上阐明了实际柴油机与汽油机主要循环特征参数（表3-1）及性能不同的原因。

表3-1 汽、柴油机工作循环参数对比

发动机类型	压缩比	压力升高比	过量空气系数	循环最高压力/MPa
汽油机	6~12	2~4	0.6~1.2	3.0~6.0，不超过8.5
柴油机	14~22	1.3~2.2	1.2~2.2	6.0~9.0，不超过14

1. 循环最佳化的限制

（1）结构强度的限制

提高压缩比 ε、压力升高比 λ 及压缩始点压力，将伴随着循环最高压力 p_{zmax} 和最高温度 T_{zmax} 的增大，导致机械负荷和热负荷增大，直接影响发动机的结构强度，进而决定着发动机零部件尺寸和重量、可靠性和使用寿命。所以循环最高压力和温度必须受到限制。

(2) 摩擦损失和机械效率的限制

循环最高压力的提高将导致曲柄连杆机构受力增大，最高温度的提高会破坏配合间隙、加速润滑油老化等，二者均导致运动副零部件摩擦损失增大，使机械效率下降。

(3) 燃烧、排放方面的限制

压缩比过高，汽油机会产生爆燃、表面点火等不正常燃烧（见第7章），还将导致 NO_x 排放增多。等熵指数 k（取决于混合气浓度）的调整将影响燃烧的完全性、稳定性（汽油机），进而影响动力性、经济性和排放性能。

2. 限定压缩比 ε、加热量 Q_1 的情形

图3-5给出了初始状态 a、压缩比 ε、总加热量 Q_1（表征实际发动机负荷的大小）相同时，等容加热循环 acz_1b_1a、混合加热循环 $acz'_2z_2b_2a$、等压加热循环 acz_3b_3a 的情形。在限定条件下，三种循环的压缩线重合，加热量 Q_1 相同，但平均加热温度等容线最高、等压线最低，平均放热温度等容线最低、等压线最高，向冷源的放热量 Q_{2p}（面积 $S_aab_3S_3S_a$）$>Q_{2m}$（面积 $S_aab_2S_2S_a$）$>Q_{2v}$（面积 $S_aab_1S_1S_a$）。于是，循环功 W_v（面积 acz_1b_1a）$>W_m$（面积 $acz'_2z_2b_2a$）$>W_p$（面积 acz_3b_3a），热效率 $\eta_{tv}>\eta_{tm}>\eta_{tp}$。

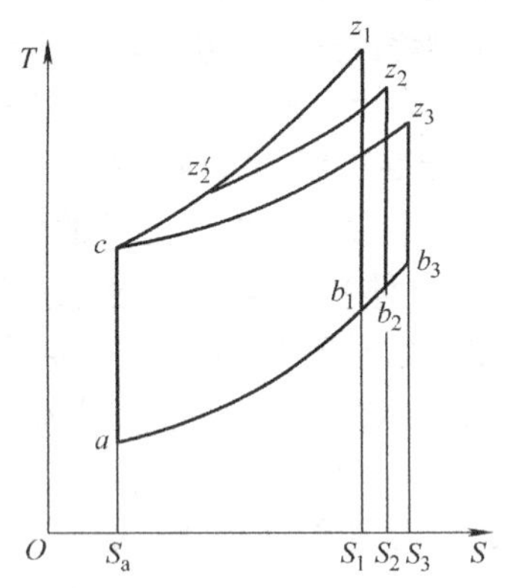

图3-5　ε、Q_1 相同时理论循环比较

所以，在压缩比、加热量和初始状态相同的条件下，等容加热循环热效率、平均压力最高，混合循环次之，等压加热循环最低。但等容加热循环的最高压力和最高温度也最大，即限定压缩比下，循环等容度越大，其动力性、经济性越好，但机械载荷、热负荷也随之增大。

这个事实已在式（3-9）中显示，即对于等容循环，方括号内的值等于1；而对于其他循环，该值均大于1。

3. 限定最高压力 p_{zmax} 和最高温度 T_{zmax} 的情形

(1) 限定最高压力 p_{zmax} 和加热量 Q_1

如图3-6所示的 $T-S$ 图上，三种循环初始状态、总加热量相同，加热终点 z_1、z_2、z_3 都限定在 $p_{zmax}=$ 常数的等压线上。因为等容加热线斜率较大，温度、压力升高速率较快，Q_1 相同的情况下，等容加热循环 $ac_1z_1b_1a$ 压缩终点（c_1 点）必定最低，压缩比最低，即 $\varepsilon_p>\varepsilon_m>\varepsilon_v$，膨胀比也具有相同的趋势。而传向冷源的放热量 $Q_{2v}>Q_{2m}>Q_{2p}$。故，循环功 $W_{2p}>W_{2m}>W_{2v}$，$\eta_{tp}>\eta_{tm}>\eta_{tv}$。

(2) 限定最高压力和最高温度

图3-7所示为一定初始条件下，限定循环最高压力和最高温度，不限制总加热量的情形。同样由于等容加热线斜率较大的缘故，加之不限制加热量 Q_1，压缩比 $\varepsilon_p>\varepsilon_m>\varepsilon_v$。三循环的加热终点均在同一 T_{zmax} 点 z，膨胀过程线重合。于是三种循环的放热量 Q_2 相同，但

加热量却不同，即 $Q_{1p} > Q_{1m} > Q_{1v}$，所以 $\eta_{tp} > \eta_{tm} > \eta_{tv}$。

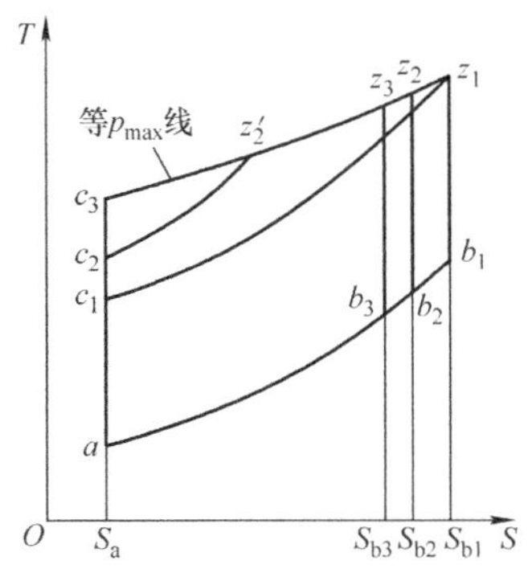

图 3-6　限定 Q_1、p_{zmax} 下理论循环比较

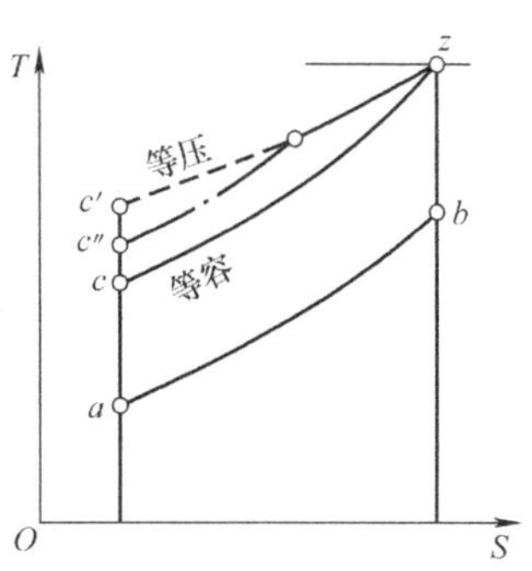

图 3-7　限定 Q_1、p_{zmax} 下理论循环比较

所以，在最高压力和最高温度受到限制时，采用等压加热过程的发动机循环具有最高热效率。也就是说，在最高压力和最高温度受到限制时，具有最大压缩比的循环具有最高的热效率。

3.4　发动机实际循环示功图

气缸内压力随气缸容积或曲轴转角变化关系的图形称为示功图，前者称为 $p-V$ 示功图，后者称为 $p-\varphi$ 示功图，如图 3-8、图 3-9 所示。$p-\varphi$ 示功图又称为展开示功图或压力图，根据曲柄连杆机构的运动规律可与 $p-V$ 示功图相互转换。$p-V$ 示功图上过程曲线围成的面积表示工质完成一个工作循环所做的功。

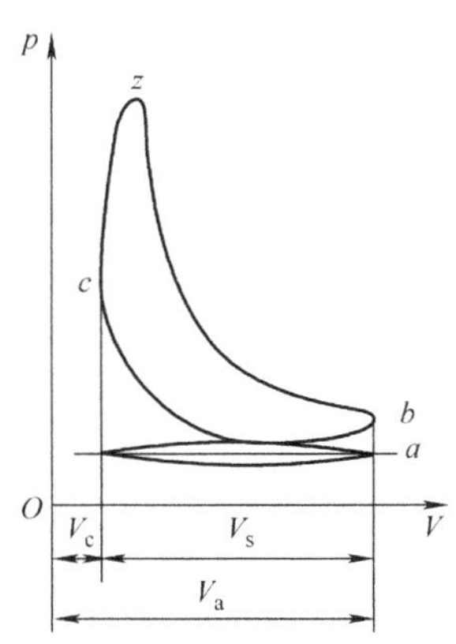

图 3-8　发动机 $p-V$ 示功图

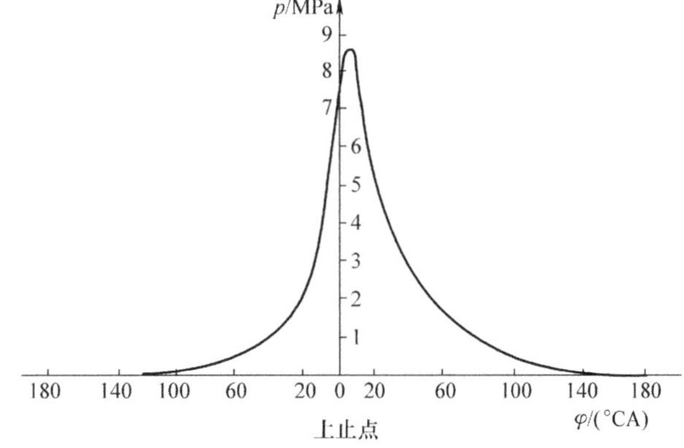

图 3-9　发动机 $p-\varphi$ 示功图

需要指出的是，实际循环中活塞背面还同时受到曲轴箱内压力（稍高于大气压力、且变化不大，自然吸气式发动机可近似于大气压力 p_0）作用。由于曲轴箱内气体在四个行程中对活塞所做功正、负抵消，所以四冲程发动机实际循环示功图只表示为气缸内压力的

变化。

示功图由专门仪器在发动机运行时直接测得。只要测得其中一种，即可根据活塞位移（或气缸体积）与曲轴转角间的关系转换得到另一种示功图。

示功图直接反映了内燃机工作循环中吸气、压缩、燃烧 - 膨胀、排气各过程的进展（或压力变化）情况及其特征，对研究分析内燃机各工作过程及其影响因素、探讨发动机性能改善途径具有重要作用。

1）燃烧最高压力表征着发动机机械负荷的大小，是结构件强度设计的依据。

2）压力随曲轴转角或时间变化的特性，是分析与可靠性有关的轴承油膜厚度、磨损、曲柄连杆机构受力、振动等的依据。

3）$p-\varphi$ 示功图是研究燃烧过程的重要工具。燃烧过程中压力升高率、燃烧最高压力值及其出现的时刻，反映了发动机工作的平稳性（直接影响振动及噪声）、动力性、经济性的好坏。

4）示功图反映了热功转换的完善程度，在 $p-V$ 示功图上可直接测算出循环功，可以评价分析阻碍热效率提高的各项损失，可通过测录示功图和有效功测得机械损失。

5）运用热力学基础知识和数据处理，可由示功图求得放热规律和燃烧温度等。

6）示功图也是工作过程、有害排放物生成模拟计算的依据。示功图还用来研究发动机循环波动、各缸工作均匀性等。

3.5 发动机实际循环

理论循环给出了内燃机热效率和平均压力所能达到的最高值。但由于实际循环存在着工质性质、数量的变化，以及各过程中的许多不可逆损失，如压缩和膨胀过程中工质通过气缸壁面与冷却液之间的传热损失，燃烧放热不能实现等容、等压，且有高温分解和不完全燃烧，进、排气门的早开、晚关及气体流入、流出气缸的流动阻力损失，气体泄漏损失和摩擦损失等，所以，不能达到理想循环的效果。

分析发动机实际循环，并与对应理论循环比较，以寻找各过程的不可逆程度（或各项损失）及其影响因素，明确为减少损失、提高循环效率而合理组织或改进各工作过程的方向。

将实际循环示功图（图 3-10 中实线）与理论循环示功图（图 3-10 中加点实线）放在一起做比较，就能明显看出它们之间的差异。

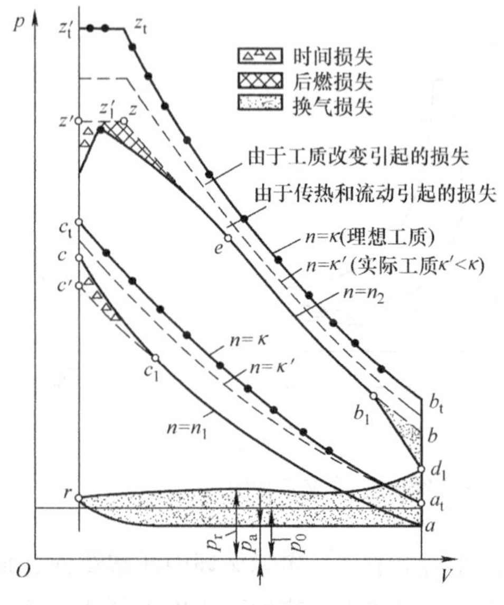

图 3-10　实际循环与理论循环的差异

3.5.1 工质的影响

1. 工质的变化

理论循环的工质是空气，循环过程中其成分、比热容、质量为定值。而实际发动机循环中，工质由空气、燃料和燃烧产物（燃气）组成，其成分、比热容、质量均随循环的进展而变化。

1）工质成分的变化。在压缩过程中，工质是空气或燃料蒸气、空气与上一循环残留废气的混合气。燃烧－膨胀过程中，工质是空气、燃料蒸气和燃烧产物（燃气）的混合气，且其比例随过程的进展而变化。由于不可能实现气缸的完全密封，压缩、膨胀过程中还存在着缸内气体的泄漏等。排气过程中工质以燃烧产物为主，伴有过剩的燃料或空气。而进气过程中工质以新鲜空气或燃料/空气混合物为主，伴有上一循环的残留废气。

2）实际混合气工质的比热容与温度和成分有关。随温度的升高，工质的比热容增大，比热容比减小；工质中的燃油蒸气和 CO_2、H_2O 蒸气等燃烧产物是多原子分子的气体，其比热容较空气（双原子分子气体）大，比热容比较空气小。随混合气浓度的增大、燃烧放热过程的进展，多原子分子气体的比例增多，比热容也增大。

3）高温分解及燃烧前后总分子数变化。燃烧－膨胀过程中还存在着燃烧生产物 CO_2 和 H_2O 在高温下（1300K 以上）吸热分解成 CO、H_2 和 O_2，而在膨胀过程中又重新复合放出热量的现象。这一现象影响了燃烧放热的等容度，使热效率有所降低。同时，液体燃料燃烧后较燃烧前总分子数增多，对循环功和热效率的提高有利；而气体燃料燃烧后气体总分子数减少，会使热效率降低。

在工质的上述各项变化中，比热容随温度升高和多原子分子气体成分增多而增大的影响最显著，起主导作用。而工质高温分解及燃烧前后总分子数变化的影响则很小，一般分析时可忽略不计。

2. 工质改变引起的损失

实际工质的比热容随温度的升高和多原子气体成分的增多而增大，意味着相同的加热量条件下，工质的温度、压力升高值降低，导致了实际循环能达到的最高温度和气缸压力均低于理论循环，使循环热效率降低，循环功减少。

为了便于理解工质的改变对循环的影响，不妨假想一个介于实际循环与理论循环之间的循环，即实际工质完成的可逆循环，称其为“燃料/空气循环”，图 3-10 中以虚线表示。该循环除了工质为实际循环中的真实气体（计及工质的比热容随成分、温度等的变化）外，其他关于各热力过程的假设与理论循环的完全相同。

“燃料/空气”循环与理论循环的差异即是工质的改变对理论循环的影响。由于工质的改变，“燃料/空气”循环中，燃烧－膨胀过程线及压缩过程线均低于理论循环（加点实线）的。只因过程工质成分、泄漏、温度的差异，燃烧－膨胀过程的损失比压缩过程的更多。图中虚线示功图面积小于加点实线示功图面积，其差值即是工质变化引起的循环功损失。

研究表明，一般情况下，现代发动机的“燃料/空气”循环热效率可达到理论循环热效率的 70% ~85%，甚至高达 90%。如，对一个压缩比为 18，过量空气系数为 1.5，最高压力为 8MPa 的自然吸气混合加热循环，其理论热效率为 0.63，“燃料/空气”循环热效率为 0.51。

3. 工质改变之损失的影响因素

发动机混合气浓度、燃烧放热模式、残余废气、循环功调节方式的不同、工况的变化等将影响气缸内工质温度、成分及其他特性的变化，以及由此变化引起的循环损失或热效率降低，导致了柴油机、汽油机的“燃料/空气”循环的热效率，较其本身理论循环热效率的降低幅度不同。

1）混合气浓度。汽油机过量空气系数在0.6～1.2之间，混合气较浓。而柴油机平均过量空气系数则在1.2～2.2之间，混合气总体较稀。汽油机工质中多原子分子气体（燃油蒸气）比例较高，比热容较大、比热比较小，且不完全燃烧比例较多，使其“燃料/空气”循环最高温度比理论循环的降低幅度较柴油机大。

2）燃烧温度。汽油机过量空气系数较小，加之采用预混合燃烧、燃烧放热等容度较柴油机的高，其最高燃烧温度较柴油机高，高温热分解的影响较柴油机大。

3）残余废气。汽油机压缩比较柴油机小，燃烧室体积相对较大，其每循环残余废气量较多，使工质比热容增大、比热比减小引起的热效率降低幅度大于柴油机。

4）负荷调节方式。汽油机采用量调节式，负荷减小时，节气门开度减小，进气量减少，残余废气量相对增多，混合气浓度增大；而柴油机采用质调节，随负荷的减小，进气量及残余废气量基本不变，混合气浓度减小。所以，随负荷的减小，汽油机多原子气体工质比例增多，比热容的增大及不完全燃烧损失的增多，使汽油机热效率的降低较柴油机更明显。

上述因素中，混合气浓度、负荷调节及混合气形成方式的影响更为明显。综合的结果使汽油机因工质改变导致的循环热效率，较理论循环热效率下降的幅度较柴油机大，且随负荷的减小，这一差距扩大。这也是人们不断追求汽油机稀薄混合气燃烧、缸内直喷（GDI）、均质压燃（HCCI）的基本缘由。

3.5.2 压缩过程

1. 压缩过程的作用

对工质在燃烧前进行预先压缩，使其达到较高的温度，从以下两个方面为热功的有效转换提供了保证：

1）扩大工作循环的温度范围，提高热效率。

2）为可燃混合气可靠着火及燃烧创造必要的条件。

2. 对压缩过程的要求

依据发动机的燃料性质、混合气形成方式、着火方式的不同，对压缩过程的要求也各有差异。

（1）压缩比的要求

对汽油机或外部形成混合气、外源点火（火花塞点火）的发动机，在保证不产生爆燃或早燃的情况下，应力求提高压缩比。压缩比的上限取决于燃料性质、混合气成分、燃烧室结构、散热条件、技术配置等（详见第7章）。

对柴油机，最低压缩比应使压缩终了的温度比柴油的自燃温度高出200～300℃，以保证其可靠的冷起动性能及各工况下迅速、有效的着火燃烧。但压缩比的上限应避免过高的最高燃烧压力，否则将导致曲柄连杆机构的机械负荷过大，而不得不加大、加重零部件及整台发动机，并使内部摩擦损失也增大。增压发动机更是如此，其压缩比应适当减小，只要能够保证可靠着火即可。

必须注意，当压缩比高于某一值时（如 $\varepsilon>19$），再继续提高压缩比，对热效率改善的影响极少，却带来机械载荷的增大。除了使用低着火性能燃料的发动机，或多燃料发动机之外，采用特别高的压缩比是不合理的。

另外，不管是汽油机还是柴油机，采用高压缩比时，由于气缸内温度高，燃烧过程中生成 NO_x、CO_2分解形成 CO 等有害排放物的数量增多，不利于排放的改善。各类发动机压缩比的大致范围见表 3-2。

（2）组织适度的空气运动

压缩过程中组织适度的空气运动，对改善混合气形成、加速燃烧过程、提高空气利用率非常必要，不管是对汽油机还是柴油机均如此。尤其是柴油机、稀薄混合气燃烧的汽油机等，在压缩过程中组织不同类型的、足够强的气体运动，是保证混合气形成和燃烧所必需的（详见第 7 章、第 8 章）。

3. 压缩过程损失及影响因素

理论循环中，压缩过程从活塞下止点开始，直至上止点结束。整个过程中，工质成分、比热容、质量保持不变，工质与气缸壁之间无热交换，为可逆绝热过程。但实际循环中，压缩过程从进气门在下止点后完全关闭时才真正开始，其有效压缩行程小于理论值。压缩过程中存在着工质泄漏、工质与其周边壁面之间的热交换。同时，工质比热容随温度的升高、燃料蒸发及压缩末期的氧化引起的成分变化而增大等。其中，占主导地位的是工质与气缸壁面之间的热交换、工质比热容的变化。图 3-10 中压缩过程虚线与实线之间的面积代表压缩损失。

根据 1.4 节的相关知识，压缩过程初始阶段，气缸内工质温度、压力较低，工质受高温的气缸壁、气缸盖、活塞顶的加热，同时通过气缸间隙泄漏量损失较少，多变指数 n'_1 大于等熵指数 k'。随着压缩过程的进行，工质温度不断升高，在某一瞬间工质平均温度与周边壁面平均温度相等，$n'_1=k'$。之后，工质温度高于壁面温度，工质向壁面传热，而且随压力的升高泄漏量增加，因此多变指数 $n'_1<k'$。

为了方便，将变化着的多变指数用平均多变指数 n_1 表示。其大小反映了压缩过程中工质比热容变化、传热损失和泄漏损失的影响，主要取决于发动机工况、结构特点、使用条件及技术状况等。凡是使压缩过程中散热损失和泄漏损失减小的所有因素均使多变指数 n_1 增大，而工质比热容的增大却使多变指数 n_1 减小。

1）发动机转速。转速升高，压缩过程持续时间缩短，工质的泄漏量及工质向壁面的总传热量都减少，多变指数 n_1 增大。

2）发动机负荷。随负荷增大，壁面温度升高，工质散热损失减小，多变指数 n_1 增大，压缩终了温度和压力升高。而对量调节的发动机，随负荷的增大，还伴有充气量增多，进气压力、密度增大，多变指数 n_1 升高更明显。

3）气缸尺寸与发动机燃烧室结构。气缸尺寸小、燃烧室结构复杂（如分隔式燃烧室），其相对散热表面积大，散热损失多，多变指数 n_1 减小。所以，这类发动机需要较大的压缩比，以保证可靠冷起动和稳定的低转速运行。

4）冷却强度。发动机冷却强度越大，气缸壁面温度越低，工质散热损失越多，多变指数 n_1 减小。

5）进气终了温度。进气终了时缸内温度越高，工质在压缩过程中热量散失越多，多变指数 n_1 减小。

6）发动机技术状况。发动机使用过程中，气缸壁、活塞、活塞环及进、排气门等零部件的磨损、烧蚀、结胶、积炭等原因引起气缸密封性下降，工质泄漏损失增大，多变指数 n_1 减小。

其他因素如压缩比、环境温度等对多变指数 n_1 的影响不大。

不同类型发动机压缩过程平均多变指数 n_1 的范围见表3-2，此数值接近于等熵指数，但稍偏低，说明整个压缩过程中工质存在热量损失和泄漏损失。但总的损失不大，近似于绝热过程。只有在风冷发动机和活塞不冷却或低散热损失的发动机中有可能出现 $n_1 \geq 1.4$。

汽油机压缩多变指数 n_1 较柴油机稍小，除了上述因素3）、5）外，主要在于其外部形成混合气，压缩过程工质是空气燃料混合气，比热容及其变化大所致。而增压柴油机 n_1 比非增压的小，主要是上述因素5）和泄漏损失大所致。

4. 压缩终了参数

压缩终了温度和压力可由式（3-15）求得

$$p_c = p_a \varepsilon^{n_1}, \quad T_c = T_a \varepsilon^{n_1 - 1} \tag{3-15}$$

多变指数 n_1 计及了工质比热容变化、传热损失和泄漏损失，实际压缩过程终了的参数低于绝热压缩过程的。凡是使压缩比、进气终了压力和温度增大，及前述使压缩过程多变指数 n_1 增大（工质散热损失和泄漏损失减小）的所有因素，均使压缩终了的压力、温度升高。不同类型发动机压缩终了的压力、温度值的范围见表3-2。

表3-2　液冷发动机压缩终了工质参数值

发动机类型	ε	n_1	p_c/MPa	T_c/K
汽油机	7～12	1.32～1.38	0.8～2.0	600～750
非增压柴油机	14～22	1.38～1.40	3.0～5.0	750～1000
增压柴油机	12～17	1.35～1.37	5.0～8.0	900～1100

柴油机压缩终了的参数较汽油机高，主要是其压缩比较大所致。增压柴油机压缩终了的参数较非增压高，主要是其进气终了压力、温度较高所致。

压缩终了温度 T_c 与压力 p_c 的高低，关系到发动机的起动性、动力性、经济性及平稳性等。若压缩终了温度、压力降偏低，将导致起动困难，并对动力性、经济性及平稳性等性能带来不利的影响（详见第7章、第8章）。实际工作中，常以检测到的气缸压缩终了压力（俗称“缸压”）作为判断发动机技术状况的重要依据。

气缸密封性下降，工质泄漏增多，压缩终了的温度、压力降低；当燃烧室表面积炭过多、气缸垫过薄、气缸体上平面与气缸盖下平面因维修磨削量过多时，均会使压缩比增大，压缩终了的压力、温度升高。

3.5.3 燃烧放热过程

燃烧将燃料的化学能转变为热能，使气缸内工质的温度、压力快速升高。

1. 燃烧过程损失

理论循环中，工质的吸热升温过程是可逆的等容加热（在活塞上止点时瞬间完成）和等压加热过程（加热速度与活塞下行速度相配合，以保持气缸内压力不变）。但实际循环中高温工质的获得由燃料的燃烧放热过程完成，不能实现理想的等容、等压过程，同时伴随着工质泄漏、工质与周边壁面之间的热交换等，导致燃烧最高温度、最高压力降低，循环功减少，如图3-10所示。

（1）燃烧时间损失

实际的燃烧放热过程是在活塞高速运动中进行的，燃料燃烧放热速度是有限的，且受到多种因素的影响，总要持续一段时间，一直延续至上止点后才结束。

1）燃烧提前压缩功损失（图3-10中面积$c_1c'c$）。为保证燃烧放热能够尽可能多地在上止点附近及时完成，汽油机的点火时刻、柴油机的喷油时刻均应在活塞到达压缩行程上止点之前，燃烧放热在上止点之前c_1点已经开始了，导致了压缩末期气缸内压力升高，压缩消耗功增加。

2）后燃膨胀功损失。由于燃烧放热不能实现理想的等容、等压过程，气缸内压力在上止点后才能达到最高，且燃烧放热持续到膨胀过程中远离上止点的e点才结束，循环膨胀功减少。图3-10中$z'z_1'z$线下的两块小三角形面积即为损失掉的膨胀功，又称之为后燃损失。

（2）不完全燃烧损失

由于混合气形成不良或空气不足及燃烧室壁面的影响，有很少一部分燃料没有完全燃烧或未燃烧，造成燃料热值的损失。另外，燃烧生成物CO_2和H_2O的高温吸热分解，而在膨胀过程中又重新复合放出热量也归入不完全燃烧损失。

以燃烧效率η_c描述燃烧完全度或不完全燃烧损失的大小。燃烧效率定义为燃料燃烧实际放出的热量与理论上完全燃烧放出的热量（热值）之比。在实际运行中，汽油机在可燃混合气偏稀而又能正常着火燃烧时，其燃烧效率在0.95～0.98之间。但在混合气过浓或因失火等而不能正常燃烧时，不完全燃烧损失就会增大，燃烧效率降低。柴油机一直运行在混合气较稀的状态，只要不出现燃油调节失常，其燃烧效率约为0.98。正常状况下，柴、汽油机接近于完全燃烧。

2. 燃烧最高压力与温度

由于工质性质的变化、上述燃烧损失及工质泄漏、与周边壁面之间的热交换等，导致循环最高温度、压力降低均低于理论循环的。

燃烧过程中气缸内压力和温度分别在不同的时刻达到最大值：

	最高爆发压力 p_{zmax}	最高温度 T_{zmax}
汽油机	3.0～6.5MPa	2200～2800K
柴油机	4.5～9.0MPa	1800～2200K
增压柴油机	9.0～15.0MPa	

气缸内最高爆发压力p_{zmax}表征着发动机机械负荷的高低，气缸内最高温度T_{zmax}则表征着发动机热负荷的高低。

汽油机过量空气系数较小，混合气浓度在理论值附近，燃烧等容度又较高，导致最高温度反而更高，所以其热负荷较高。

柴油机压缩比较大，其最高爆发压力较高，所以机械负荷较大。这也是柴油机较汽油机笨重的主要原因所在。

3. 对燃烧过程的要求

1）从热功转换的角度出发，为保证燃烧生成的高温、高压工质能充分膨胀、推动活塞做功，获得高的热效率，要求燃烧放热过程必须在压缩行程上止点附近，密封良好的燃烧室内，完全、及时、迅速地进行并结束。

2）从减轻振动、噪声、机械载荷出发，应减轻工作粗暴度，且最高压力不应过高。

3）从环保的角度出发，应减少有害排放物的生成。

4）可靠着火，保证良好的起动性能，这对柴油机十分重要。

3.5.4 膨胀过程

膨胀过程即高温高压的工质推动活塞做功，将其部分热能转换成机械能的过程。

1. 膨胀过程损失及影响因素

理论循环中，膨胀过程从加热过程终点开始至下止点结束，期间没有工质成分、比热容、质量的变化，及与周围壁面之间的热交换，为可逆的绝热过程。实际的膨胀过程与燃烧放热过程交叠在一起，同时存在着未及时燃烧燃料的补燃放热、工质泄漏、工质与周围壁面的传热等造成的损失，图3-10中膨胀过程虚线与实线之间的面积即为膨胀损失。

膨胀过程是工质成分和多变指数不断变化的过程。若膨胀过程中加热工质的热量起主导作用，则多变指数n_2小于等熵指数k。相反，若过程中传出热量占主导地位，则多变指数n_2大于等熵指数k。

膨胀过程初期，尤其在柴油机中，燃烧放热仍在快速进行，燃烧放热速度超过工质向周壁的传热速度，工质被加热，多变指数n'_2小于等熵指数k。在最高压力附近接近于等压过程，多变指数n'_2接近于0。紧接着在最高温度附近接近等温过程，多变指数n'_2接近于1。之后，补燃放热量减少，但仍高于工质向气缸壁的散热量，多变指数n'_2增大，仍小于等熵指数k。在补燃即将结束时，燃烧放热量与工质向气缸壁的散热量相等，$n'_2=k$。膨胀过程末期较小的区段内，工质以向气缸壁传出热量为主，多变指数n'_2大于等熵指数k。

如同压缩过程一样，为了方便起见，将变化着的多变指数n'_2用平均多变指数n_2表示。不同类型发动机膨胀过程平均多变指数的范围见表3-3。平均多变指数n_2小于等熵指数k，且较压缩过程多变指数n_1更小，说明膨胀过程损失更多，偏离理想绝热过程更远。这主要取决于过后燃烧、工质比热容变化、工质的泄漏及传热损失等情况，其中过后燃烧、工质的泄漏起主导作用。凡是使膨胀过程中过后燃烧份额增多、工质泄漏及向周边壁面传热减少的所有结构、工况、技术状况等因素，都会导致膨胀过程偏离绝热过程，使平均多变指数n_2减小。

1）发动机转速。转速升高，过后燃烧加重，但膨胀过程持续时间缩短，工质的泄漏量和向壁面的传热损失都减少，多变指数n_2减小。所以高速柴油机的多变指数n_2较中低速柴油机小。

2）发动机负荷。对柴油机，随负荷增大，喷油持续时间延长，过后燃烧份额增多，多变指数n_2减小。对量调节的汽油机，随负荷增大，进气量增多，残余废气量相对减少，燃烧速度加快，过后燃烧减少，n_2有所增大。

3）气缸尺寸与发动机燃烧室结构。气缸尺寸小、燃烧室结构复杂（如分隔式燃烧室），其相对散热表面积大，散热损失多，多变指数n_2增大。

4）发动机技术状况。气缸密封性下降，工质泄漏损失增大，多变指数 n_2 增大。

汽油机膨胀多变指数 n_2 较柴油机的稍大，主要在于它的预混合燃烧速度快，过后燃烧放热较少。

2. 膨胀终了参数

膨胀终了的参数为：

汽油机 $$p_b = p_z/\varepsilon^{n_2},\quad T_b = T_z/\varepsilon^{n_2-1} \tag{3-16}$$

柴油机 $$p_b = p_z/\delta^{n_2},\quad T_b = T_z/\delta^{n_2-1} \tag{3-17}$$

这里，$\delta = V_z/V_b$，称其为后胀比。

不同类型发动机膨胀过程终了的参数见表3-3。多变指数 n_2 越接近于等熵指数 k、膨胀比越大，工质膨胀越充分，膨胀终了的参数就越低，热功转化效率越高。

表3-3 液冷发动机膨胀终了工质参数值

发动机类型	n_2	p_b/MPa	T_b/K
汽油机	1.23～1.28	0.3～0.6	1200～1500
非增压柴油机	1.15～1.28	0.2～0.5	1000～1200

多变指数 n_2 减小，热功转换效率降低，膨胀终了的温度升高，致使排气温度升高，发动机过热，可靠性受到影响。

柴油机压缩比大，膨胀比也较大，热功转换效率较高，膨胀终了的温度、压力均比汽油机要低。

3.5.5 换气过程

1. 换气过程损失

理论循环中，膨胀做功终了时空气经过等容散热回到循环始点，无需工质更换。可理想化为：排气门在下止点瞬间打开的同时，工质状态即回到压缩始点（大气压力、温度或进气管压力、温度），无任何阻力地流出气缸，至上止点时废气完全排空，排气门瞬间关闭。与此同时，进气门在上止点时瞬间打开，空气在大气状态（或进气管状态）下无任何阻力地流入气缸，至下止点时空气完全充满气缸，进气门瞬间关闭。进排气过程中流入、流出气缸的气体质量相同。进排气过程线重合于大气压力线或进气管压力线、互相抵消，无进排气损失。

实际循环中，膨胀行程接近下止点前排气门提前开启，废气提前流出气缸并带走热量，造成了膨胀功损失（图3-10中面积 b_1d_1b）。在接着进行的排气和进气行程中，由于气体出、入气缸时具有流动阻力，排气行程曲线 d_1r 高于大气压力 p_0，进气行程曲线 ra 低于大气压力 p_0，产生了进排气行程损失功，即图3-10中曲线 d_1rad_1 包围的面积。膨胀功损失与进排气行程损失功之和即为换气损失功。

2. 排气终了参数

由于排气系统中有阻力，排气终了时缸内压力 p_r 大于大气压力 p_0。压差（$p_r - p_0$）即用来克服排气系统阻力。

排气终了的压力和温度范围是：

汽油机　　$p_r=(1.05\sim1.2)p_0$　　$T_r=900\sim1100K$

柴油机　　$p_r=(1.05\sim1.2)p_0$　　$T_r=700\sim900K$

汽油机排气温度较高，主要在于其最高燃烧温度较高，且膨胀比较小（因压缩比较小）所致。

注意：排气温度是表征发动机热负荷高低和工作状况的一个重要参数。排气温度低，说明燃料燃烧及时、完全，膨胀充分，热功转换效率高。若排气温度偏高，则说明后燃严重，应查明原因并排除。

由于排气阻力和燃烧室容积等因素的存在，排气过程不可能将废气完全排空。排气终了时总有少量废气存留气缸内，称之为残余（留）废气。残余废气质量 m_r与新鲜进气质量 m_a之比叫做残余废气系数，以 ϕ_r表示。

$$\phi_r = m_r/m_a \tag{3-18}$$

排气阻力越大，排气终了的压力 p_r就越高，残余废气量越多，残余废气系数越大。燃烧室体积相对较大（压缩比较小）时，同样导致残余废气系数较大。残余废气的存在对循环动力性与经济性不利。

3. 进气终了参数

由于进气系统的阻力，使进气终了时气缸内的气体压力 p_a略低于大气压力 p_0（对非增压发动机）。而气门、活塞顶、气缸壁、气缸盖等高温零件与上一循环残留在气缸内的高温废气对新鲜进气的加热，则使进气终了时气缸内的温度 T_a高于大气温度 T_0。

一般进气终了时气缸内压力与温度范围是：

汽油机　　$p_a=(0.80\sim0.92)p_0$　　$T_a=340\sim380K$

非增压柴油机　　$p_a=(0.80\sim0.95)p_0$　　$T_a=300\sim340K$

增压柴油机　　$p_a=(0.90\sim0.95)p_k$　　$T_a=310\sim380K$

注意：进气终了压力的降低，即压缩始点压力的降低，将导致循环的平均压力降低、循环功减少。

由于进气阻力和进气受热等因素，进气过程也不能实现完满充气。若把每循环吸入气缸的新鲜气体量换算成进气管状态（p_s，T_s）下的体积 V_1，其数值一定比活塞排量 V_s小，二者的比值定义为充量系数或充气效率，以 ϕ_c表示

$$\phi_c = \frac{m_a}{m_{sh}} = \frac{\rho_s V_1}{\rho_s V_s} = \frac{V_1}{V_s} \tag{3-19}$$

式中　m_a和 V_1——分别为每循环实际进入气缸的新鲜气体质量，及其进气管状态下所占有的体积；

ρ_s——进气管状态下气体密度；

V_s——气缸排量；

m_{sh}——按进气管状态充满气缸工作容积的新鲜充气质量。

充量系数和换气损失是评价发动机换气过程完善程度的极为重要的参数，对发动机诸多性能，尤其是动力性具有决定性的影响，将在第 6 章详细阐述。

【思考题与练习题】

1. 内燃机有哪几种理论循环？在 $p-v$ 图上画出。

2. 实际汽油机、高速柴油机的理论循环分别是哪种?
3. 改善循环的基本措施有哪些?
4. 根据理论循环分析和发动机实际参数，说明柴油机比汽油机经济性好的原因?
5. 现代发动机为何不按等压加热循环组织工作过程?
6. 发动机示功图有哪几种?
7. 内燃机实际循环与理论循环相比，存在哪些损失?分别与哪些因素有关?
8. 说明压缩过程的作用与要求?
9. 对燃烧过程有何要求?
10. 循环始点或进气终了压力对循环动力性有何影响?
11. 实际膨胀过程与压缩过程相比，哪个过程损失更多?为什么?
12. 如何评价发动机热负荷的高低?汽油机与柴油机谁的热负荷高?为什么?
13. 如何评价发动机机械负荷的高低?汽油机与柴油机谁的机械负荷高?为什么?
14. 如何根据排气温度的高低判断发动机工作状况的好坏?
15. 气缸密封性对实际循环有何影响?如何评判气缸密封性的好坏?
16. 发动机转速、负荷对压缩终了的压力、温度有何影响?
17. 何为残余废气系数?何为充气系数?
18. 为什么压缩比越大热效率越高?
19. 为什么活塞式内燃机的热效率比其他热机高?
20. 等熵指数与混合气浓度有什么关系?

第 4 章　发动机性能与评价指标

4.1　概述

发动机是以消耗燃料、获取动力，同时伴有废气、噪声排出的装置。以尽可能小的代价（燃料消耗、排放污染、噪声等），获得所需的动力输出一直是人们追求的目标。发动机工作品质的好坏，可从不同视角，由一系列性能指标参数来描述和评价。这些性能指标主要有动力性能指标（功率、转矩、转速等）、经济性能指标（热效率、燃料消耗率等）、排放性能指标、冷起动性能指标、噪声性能指标及耐久性指标、维修方便性指标等。本章将主要讨论与发动机工作过程各阶段的组织与完善相关的动力性、经济性、排放性指标。

发动机性能的好坏取决于能量转换过程不同阶段的质量。其一，气缸内一个工作循环中热转换为功的质量；其二，循环功（活塞功）由曲柄连杆机构输出过程的质量。若从这两个能量转换的不同视角评价发动机工作的完善程度，则与功有关的性能指标又分为指示性能指标和有效性能指标。

指示性能指标是以每循环气缸内工质对活塞做功为基准评价缸内热功转换完善程度的指标，简称指示指标。它反映了实际循环进行的好坏，考虑了不完全燃烧损失、散热损失、泄漏损失及泵气损失等的影响，在发动机工作循环的研究分析中得到广泛应用。

有效性能指标是以曲轴对外输出的功率为基础的性能指标，简称有效指标。它既考虑了气缸内热功转换有效程度，又考虑了动力输出过程中的各种机械损失，用来综合评价发动机实际工作质量的高低，在生产实践中得到广泛应用。

注意：对只与做功有关的动力和经济性能指标才有指示性能指标与有效性能指标之分，其差异是由活塞功在输出过程中的机械损失所致。对转速、转矩、排放等其他性能指标，则无“指示”与“有效”之分。

4.2　动力性能指标

动力性能指标用来描述发动机做功能力的强弱。常用的动力性能指标参数有：功、功率、转矩、转速、平均压力等。

1. 指示功、有效功与机械损失功

（1）指示功

指示功 W_i是气缸内工质完成一个实际循环对活塞所做的功，即 $p-V$ 示功图中封闭曲线包围的面积当量。图 4-1 为四冲程非增压发动机和增压发动机的示功图。F_1是压缩过程功与燃烧膨胀过程功面积之代数和，代表动力过程功。F_2为进排气行程中损失的部分功——泵气功的面积。

对非增压发动机，由于气缸内平均进气压力低于大气压力，面积 F_2代表的泵气功为负。

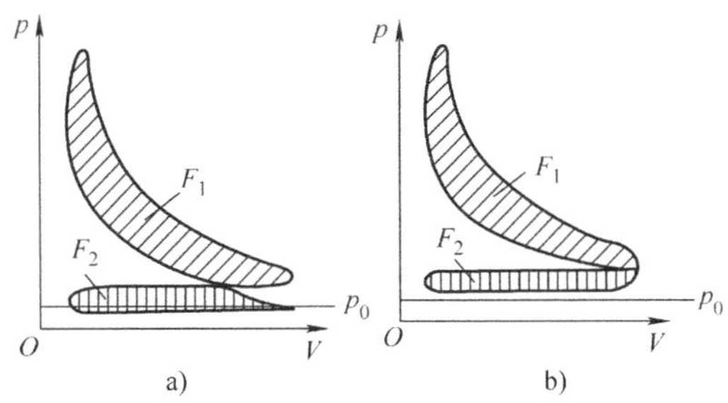

图4-1 四冲程发动机 $p-V$ 示功图

a) 非增压 b) 增压

循环净指示功面积为 $F_i = F_1 - F_2$。

对增压发动机，气缸内平均进气压力高于大气压力，也高于排气压力，面积 F_2 代表的泵气功为正。循环净指示功面积则为 $F_i = F_1 + F_2$。

指示功可以通过实验测取的示功图来直接测量计算确定，也可以通过循环计算获得。若测得示功图，则循环指示功为

$$W_i = F_i ab \tag{4-1}$$

式中 F_i——示功图面积（cm^2）；

a——示功图纵坐标比例尺（Pa/cm）；

b——示功图横坐标比例尺（m^3/cm）。

（2）有效功与机械损失功

气缸内的工质对活塞做出的指示功在向外传递过程中，有一部分被发动机本身运动件的摩擦和附件（燃油泵、机油泵、风扇、发电机、水泵等）所消耗掉，不能被输出。这部分功叫机械损失功，以 W_m 表示。

有效功 W_e 是一个实际循环中曲轴输出的功量，即曲轴传给负载（或配套机组）的有用功。它是指示功扣除了机械损失功后的功量。所以

$$W_i = W_e + W_m \tag{4-2}$$

在实际生产与科研中，很少直接通过示功图测算指示功的值。对于四冲程自然吸气发动机，一般先由实验台架上的测功机测得有效功 W_e，再用其他方法测得机械损失功 W_m（见本章4.6节），即可得到指示功 W_i。但现有的测量机械损失的方法，所测得的机械损失功均将泵气损失包含在内，且无法将其扣除。所以，将泵气损失不得已而归入机械损失，不再在指示功中考虑，即式（4-1）中 $F_i = F_1$。

指示功和有效功均与循环中热功转换有效程度及气缸工作容积大小有关。循环中热功转换质量越高、发动机气缸工作容积越大，指示功、有效功越多，做功能力越强。机械损失越少，有效功越大。

2. 功率、转矩与速度

（1）指示功率与有效功率

功率是做功的速率，即单位时间做功的量。

发动机单位时间所做的指示功称为指示功率，以 P_i 表示。发动机单位时间所输出的有

效功称为有效功率，即曲轴对外（配套机械）输出的有用功率，以P_e表示。

指示功率扣除其输出传递过程中发动机内部自身消耗的功率（机械损失功率）后所剩余的功率就是曲轴输出的有效功率，即

$$P_i = P_e + P_m \tag{4-3}$$

式中　P_m——机械损失功率。

（2）转速与转矩

发动机曲轴每分钟的旋转次数为发动机转速，以 n 表示，单位为 r/min。转速表征着发动机做功频率的快慢。转速越快，单位时间内做功次数越多，则在发动机排量（或气缸尺寸）不变的情况下发出的功率越大。

发动机曲轴对外输出的转矩称为有效转矩，以T_{tq}表示，单位为 N · m。

从功率的物理概念出发，旋转的曲轴输出的功率等于其传递的转矩与角速度之积，所以

$$P_e = T_{tq}\frac{n}{60} \times 2\pi \times 10^{-3} = \frac{T_{tq}n}{9550} \tag{4-4}$$

在实验室里，转矩和转速可由测功器和转速仪直接测得，有效功率可由式（4-4）计算获得。

（3）活塞平均速度

对往复运动的活塞，功率的大小除了与作用在活塞顶上的压力有关外，还与其平均速度成正比。若活塞行程为S(m)，则活塞平均速度C_m(m/s)与转速n(r/min)的关系为

$$C_m = \frac{Sn}{30} \tag{4-5}$$

活塞平均速度C_m增大，则发动机热负荷、机械载荷和相对运动件的摩擦、磨损将加剧，影响到可靠性和寿命。所以，一般限定汽油机的活塞平均速度不超过 18m/s，柴油机不超过 13m/s。

为限制活塞平均速度C_m不超过极限值，又让发动机达到一定转速，设计者往往在行程S、气缸直径D和排量三参数之间寻找平衡点。适当降低行程缸径比S/D，则可在相同C_m下提高转速，并不减小排量。$S/D=1$ 的发动机，称为方型发动机；$S/D<1$ 的发动机，称为超方型发动机或短行程发动机；$S/D>1$ 的发动机，称为亚方型发动机或长行程发动机。

3. 平均压力

功和功率代表了发动机的绝对做功能力，它们与气缸工作容积等参数有关。为便于评价不同发动机的做功能力，引入平均压力的概念。

（1）平均指示压力

平均指示压力p_{mi}是指每循环单位气缸工作容积所做的指示功，又叫循环比功，即

$$p_{mi} = \frac{W_i}{V_s} \tag{4-6}$$

式中　W_i——循环指示功（kJ）；

V_s——单个气缸工作容积（L）。

所以，循环指示功为

$$W_i = p_{mi}V_s = p_{mi}\frac{\pi D^2}{4}S \times 10^{-6} \tag{4-7}$$

式中 D——气缸直径（mm）；

S——活塞行程（mm）。

平均指示压力并不是在气缸中实际存在的压力值，而是假想的一个大小不变的相对压力（活塞顶面与活塞背面压力之差）作用在活塞顶上，使其移动一个膨胀行程所做的功，恰好等于循环指示功，如图4-2所示。其意义就在于它排除了气缸尺寸、转速和结构类型或技术配置的影响，既便于比较不同排量、不同类型、不同转速发动机的做功能力，又表征着发动机气缸工作容积利用率之高低。p_{mi}越高的发动机，气缸工作容积利用率越高，循环做功能力越强。

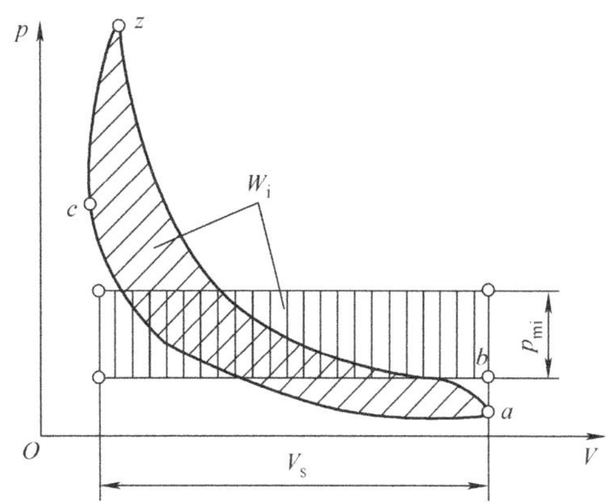

图4-2 平均指示压力与指示功关系

平均指示压力 p_{mi}与指示功率 P_i、转速 n 等参数之间的关系可通过式（4-8）来建立

$$\text{指示功率}=\text{循环指示功}\times\text{气缸数}\times\text{单位时间循环次数} \tag{4-8}$$

已知单缸工作容积为 V_s（L），气缸数为 i，循环冲程数为 τ（四冲程发动机 $\tau=4$，二冲程发动机 $\tau=2$）。若发动机转速 n 以 r/min 计，则 1s 内 1 个气缸完成的工作循环数等于 $\frac{n}{60}\Big/\frac{\tau}{2}$。当平均指示压力 p_{mi}以 MPa 计时，则指示功率为

$$P_i = W_i i \frac{n}{60}\ \frac{2}{\tau} = \frac{p_{mi}V_s i n}{30\tau} \tag{4-9}$$

标定工况下，不同发动机的平均指示压力值范围见表4-1。

表4-1 不同类型车用发动机性能指标值范围

发动机类型		主要性能指标						
		p_{mi}/MPa	η_{it}	b_i/[g/(kW·h)]	η_m	η_{et}	p_{me}/MPa	b_e/[g/(kW·h)]
四冲程汽油机	非增压	0.8~1.2	0.25~0.40	205~320	0.8~0.90	0.22~0.30	0.65~1.1	270~380
	增压	0.9~1.5				0.25~0.33	1.1~1.5	250~350
四冲程柴油机	非增压	0.75~1.1	0.41~0.50	175~220	0.75~0.85	0.30~0.40	0.6~1.0	210~285
	增压	0.9~3.0			0.8~0.92	0.35~0.45	1.0~1.8	195~240

（2）平均有效压力

单位气缸工作容积发出的有效功称为平均有效压力，以 p_{me}表示，单位为 MPa。平均有效压力也是一个假想的不变的压力，它作用在活塞顶上使其移动一个膨胀行程所做的功等于循环有效功 W_e

$$p_{me} = \frac{W_e}{V_s} \tag{4-10}$$

式中 W_e——循环有效功（kJ）。

标定工况下，不同发动机的平均有效压力值范围见表4-1。

平均有效压力与有效功率、转速之间的关系类似于式（4-9）给出的平均指示压力与指

示功率、转速之间的关系

$$P_e = \frac{p_{me} V_s i n}{30\tau} \quad (4\text{-}11)$$

(3) 平均机械损失压力

单位气缸工作容积所损失的功称为平均机械损失压力，以p_{mm}表示，单位为 MPa。

$$p_{mm} = \frac{W_m}{V_s} \quad (4\text{-}12)$$

式中　W_m——循环机械损失功（kJ）。

$$p_{mm} = p_{mi} - p_{me} \quad (4\text{-}13)$$

类似地，平均机械损失压力与机械损失功率、转速之间的关系为

$$P_m = \frac{p_{mm} V_s i n}{30\tau} \quad (4\text{-}14)$$

由式（4-9）与式（4-11）可见：转速增加、平均有效压力增大，均可使有效功率增大；排量越大、缸数越多，发出的功率越大。对排量、转速及其它参数相同的四冲程和二冲程发动机，理论上二冲程发动机的功率是四冲程发动机的 2 倍。

4.3　发动机工况

4.3.1　工况与工况参数

发动机工况就是其实际运行状况，简称工况。发动机的动力性能参数——转速、有效功率或有效转矩，可表示发动机所处的工况，称为工况参数。有效功率或转矩说明了发动机承受负荷的能力，转速则说明了其工作频率的快慢。式（4-4）表明，功率、转矩、转速三个参数中，两个确定的参数即可确定发动机的运行工况。常用发动机转速和输出功率或与功率成单值正比关系的参数表示其工况。

发动机带动配套机组运行时，其工况可能是稳定的，也可能是不稳定的。稳定工况下，发动机性能指标参数如转速、功率、转矩等在所分析的时间段内保持不变，即不随时间变化。反之，工况就是不稳定的，如起动、加减速等工况。

发动机带动的机组或机构通常被称为配套机组或机构（如与曲轴飞轮连接的汽车传动系统、行驶系统等），其施加给曲轴的阻力矩或消耗的功率称为发动机的负荷或负载。实际运行中，只有在发动机发出的功率或转矩与负载消耗的功率或施加于曲轴上的阻力矩相等的情况下才可能是稳定工况。若负荷增大，则需要发动机发出的功率增大，或发动机输出的功率越大，则能带动的负荷就越大。所以，发动机的负荷可用其输出功率 P_e表示，而表示负荷的参数则称为负荷参数，即功率或与功率成单值正比关系的参数称为负荷参数，如汽油机节气门开度、进气歧管压力、进气流量，柴油机循环油量及平均有效压力等。

注意：不要将功率和负荷的概念混淆。

对于给定的汽车来说，其发动机工况取决于道路条件、负载状况及行驶速度等。

4.3.2　怠速工况与标定工况

发动机有两个特殊的稳定工况，一个是怠速工况，另一个是标定工况。

（1）怠速工况

怠速工况即发动机空转工况。此时，有效功率 $P_e=0$，$P_i=P_m$，即发动机全部指示功率都用来克服其自身的机械损失。

传统上，怠速工况就是发动机能够稳定运转的最低转速工况。但现代发动机，为改善怠速排放，怠速转速都高于稳定运转的最低转速。

（2）标定工况

标定工况又称额定工况，是发动机厂商规定的最大功率，及对应的转速所确定的工况。标定工况下发出的功率和转速分别称为标定（或额定）功率和标定（或额定）转速。

注意：标定转速和标定功率并不是发动机所能达到的极限最高转速和最大功率，而是制造企业根据发动机用途、使用特点、寿命、可靠性及维修条件等，人为规定限制使用的最高转速下发出的最大功率。标定功率也可以理解为在一定工作条件（标准大气条件、标定转速、工作持续时间等）下生产厂商所担保的、发动机能够发出的最大有效功率。国家标准规定了四种标定功率。

1）15min 功率。允许发动机以最大（标定）功率连续运转 15min。适合于短时间使用最大功率的发动机，如汽车、摩托车、摩托艇等用途的发动机的功率标定。

2）1h 功率。允许发动机以最大（标定）功率连续运转 1h。适合于较长时间重载运行的发动机，如工程机械、拖拉机、船舶等用途的发动机标定功率。

3）12h 功率。允许发动机以最大（标定）功率连续运转 12h。适合于长时间重载运行的发动机，如拖拉机、农业排灌、内燃机车、内河船舶、发电等用途的发动机标定功率。

4）持续功率。允许发动机以最大（标定）功率长期连续运转。适合于长时间连续运行的发动机，如农业排灌、远洋船舶、发电等用途的发动机标定功率。

同一台发动机，用途不同时可以有不同的标定功率。标定功率下运转的时间越长，则标定功率应越小。对非持续功率标定的发动机，若按标定功率运行超过限定时间，将影响使用寿命和可靠性。

4.3.3 工况类型

由于发动机用途很广，不同的应用场合，其工况种类不同。

汽车发动机能在较大的转速、功率（或转矩）变化范围下可靠工作。在每一转速下，其有效功率或转矩可以从零（怠速）变化到能够发出的最大值。在以转速为横坐标，功率或转矩为纵坐标的坐标系中，发动机全部可能的工况点都在由最高和最低转速所对应的两条竖直线、横坐标轴及最大节气门/油门时功率（或转矩）随转速变化的曲线3（或不同转速下所能够输出的最大功率曲线）所限定的面积内，如图4-3所示。所以，汽车发动机工况在一个面内变化，称为面工况。

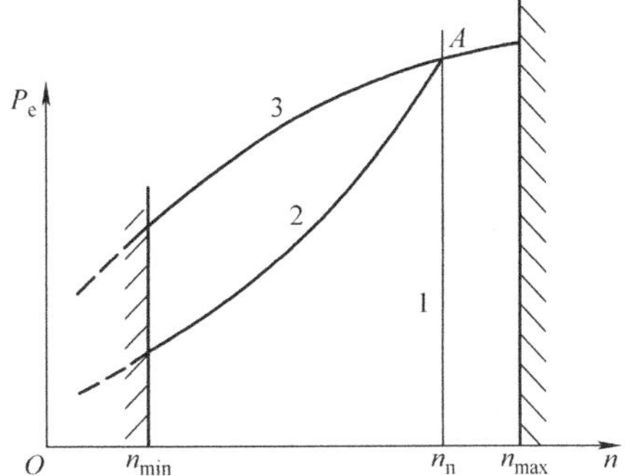

图4-3 发动机的各种工况

发电用发动机，要求无论外界负荷如何变化，发动机转速保持不变，以保证电压和频率都保持不变，称为恒速工况。在图4-3上它们表现为垂直线1。

灌溉用发动机，不仅转速不变，而且功率也因扬程不变而恒定，此为点工况，如图4-3中A点。

发动机作为船用主机时，其发出的功率必须符合螺旋桨吸收的功率与转速成三次方的关系，即$P_e \propto n^3$，此为螺旋桨工况，如图4-3中曲线2。

4.4 强化指标

为评价和比较发动机热负荷、机械负荷水平及气缸工作容积的利用度、结构紧凑性，引入与动力性能指标有关的强化指标。

1. 升功率

标定工况下，每升气缸工作容积所发出的有效功率，以P_L表示

$$P_L = \frac{P_e}{iV_s} = \frac{p_{me}n}{30\tau} \tag{4-15}$$

注意：式中有效功率P_e（kW）、平均有效压力p_{me}（MPa）和转速n（r/min）均是标定工况下的值。

可见，升功率是从发动机有效功率角度，评价气缸工作容积利用率的动力性能指标。升功率越大，气缸工作容积的利用率越高，发动机强化程度越高、结构越紧凑和轻巧，发出一定有效功率的发动机尺寸越小，或一定的气缸工作容积发出的有效功率越大。不断提高升功率是发动机，尤其是车用发动机重要发展方向之一。

式（4-15）表明，升功率取决于平均有效压力、转速和冲程数。提高p_{me}和n是获得更强化、更轻巧和更紧凑发动机的有效措施，也是一直以来所不断追求的。但转速n的提高受到机械载荷、摩擦磨损、组织燃烧的限制。

2. 比质量

发动机净质量m与标定功率之比称为比质量，以m_e表示，单位为kg/kW。

$$m_e = \frac{m}{P_e} \tag{4-16}$$

式中　m——不包括冷却液、机油、燃油的发动机质量（kg）。

发动机比质量表征着发动机质量利用程度。比质量越小，发动机质量利用率越高，强化程度越高，结构越紧凑和轻巧，发出一定有效功率的发动机质量越小。

3. 强化系数

强化系数是平均有效压力p_{me}与活塞平均速度C_m之积，以K_{pc}表示

$$K_{pc} = p_{me}C_m \tag{4-17}$$

活塞功率是指单位活塞面积上的标定功率，以P_{ep}表示

$$P_{ep} = P_e \Big/ \left(i\frac{\pi D^2}{4}\right) = p_{me}Sn/(30\tau) = p_{me}C_m/\tau \tag{4-18}$$

可见，强化系数K_{pc}本质上代表活塞功率，取决于平均有效压力和表征高速性的活塞平均速度，反映了发动机强化程度及热负荷与机械负荷的高低。强化系数越大，活塞功率越

大，发动机强化程度越高，热负荷与机械负荷就越大。

不同发动机强化指标值的范围见表4-2。

表4-2 不同发动机强化指标值范围

发动机类型		指标		
		P_L/(kW/L)	m_e/(kg/kW)	$P_{me}C_m$/(kW/dm^2)
四冲程汽油机	非增压	22～65	1.5～4.0	15～50
	增压	50～100		
四冲程柴油机	非增压	10～30	4.0～9.0	11～30
	增压	15～40	3.0～8.0	

4.5 经济性能指标

热效率与燃油消耗率是表征发动机经济性的指标。

1. 能量转换效率

（1）指示热效率

指示热效率是每循环指示功 W_i 与所消耗的燃料完全燃烧热量之比，以 η_{it} 表示

$$\eta_{it}=\frac{W_i}{g_b H_u} \tag{4-19}$$

式中 g_b——单缸每循环消耗燃料量（kg）；

H_u——燃料的低热值（kJ/kg）。

注意：指示热效率与循环热效率不同。循环热效率为循环指示功与实际燃烧放热量之比

$$\eta_t=\frac{W_i}{Q_1}=\frac{W_i}{g_b H_u \eta_c} \tag{4-20}$$

式中 η_t——循环热效率；

Q_1——单缸每循环实际燃烧放热量（kJ）；

$\eta_c=\dfrac{Q_1}{g_b H_u}$——燃烧效率，是燃料化学能通过燃烧转变成热能的百分比。

因此

$$\eta_{it}=\eta_c\eta_t \tag{4-21}$$

所以，指示效率考虑了与实际循环相关联的所有损失，不仅考虑了排气带走的热量（传给冷源的热量），而且还考虑了不完全燃烧、热分解、向气缸壁散热等损失，以及泵气损失（若未考虑到机械损失中去）等。

实际上，发动机正常燃烧时，汽油机 $\eta_c=0.95\sim0.98$，柴油机 $\eta_c\approx0.98$，燃料几乎完全燃烧。只有混合气偏浓或调节不当时，η_c才会降低。所以，可近似认为 $\eta_c=1$，即认为循环效率近似等于指示热效率。

（2）机械效率

机械损失使发动机输出的有效功（或有效功率）减小，减小的程度用机械效率 η_m来表征。发动机机械效率就是有效功（或有效功率）与指示功（或指示功率）之比，即指示功

（或有效功率）转为有效输出功（或功率）的比例

$$\eta_m = \frac{W_e}{W_i} = \frac{W_i - W_m}{W_i} = 1 - \frac{W_m}{W_i} = \frac{P_e}{P_i} = \frac{P_i - P_m}{P_i} = 1 - \frac{P_m}{P_i} \tag{4-22}$$

机械效率越高，表明机械损失越少，动力输出过程越完善。若不考虑机械损失，理论上可能输出的功率就等于指示功率。所以，机械效率可描述为实际输出有效功率或功与气缸内气体作用于活塞上的功率（即没有机械损失时可能输出的功率）或功之比。

（3）有效热效率

循环有效功 W_e与所消耗燃料完全燃烧的放热量之比称为有效热效率，以 η_{et}表示

$$\eta_{et} = \frac{W_e}{g_b H_u} \tag{4-23}$$

有效热效率计及了缸内循环损失和机械损失，是发动机中能量转换的总效率。显然

$$\eta_{et} = \eta_{it}\eta_m \tag{4-24}$$

2. 燃料消耗率

获得单位功所消耗的燃料量称为燃料消耗率，又称比燃料消耗或消耗燃料率。单位功通常以 1kW · h 计量。所以，燃料消耗率就是发动机在 1h 工作时间内发出 1kW 功率所消耗的燃料量，单位是 g/(kW · h)。

（1）指示燃料消耗率

指示燃料消耗率是指单位指示功的燃料消耗量，以 b_i表示。它等于发动机每小时耗油量 B（kg/h）与指示功率 P_i（kW）之比：

$$b_i = \frac{B}{P_i} \times 10^3 \tag{4-25}$$

（2）有效燃料消耗率

发动机输出单位有效功所消耗的燃料量称为有效燃油消耗率，以 b_e表示，它等于发动机每小时耗油量与有效功率之比

$$b_e = \frac{B}{P_e} \times 10^3 \tag{4-26}$$

由于动力输出过程中存在机械损失，使得有效燃料消耗率大于指示燃料消耗率。根据式(4-23)～式(4-26)，有

$$b_e = \frac{b_i}{\eta_m} \tag{4-27}$$

（3）燃料消耗率与热效率的关系

根据定义，将指示热效率表示成每小时的指示功与每小时消耗燃料的热值之比

$$\eta_{it} = \frac{3.6 \times 10^3 P_i}{BH_u} = \frac{3.6 \times 10^6}{\frac{B}{P_i}H_u} = \frac{3.6 \times 10^6}{b_i H_u}$$

于是

$$b_i = \frac{3.6 \times 10^6}{\eta_{it} H_u} \tag{4-28}$$

同理

$$b_e = \frac{3.6 \times 10^6}{\eta_{et} H_u} = \frac{3.6 \times 10^6}{\eta_{it} \eta_m H_u} \tag{4-29}$$

故热效率与燃料消耗率成反比。燃料消耗率越小，热效率越高，经济性越好。

标定工况下，不同发动机的热效率和燃料消耗率值范围见表4-1。

4.6 排放性能指标

发动机有害排放物是重要大气污染源之一，世界各国制定了严格的排放法规限制其排放，并促进了发动机技术的进步。

发动机的主要有害排放物是CO、HC、NO_x和颗粒物，通常，排放法规规定了以下几种指标对其进行测量与评价。

1. 浓度排放量

浓度排放量是指有害排放物在总排气量中所占的比例。对气态排放物，如CO、HC、NO_x等，用体积分数表示，一般表示为（%）或1×10^{-6}或1×10^{-9}，国外也常用ppm（百万分率）或ppb（十亿分率）来表示。对固态排放物，如柴油机颗粒物等，常用质量浓度表示，单位为mg/m^3或$\mu g/m^3$。

2. 比排放量

对轻型车，实际运行工况变化频繁，随机性强。排放法规指定整车在转鼓试验台按规定的循环工况运行，并测量其排放，换算为单位里程的排放量，称为整车比排放量，单位为g/km。

对重型车，发动机功率大、工况变化较平稳，规定在发动机台架上按规定的工况运转并进行排放测量，换算成单位功排放量，称为发动机比排放量，单位为g/(kW·h)。

3. 质量排放量

单位时间内排出的有害排放物的质量称为质量排放量，常以g/h表示。

4.7 发动机性能基本要素

4.7.1 性能指标数学表达式

发动机平均有效压力p_{me}、有效功率P_e、有效转矩T_{tq}等动力性能指标参数及有效燃料消耗率b_e等经济性能指标参数，与许多因素或工作循环参数相关。为了便于分析性能影响因素，寻求提高性能的有效途径，需要建立性能指标参数的数学表达式，以清晰地阐明性能指标与这些工作循环参数之间的相互关系。

经济性能指标的有效燃料消耗率的数学表达式即式（4-29）。

对动力性能指标进行如下变换

$$p_{me} = \frac{W_e}{V_s} = \frac{\eta_{et} g_b H_u}{V_s} = \frac{\eta_c \eta_t \eta_m g_b H_u}{V_s} = \frac{H_u}{V_s} \eta_{it} \eta_m g_b \tag{4-30}$$

$$P_e = \frac{p_{me} V_s i n}{30\tau} = \frac{in}{30\tau} \eta_{it} \eta_m g_b H_u \tag{4-31}$$

$$T_{tq} = 9550 \frac{P_e}{n} = 318.3 \frac{i}{\tau} H_u \eta_{it} \eta_m g_b \tag{4-32}$$

因为

$$\frac{A}{F}(\text{空燃比})=\frac{\text{循环充入空气量}}{\text{循环燃料量}}=\frac{\phi_c V_s \rho_s}{g_b}=\phi_\alpha L_0$$

ρ_s(kg/m^3)为进气管状态或大气状态下空气密度。根据理想气体状态方程 $p_s=\rho_s R_s T_s$，则上述三式可变换为

$$p_{me}=\frac{H_u}{\phi_\alpha L_0}\rho_s\eta_{it}\eta_m\phi_c=\frac{H_u}{\phi_\alpha L_0}\frac{p_s}{R_s T_s}\eta_{it}\eta_m\phi_c \tag{4-33}$$

$$P_e=\frac{in}{30\tau}\frac{H_u}{\phi_\alpha L_0}V_s\rho_s\eta_{it}\eta_m\phi_c=\frac{in}{30\tau}\frac{H_u}{\phi_\alpha L_0}\frac{p_s V_s}{R_s T_s}\eta_{it}\eta_m\phi_c \tag{4-34}$$

$$T_{tq}=9550\frac{P_e}{n}=318.3\frac{i}{\tau}\frac{H_u}{\phi_\alpha L_0}\rho_s V_s\eta_{it}\eta_m\phi_c=318.3\frac{i}{\tau}\frac{H_u}{\phi_\alpha L_0}\frac{p_s V_s}{R_s T_s}\eta_{it}\eta_m\phi_c \tag{4-35}$$

式（4-29）~式(4-35）适合于任何发动机。只不过对柴油机，输出功率的改变是通过直接调节循环油量来实现的，其循环燃料消耗量 g_b是可直接测得的量，式（4-30）~式（4-32）更直观、方便。

4.7.2 发动机性能的基本要素简析

综合分析表达式（4-29）~式（4-35）可以发现，发动机的性能主要取决于下列因素。

1）H_u/L_0，表示理论混合气的低燃烧热，可以理解为燃料或混合气的能量密度，与动力性能指标成正比。燃料低热值 H_u越大、理论空气量 L_0越少，则能量密度越高，动力性能指标越高，同时燃料消耗率越低。H_u/L_0与燃料组成有关，是代用燃料应用研究必须考虑的因素。对液体燃料而言，它变化很少。

2）指示热效率 η_{it}和机械效率 η_m乘积，与动力性能指标成正比，与燃料消耗率成反比。η_{it}体现了燃烧不完全、循环各种热损失的影响，代表着气缸内工作过程的质量，即燃烧时燃料热能利用的完善程度。主要与压缩比、换气过程、混合气形成与燃烧过程，以及其他诸多因素有关。η_m表征动力输出过程的完善程度。

3）$\phi_c\rho_s$，即充气效率和进气密度的乘积，代表每循环单位气缸工作容积中新鲜充量的数量，与动力性能指标成正比。进气密度 ρ_s反映的是进气压力 p_s和进气温度的影响，主要受增压技术等的影响。充气效率 ϕ_c表征着换气质量的好坏，不仅直接影响动力输出，而且影响燃烧过程，进而影响到指示热效率和有害物质的排放。

4）过量空气系数 ϕ_α，影响燃烧速度、完善度和燃烧温度，进而影响动力性、经济性（指示效率）和排放性等。

过量空气系数与动力性能指标成反比。在能够完全燃烧的情况下，过量空气系数 ϕ_α越小，表明空气利用率越高，实际混合气的低热值或能量密度 $H_u/(\phi_\alpha L_0)$和燃烧温度越高，动力性能指标越高。而混合气形成的质量，决定了完全燃烧所需的最小 ϕ_α值。燃油与空气混合得越完善，完全燃烧所需的 ϕ_α值就越小。

过量空气系数存在某一值，在增大至此值前，指示热效率随 ϕ_α的增大而增大，超过此值，进一步增大 ϕ_α，指示热效率则下降。对均质混合气燃烧的汽油机，ϕ_α在较小范围内变化，最大指示热效率的 ϕ_α在 1.1 附近。在柴油机中，由于混合气具有很大的不均匀度，只有在比汽油机大得多的 ϕ_α下才能达到同样的燃烧完全度和燃烧速度，所以，柴油机在较大的范围内，指示热效率随 ϕ_α的增大而增大，甚至可以高达 2.8 以上。

所以，过量空气系数对性能的影响归结到对指示效率和能量密度的影响。

5）发动机转速 n，与输出功率成正比。

6）iV_s，即发动机的排量，与输出功率和转矩成正比。

7）τ，发动机冲程数，与功率、转矩成反比。

上述影响循环中能量利用效果的因素可归结于两类：其一是可利用的能量数量（循环输入的总能量）因素，即循环燃料或混合气数量及其燃烧热等，包括上述因素中的1）、3）、6)；其二是能量转换品质方面的因素，即能量转换效率，包括上述因素中的2）和4）。因素5）和7）则是速度和结构的因素。

如果排除速度和结构的影响，则影响能量利用效果的因素主要是充气效率、指示热效率和机械效率。它们分别反映了能量加入气缸、气缸内热功转换、能量输出三个环节的完善程度，决定着整个速度和载荷范围内发动机的动力性、经济性、可靠性和排放性。所以，充气效率 ϕ_c、指示热效率 η_{it} 和机械效率 η_m 是影响发动机性能的三个基本要素。改善换气质量、提高充气效率、增加气缸充量，改善混合气形成、保证燃烧完全、减少热损失、提高指示热效率，降低机械损失、提高机械效率，都是改进发动机工作过程所努力追求的目标，也是本书后续章节的主要内容。

【思考题与练习题】

1. 发动机主要有哪些有效动力性能指标和经济性能指标？
2. 何为指示动力性能指标、经济性能指标？分别与有效指标有何区别？
3. 何为平均有效压力？为何引入平均有效压力？
4. 曲轴输出的有效功率、转矩、转速之间有何关系？说明之。
5. 何为工况？怠速工况有何特点？
6. 何为标定工况？标定工况转速和功率是发动机的最高转速和最大功率吗？
7. 何为发动机负载（或负荷）？与有效功率有何关系？
8. 车用发动机工况有何特点？
9. 何为升功率？有何意义？
10. 哪些指标参数可以说明发动机的结构紧凑性和强化程度？比较讨论柴油机和汽油机的这些参数。
11. 机械损失有哪几项？
12. 何谓有效燃油消耗率？如何表示？
13. 何为有效热效率？它考虑了缸内循环损失和机械损失了吗？
14. 为什么充气效率、指示热效率、机械效率是发动机性能的三要素？
15. 已知：一台6缸4冲程发动机，气缸直径 $D=100\text{mm}$，行程 $S=115\text{mm}$，在转速 $n=3000\text{r/min}$、有效功率 $P_e=100\text{kW}$ 时，每小时耗油量 $G_T=37\text{kg/h}$，机械效率 $\eta_m=0.83$，燃油低热值 $h_u=44100\text{kJ/kg}$。求：平均有效压力 p_{me}，有效转矩 T_{tq}，有效燃料消耗率 b_e，有效热效率 η_{et}，升功率 P_l，机械损失功率 P_m，平均机械损失压力 p_{mm}，指示功率 P_i，平均指示压力 p_{mi}，指示燃料消耗率 b_i，指示热效率 η_i。

第 5 章　发动机能量平衡及热损失

发动机能量平衡分析的目的就在于：评价热利用的完善度、热损失及减少热损失的可能性、损失能量再利用的有效性，发现改善发动机热利用率的途径。

5.1　发动机能量平衡

发动机消耗的燃料完全燃烧时放出的热量，只有一部分转换为有用功，其余的热量或随冷却液、废气等被排出而损失掉，或用于克服机械损失。有效利用的热量和各项损失的热量之和，应与所消耗燃料之总热量相等。各项热量占所消耗燃料之总热量的比例，或燃料总热量对有效功和各项损失的分配情况被称为发动机的能量平衡，也称热平衡。

燃料总热量主要有四个流向，即有效动力输出能量、冷却介质散失的热量、排气带出的热量及其他损失热量。其他损失热量中包括摩擦、驱动附件、不完全燃烧损失、工质泄漏损失、发动机外表面传热和辐射散失热量及其他未计及的热损失等。

注意：摩擦损失转变为热量由冷却系统、润滑系统带走或从发动机表面散出。

能量平衡中各项热量所占的比例，随发动机类型、工况（速度、负荷）、强化程度的变化而有所不同。为更直观起见，将能量平衡中的各项热量的分配和转移情况用热流图表示，如图 5-1、图 5-2 所示。

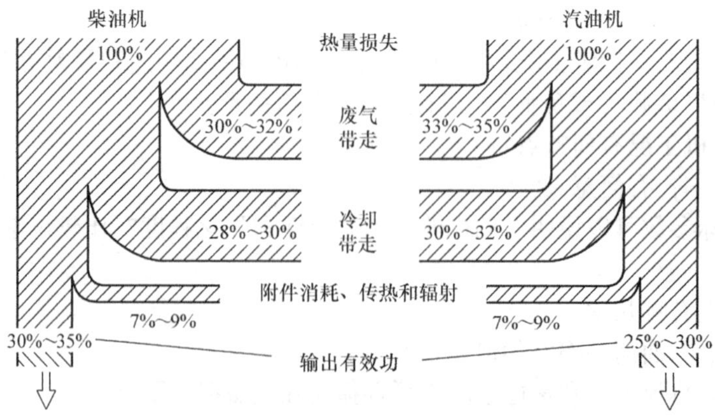

图 5-1　非增压柴油机和汽油机热量流向图

总体上，非增压发动机燃料总热量中，约有 1/3 转化为有效功输出，柴油机比汽油机略高；1/3 由排气带走，汽油机比柴油机略高；1/3 为冷却系统带走；其余小于 10% 为驱动附件和机体向外散热的损失。

结合 4.5 节所述，有效热效率 = 指示热效率 × 机械效率。因此，为提高有效热效率，必须在提高指示效率的同时，减少冷却散热损失、排气损失、机械损失，或对它们进行再利用，并提高机械效率。这是本章及后续各章将要解决的主要问题。

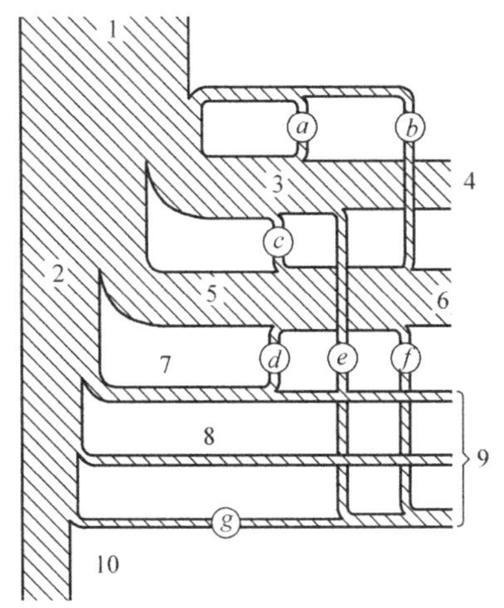

1—燃料总热量	10—有效功热量
2—指示功热量	a—回收残余废气和排气中的热量
3—废气能量	b—气缸壁传给进气的热量
4—废气带走的热量	c—排气传给冷却液的热量
5—传给气缸壁的热量	d—摩擦热中传给冷却液的部分
6—冷却液带走热量	e—排气系统向机外散失热量
7—摩擦及泵气损失	f—冷却系统向机外散失热量
8—驱动附件损失	g—发动机表面和其他不冷却零部件向机外散失热量
9—向机外散失热量及其他损失	

图5-2　非增压发动机热流图

5.2　机械损失与机械效率

第4章已经指出，气缸内的工质对活塞做出的功在向外传递中，有一部分是被发动机本身所消耗掉的，不能被输出，这部分被消耗掉的功称为机械损失功或功率。机械效率反映了动力输出过程中能量损耗的程度，是决定发动机性能的三要素之一。其表达式见式（4-22）。不同类型的内燃机在标定工况下机械效率的大致范围见表4-1。

5.2.1　机械损失的组成

机械损失由摩擦损失、驱动附件损失和泵气损失三部分组成。

1. 摩擦损失

摩擦损失包括发动机各相对运动件之间、运动件与流体之间的摩擦损失，在机械损失中所占的比例最大，达60%～80%。

摩擦损失主要来自活塞组件及其与气缸壁的摩擦、各类轴承中（如曲轴主轴承、凸轮轴轴承、连杆轴承等）的摩擦、配气机构中的摩擦等。其中活塞环与气缸壁的摩擦损失所占份额最大，约占整个摩擦损失的2/3以上。

另一部分摩擦损失来自运动件与流体间的摩擦，如飞轮与空气、曲轴与曲轴箱内燃气的摩擦损失、曲轴和连杆大头搅动机油损失等，但这部分损失所占比例很小。

由于柴油机压缩比大，气缸内最高压力较高，运动件质量及惯性力较大，大多工况下其运动件的摩擦损失所占比例大于汽油机。但汽油机转速高，惯性载荷大，在高速工况下其运动件摩擦损失所占比例则大于柴油机。

摩擦损失的能量不仅减少了有用功，还转化成热量增加了零部件的热负荷，所以应尽量减少这些损失。

2. 驱动附件损失

驱动附件损失是指发动机运转时，驱动水泵、风扇、机油泵、燃油泵、调速器、点火装置、发电机、空气压缩机等所消耗的功。附件消耗功主要随转速及润滑油黏度上升而加大，与负荷关系不大。随着柴油机喷射压力的不断提高，其供油系统的功率消耗也随之增加。另外，汽车空调机、动力转向泵及控制排放的辅助空气泵等装置，也加大了附件消耗。

驱动附件损失约占整个机械损失的 10% ~20%。柴油机因有高压油泵，其附件损失所占比例大于汽油机。

机械增压的发动机，机械增压器消耗功率，也属于驱动附件损失，一般不超过 6% ~10%。

3. 泵气损失

泵气损失是在进、排气两个行程中，由于工质流动时节流和摩擦等因素造成的能量损失（详见 6.3 节与 6.4 节），占机械损失的比例在 10% ~20%。

汽油机由于进气总管中节气门的存在，大多数工况下其泵气损失较柴油机大。增压发动机泵气功为正值，使机械损失减少。

综上所述，自然吸气柴油机摩擦损失和附件损失所占比例较汽油的大，决定了其机械效率比自然吸气汽油机略低；废气涡轮增压发动机与相同排量的非增压机型相比，其指示功率大幅度上升，而机械损失功上升幅度不会太大，因而其机械效率要比非增压发动机高。对于机械增压发动机，虽然指示功也大幅度上升，但机械增压器的驱动功率要计入附件损失中，其机械效率的变化要具体分析。

不同类型发动机在不同工况下各部分机械损失所占比例有较大差别，标定工况下机械损失的分配情况见表 5-1。

表 5-1　机械损失分配情况

<table>
<tr><th colspan="2">机械损失名称</th><th colspan="2">占总机械损失份额（%）</th><th>占总（指示）功率份额（%）</th></tr>
<tr><td rowspan="3">摩擦损失</td><td>活塞组件</td><td>45 ~65</td><td rowspan="3">60 ~80</td><td rowspan="3">8 ~20</td></tr>
<tr><td>运动机构轴承</td><td>15 ~20</td></tr>
<tr><td>配气机构</td><td>2 ~3</td></tr>
<tr><td rowspan="5">驱动附件损失</td><td>水泵</td><td>2 ~3</td><td rowspan="4">10 ~20</td><td rowspan="5">1 ~5</td></tr>
<tr><td>风扇</td><td>6 ~8</td></tr>
<tr><td>机油泵</td><td>1 ~2</td></tr>
<tr><td>电气设备</td><td>1 ~2</td></tr>
<tr><td>机械增压器</td><td colspan="2">6 ~10</td></tr>
<tr><td colspan="2">泵气损失</td><td colspan="2">10 ~20</td><td>2 ~4</td></tr>
<tr><td colspan="2">总功率损失</td><td colspan="2"></td><td>10 ~30</td></tr>
</table>

5.2.2　机械损失及机械效率的影响因素

摩擦损失和驱动附件损失的直接影响因素，主要是运动件摩擦表面的比压、相对速度、材料、润滑油质量与黏度、附件效率、技术状况等，其他运转因素、环境因素等均通过引发上述因素的变化间接施加影响。凡是能导致摩擦面比压（如气缸内最高压力增大）增大、摩擦表面速度加快、摩擦面积增大、润滑及技术状况恶化的因素，均使摩擦损失和驱动附件损失增加。

泵气损失主要与进排气系统、发动机类型、进排气流速等有关，凡是增大进排气阻力的因素均使泵气损失增大（详见6.4节）。

1. 润滑状况

摩擦损失占总机械损失的大部分，改善相对运动零件表面上的润滑状况，减少摩擦损失是提高机械效率和功率输出的重要途径。润滑油（也称机油）的黏度、温度和品质是影响润滑状况的重要因素。

黏度适当的机油，具有良好的流动性和承载能力，易于形成润滑油膜，使摩擦损失最小。黏度过大，内摩擦力大，流动性差，虽然承载能力增强，但机械摩擦损失增多；黏度过小，虽然流动性好，但承载能力弱，不易形成润滑油膜，运动副易处于半干摩擦状态，摩擦、磨损反而增大，甚至引发更大的故障。

发动机运行工况及环境温度对机油黏度、品质及机械损失的变化有较大影响。图 5-3 为机械损失功率与机油温度的关系曲线。机油黏度随温度的变化特性称为黏温特性。机油黏度随温度变化越小，黏温特性越好。使发动机尽快达到和保持正常的冷却液温度和机油温度，对保持机油合适的黏度、良好的润滑状态非常重要。发动机正常的冷却液温度一般以80～95℃为宜，正常的机油温度则在85～110℃范围内为宜，高品质机油可允许在更高的温度下工作。

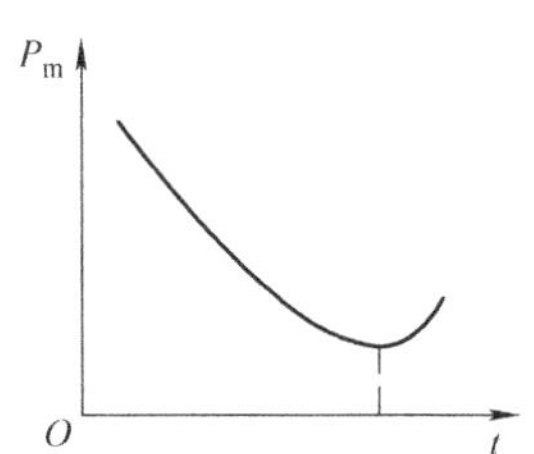

图 5-3 机械损失功率与机油温度的关系曲线

发动机在冷起动和低温工况下工作时，将由于下列原因导致润滑状况恶化、摩擦损失加大，机械效率降低，并加剧零件表面磨损，影响寿命。

① 冷却液温度低，机油黏度较大。

② 低温下加浓供给，不易蒸发的燃油形成小滴集结，顺着气缸壁进入油底壳，破坏气缸壁油膜并稀释油底壳内的机油。

③ 窜入曲轴箱的燃气中的水蒸气，在冷的零件表面凝结成水进入机油中，在曲轴搅拌下加速油泥（黏稠的黑色胶状物）形成，加之燃油的稀释，使机油性能下降。

油泥还会阻塞润滑油路，造成零件的早期磨损。冷天频繁起动或走走停停的行驶工况最易形成油泥。起动后做较长距离的行驶时，则很少形成油泥，因为水只在发动机冷态时存留在曲轴箱内，当发动机达到正常工作温度后将蒸发掉。

发动机长期大负荷或在过热状态下工作时，也会导致机械损失增大、机械效率降低，零件表面磨损加剧。因为机油温度的升高，加之窜入曲轴箱的高温燃气及其中的酸性物质和水加速了机油的氧化、变质及其对机件的腐蚀。

机油选用的原则是：在保证各种环境和工况能可靠润滑的前提下，尽量选用黏度较小的机油，以减少摩擦损失，改善起动性。长期在高温环境下工作、或机械载荷较大的、或低转速运行的、或磨损严重的旧发动机，宜选用黏度较大的机油；新发动机、长期在低温下工作的发动机宜选用黏度较小的机油。

2. 转速 n 或活塞平均速度 C_m

负荷不变时，随转速 n 或活塞平均速度 C_m 的上升，机械损失增加，机械效率下降。这主要是因为转速升高时，各运动摩擦副的相对速度加快，摩擦阻力及损失增加；曲柄连杆机构等运动件的惯性力增大，活塞侧压力及轴承负荷增大，摩擦阻力及损失增加；进、排气阻力增加，泵气损失加大；驱动附件消耗功及附件摩擦阻力增加。

图 5-4 所示为某柴油机机械效率随转速的变化曲线，其中实线表示全负荷工况，虚线是 30% 负荷工况。随转速的升高，机械效率下降较快，这是以提高转速强化发动机输出功率的主要障碍之一。

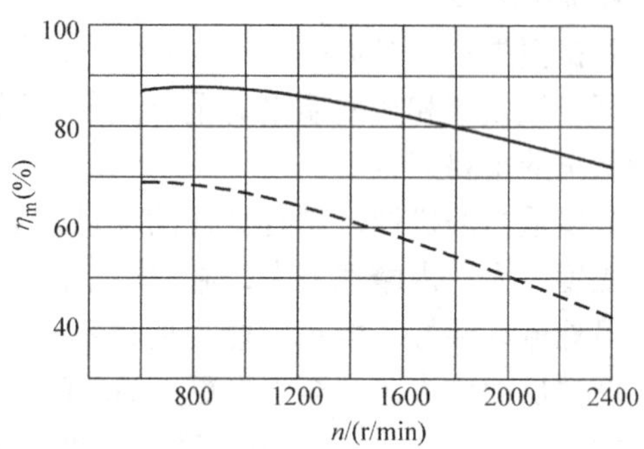

图 5-4　某柴油机机械效率随发动机转速的变化曲线

3. 负荷

根据机械效率的定义，$\eta_m=1-(P_m/P_i)=1-[P_m/(P_e+P_m)]$。在负荷改变时，柴油机是通过改变喷入气缸内的燃油量来实现功率输出调节的，汽油机则是通过改变节气门开度、改变进入气缸内的充气量来调节功率输出的。若转速维持不变，柴油机中泵气损失、驱动附件损耗不变，而气缸内最高压力随负荷变化不大，摩擦损失也变化很小。所以，柴油机机械损失基本不随负荷而变化；汽油机则由于节气门开度的变化，泵气损失有变化，机械损失也有改变。尤其在负荷减小时，由于节气门开度小，泵气损失增加较明显，这也是部分负荷时汽油机经济性更差的主要原因之一。

不论是柴油机中机械损失随负荷几乎不变，还是汽油机中机械损失随负荷而变化，相同的是负荷减小必然减少供油量，指示功率、有效功率减小，机械效率总是降低的。图 5-4 中 30% 负荷时（虚线）的机械效率较全负荷时下降得较多。

当发动机怠速运转时，有效功率为零，机械效率等于零，气缸内的气体对活塞做的指示功全部消耗于克服机械损失。所以，应尽可能避免发动机长时间在小负荷下运行，尤其要避免高速小负荷下运行，这对在城市中行驶的汽车是一个重要问题。

4. 增压

废气涡轮增压发动机与非增压发动机相比，指示功率 P_i、有效功率 P_e 随增压度增加成正比增大，且高于气缸内最高压力的增加幅度，加之部分废气能量得到利用，泵气功为正值，机械损失增加相对较小，机械效率比非增压机型高。较低增压比的机械增压发动机，虽然增压器耗功使机械损失略有增加，同样因有效功率 P_e 增加较多，机械效率也比非增压机型高。

5. 结构尺寸

若转速和气缸内最大压力 P_{zmax} 不变，气缸尺寸和活塞组件改变时，气缸摩擦表面积、活塞平均速度、气缸工作容积将随之改变，并影响摩擦损失功率、指示功率和机械效率。

1）气缸直径加大或活塞行程加长，气缸工作容积和摩擦面积均增大，使指示功率和摩擦损失功率也增加，但指示功率增加的幅度大于机械损失功率的增加幅度，机械效率相对提高。但加大气缸直径使摩擦表面积（πDS）与气缸工作容积（$\pi D^2S/4$）比相对减小，机械效率提高的效果相对更佳。

对于汽油机，由于其转速较高，大的气缸尺寸（直径）会带来惯性载荷和摩擦损失的增加，影响其可靠性、寿命和机械效率。

2）若维持气缸工作容积不变，采用短行程、大缸径时，既可减少摩擦表面积与气缸工作容积之比，又可减小活塞平均速度及其惯性载荷，有利于降低摩擦损失、提高机械效率。同时，也有利于增大气门直径，减少气门处流动阻力，改善换气过程（详见6.5节）。高速发动机采用短行程的主要原因就在于此。

3）活塞高度减小、活塞环数目减少、活塞环高度减小，运动件轻量化，同时减少摩擦面积和惯性力，减少摩擦损失。高速发动机，如赛车用发动机采用较薄的一道气环、一道油环，即是此目的，可以保证高的有效功率输出。

6. 技术状况

使用过程中，零部件的磨损、受力或受热变形、甚至损伤，使相对运动的零件偏离了初始较理想的配合状态，导致受力、受热进一步恶化，摩擦、磨损、变形逐渐加剧，使机械效率降低。

发动机冷却系统与润滑系统工作状况对机械损失影响很大。冷却系统工作不佳，引发的发动机过冷或过热都使摩擦、磨损加剧，机械效率下降。机油中的任何杂质或沉积物，都会使摩擦、磨损加剧。机油老化、稀释，形成油泥、过于黏稠等，都使油性降低，润滑系统某一个或几个零部件工作不良引起的油压不足等，均导致润滑条件恶化，加剧摩擦、磨损。

另外，气缸壁、轴颈、轴承等摩擦表面加工精度、微观结构对机械损失影响较大。较高的表面加工精度、有利于储存机油或形成润滑油膜的表面结构，均有利于减少摩擦、磨损，提高机械效率。

综合上述影响因素的分析，将提高机械效率的措施归纳入图5-5中。关于减少排气能量损失或排气能量利用、减少散热损失、提高指示热效率的其他技术，将在第10章中讨论。

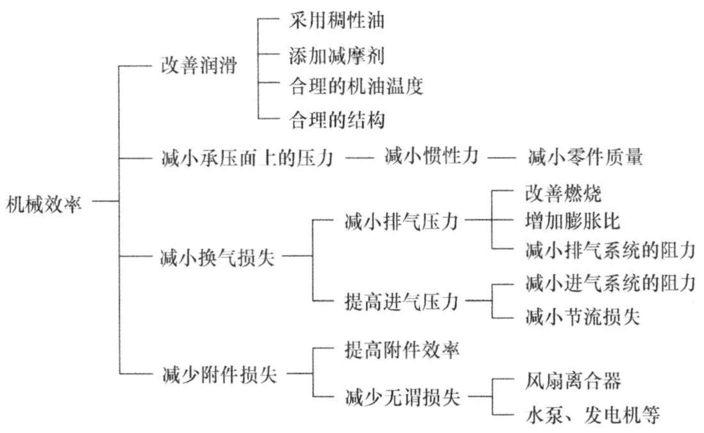

图5-5　提高机械效率的措施

5.2.3　机械损失的测量

机械损失的测量方法主要有倒拖法、灭缸法、示功图法和油耗线法。其中，最常用的方法是倒拖法、灭缸法和油耗线法。这些方法也只能近似地测出机械损失，且均具有局限性和不足。

1. 倒拖法

在电力测功机试验台上，先使被测发动机按测试工况运行。待冷却液温度、机油温度等指标都达到正常值后，先测得有效功率 P_e，求出平均有效压力 p_{me}；然后迅速断油（柴油机）或切断点火（汽油机），并立即将电力测功机转为电动机运行，以相同转速拖动发动机空转，并维持之前的冷却液温度、机油温度不变。这时电力测功机测得的倒拖功率，即为给定工况下的机械损失功率 P_m，求出平均机械损失压力 p_{mm}，进而求出平均指示压力 $p_{mi}=p_{me}+p_{mm}$。

在具有电力测功机的条件下，倒拖法是测得机械损失最迅速和简便的方法。但这种测量方法具有不可避免的误差，主要是倒拖测量时气缸内的压力、温度与实际工作时不符所致。

1）倒拖测量时发动机不着火燃烧，气缸内压力、温度均低于正常燃烧时的值，加之活塞和缸套的间隙因温度低而加大，使机械摩擦损失减小。

2）由于气缸内温度低，密度加大，气体自排气门流出速度慢，使排气管内压力升高，泵气损失增加。

3）压缩、膨胀过程中，由于存在不可逆损耗和工质向周边的传热，导致压缩过程线高于膨胀过程线，出现负功面积，也增加了一部分损失。

综合上述三方面的影响，倒拖法测得的机械损失功率比实际的高，且压缩比越大，这一偏差越大。对低压缩比的汽油机，倒拖时泵气损失的增加与摩擦损失的减小基本相当，机械损失测定值的误差约为5%；对小型、高压缩比的柴油机，倒拖法测定机械损失值的误差可达15%~20%。为此，必须对所测得的结果进行修正，即从实测值中减去相应的值；对大中型柴油机，由于所需的大转矩电力测功机价格昂贵，拖动电流大，不经济，很少采用此法。所以，倒拖法仅在测定汽油机机械损失时得到广泛使用。

2. 灭缸法

灭缸法只适用于多缸发动机。设气缸数为 i。当多缸发动机在测功器试验台上按给定工况运转稳定后，先测出其有效功率为 P_e。然后在不改变节气门/油门的情况下，使某一气缸停止工作（汽油机停止向该缸火花塞供电或柴油机停止向该缸喷油），并迅速调整测功机负荷使其转速恢复到原来的转速，再测定发动机灭掉1个气缸后的有效功率 P_{e1}。若近似认为灭缸后其他各缸工作情况和总机械损失功率 P_m 没有改变，则被灭缸原来发出的指示功率 P_{i1} 为：$P_{i1}=P_e-P_{e1}$。照此方法，依次测定所有各缸灭火后的有效功率 P_{e2}、P_{e3}、…、P_{ei}，从而求得整机指示功率，进而求得机械损失

$$P_i=\sum_{j=1}^{i}P_{ej}=iP_e-\sum_{j=1}^{i}P_{ej} \tag{5-1}$$

$$P_m=P_i-P_e=(i-1)P_e-\sum_{j=1}^{i}P_{ej} \tag{5-2}$$

倒拖法是灭掉所有气缸，由电动机拖动。灭缸法则不需任何额外测试设备和电动机的倒拖，而是由其他气缸的动力来拖动被灭的那一气缸，更简便易行。虽然灭缸法也存在倒拖法中的误差原因，但灭缸法的整机状态更接近于实际运行状态，测量精度相对较高。对柴油机，灭缸法测量机械损失的误差能控制在5%左右；但多缸汽油机，灭一缸对进气系统压力波动影响较大，且使各缸进气的分配均匀性恶化，导致测量误差较大。所以，汽油机不适宜采用灭缸法测量机械损失。

废气涡轮增压发动机无法使用倒拖法和灭缸法，因为它们破坏了增压系统的正常工作。

3. 油耗线法

这种方法是保持发动机转速不变，逐渐改变负荷，测出每小时耗油量随负荷（有效平均压力 p_{me} 或有效功率 P_e）的变化曲线（为负荷特性曲线，详见第9章），如图5-6所示。此曲线在接近空载的低负荷区近似直线，将此线外延到与横坐标相交，这一交点至坐标原点的长度，即近似代表所求的机械损失平均压力或机械损失功率。

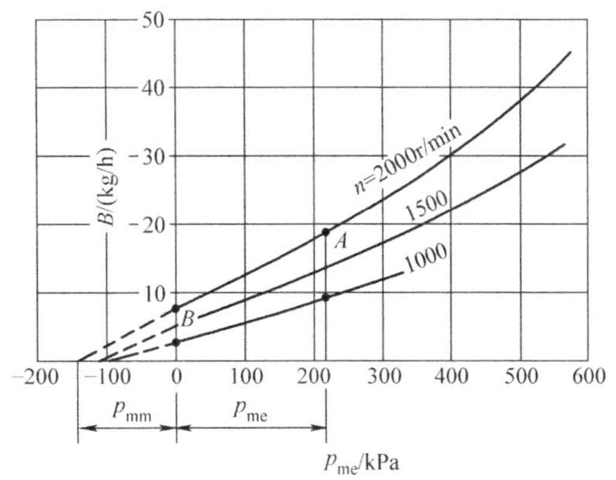

图5-6　油耗线法测定机械损失

油耗线法的基础是，假设机械损失和指示热效率都不随负荷而变化，只随转速变化。显然这一假设对量调节的汽油机不合理，对柴油机较合理。所以，此法仅适用于柴油机，包括增压柴油机。

5.3　发动机中的传热损失

发动机能量平衡分析表明，燃料燃烧产生的能量中，以热的形式直接散失到大气中的主要是冷却损失和排气损失。另有机械摩擦损失的一部分由机油和冷却液带出，还有少部分由发动机机体表面和较热的零部件表面散失到大气中。在此主要讨论冷却散热损失。排气损失及其回收利用的问题将在第10章讨论。

5.3.1　气缸中的换热

发动机工作循环中，气缸内工质的温度、压力、流动速度、成分、质量和物理化学状态随着活塞的运动而变化，并在气缸体积及表面积很大的变化范围内，与气缸壁及冷却介质进行着热交换。这些变化着的参数或状态决定了工质与气缸壁间的换热方式、热流方向及强度。

进气过程中，气缸内工质的成分基本不变，其数量及流动速度随气缸容积的变化在很宽范围内变化。传热主要以对流和导热方式进行，热量由气缸壁传向工质。由于进气过程中工质与气缸壁的温差不大，且工质密度很低，工质所获得的热量不大，只占一个循环内传给冷却系统总热量的1%~2%。

压缩过程初期热由气缸壁流向工质，之后随着温度的升高，热流变成相反的方向。压缩过程中工质的数量和成分大体上不变，而压力、温度和速度则不断变化。压缩末期工质传向气缸壁的热量略大于压缩初期工质由气缸壁获得的热量。所以，整个压缩过程中散失的热量不大。柴油机中压缩期间工质传出的热量只占一个循环中散失总热量的5%~8%，汽油机中只占1%~2%。压缩期间，传热仍然主要以对流和导热方式进行，辐射传出的热量非常小。

燃烧期间，工质扰动速度、温度、密度的增加，以及火焰的出现，使对流换热速度、辐射换热强度会显著增大。柴油机在明显燃烧阶段传出的热量占到一个循环中所传出热量的25%~35%，汽油机中则占18%~24%。

在膨胀过程中，工质压力、温度、火焰辐射强度迅速降低，但由于换热面积不断增大，大量的热由工质传给气缸壁面，大约占一个循环中传给气缸壁总热量的25%。

在整个燃烧膨胀行程期间传向燃烧室壁的热量，在柴油机中占一个循环传出总热量的80%~90%，在汽油机中占65%~70%。

排气行程初期工质的压力、温度和数量急剧下降，随后温度和压力的变化减慢。此阶段工质传给气缸壁的热量主要依靠对流换热，辐射换热的份额不大。柴油机排气过程中传给气缸壁的热量占一个循环传出总热量的5%~15%，在汽油机中占20%~30%。

5.3.2 传热损失的影响因素

显然，气缸内工质的温度、气缸壁温度、冷却液温度、散热面积及工质相对于气缸壁的流动速度等，是影响传热损失的直接因素。它们受发动机运转因素和结构因素的影响，如气缸尺寸、燃烧室结构形式、冷却方式、增压程度、燃烧情况和运行工况等。

1. 冷却散热条件

气缸壁面温度是决定散热损失的直接因素。因燃烧膨胀行程期间的散热损失占一个循环损失的绝对主导地位，单从热交换的角度，凡是提高气缸壁面温度的因素，均使气缸内工质与缸壁的温差缩小，减小换热强度，使散热损失减少。气缸壁面温度的高低则主要与三个方面的因素有关：其一，燃烧室及气缸壁表面材料。构成燃烧室壁的零件表面材料的导热系数越小，燃烧室壁温越高；其二，冷却介质温度或冷却液种类。冷却介质的温度越高、冷却液的导热系数越小，气缸壁面温度越高；其三，冷却液流动状况及散热表面状态（加工种类、清洁度、是否有沉渣或积垢等）等。冷却液流动速度越快、越均匀，冷却水腔表面越清洁，散热强度越大，气缸壁温度越低。

基于前二个方面的考虑，人们曾尝试过低散热损失发动机或高温冷却系统的方案。

其一，在气缸盖底面、活塞顶面、气门头顶面等燃烧室壁面及排气系统壁面涂上一层低导热系数的陶瓷材料（又称陶瓷发动机）进行隔热，以减少散热损失、增大功率输出。但隔热减小冷却散热损失、提高气缸内最高燃烧温度的同时，排气温度及携走的热量却随之增加。从热力学卡诺循环的原理可知，单一隔热的技术对改善热利用率、提高动力输出的效果不明显，除非使排气能量得到再利用。低散热技术与废气涡轮复合增压技术相结合则可将热效率提高到0.48~0.54。

但是，低散热技术均使发动机整体温度水平提高，热负荷明显增大，对材料、机油提出了更高要求，尤其是排气门、排气歧管、排气管、消声器及排气制动阀等的耐热性恶化问题，降低了工作可靠性。同时，由于温度的提高，使新鲜气体进入气缸的过程中受热加重，进气过程恶化，充气效率降低。这也是低散热损失发动机难以实现商品化的主要障碍。

其二，采用高温冷却系统。提高冷却液温度或采用低导热系数的机油作为冷却介质，均减小了冷却强度，降低冷却散热损失，前者还能缩小冷却装置的尺寸和质量。但高温冷却系统同样存在热负荷增大及其带来的进气过程恶化等问题，使之应用受到限制。

实际上，冷却液温度的高低，不仅仅考虑散热损失的多少，更要满足安全、可靠工作的需要。所以，维持冷却系统良好的工作状态，保持适当高的冷却液温度，乃是保证发动机良好工作品质必不可少的措施。其中，减少或避免水垢及其他沉积物形成、保持冷却水套的清洁，使冷却液在任何工况下都有适当的压力、流动速度且无死角，避免发动机过热或过冷非常重要。

2. 转速与负荷

随着发动机转速升高，虽然气缸内气流运动加强使对流换热系数增大，热流密度增大，加之后燃严重（详见第7章、第8章），散热损失有所增多，但每循环工质传热时间缩短、使散热损失减少的影响却更大。所以，综合效果是随转速的升高散热损失减少。

随发动机负荷增大，每循环加入总热量增大，气缸内温度、压力增大，散热损失的绝对量虽然增多，但散热损失与加入的总热量之比却减小。所以，随负荷的增大，相对散热量减小；反之，负荷减小，相对散热量增大。

3. 增压

发动机增压强化后，气缸散热面积未改变，只因气缸内温度、压力的升高，使散热损失绝对值较增压前增加，但增压使工质密度增大，每循环加入总热量的增加幅度较散热损失的增加幅度大得多。所以，增压发动机的相对散热损失减少，且增压度越大，相对散热损失越小。

4. 结构因素

结构因素主要是气缸尺寸与燃烧室结构形式，它们通过影响散热面积的大小而影响循环散热损失的多少。对不同排量的发动机，气缸相对散热面积以其面容比表示，即气缸总表面积$\sum F_c$与气缸工作容积V_s之比，此值越大，说明气缸相对散热面积越大，散热损失就越多。

1）气缸尺寸。气缸总表面积约等于其内圆柱表面积与两倍的截面积之和，即

$$\sum F_c \approx \pi DS + 2\frac{\pi D^2}{4} = \left(\frac{S}{D} + \frac{1}{2}\right)\pi D^2 \tag{5-3}$$

$$V_s = \frac{\pi D^2}{4}S = \frac{\pi D^3}{4}\left(\frac{S}{D}\right) \tag{5-4}$$

$$\frac{\sum F_c}{V_s} \approx \frac{4}{D} + \frac{2}{S} \tag{5-5}$$

若S/D一定（称为几何相似的发动机），$\sum F_c/V_s \propto 1/D$，即气缸直径越大的发动机，$\sum F_c/V_s$越小，散热损失越小。对不同缸径柴油机的数据统计表明，高速小缸径柴油机（$D=85\sim90$mm）由冷却散热带走的热量占循环总热量的30%～33%，而低速大缸径的柴油机（$D=700\sim780$mm），冷却散热所占比例则较低，为15%～18%。

若D不变，增加S使S/D增大时，$\sum F_c/V_s$减小，散热损失减小。S/D值的大小，对气缸壁各部分传热量的分配有较大影响。S/D增大，气缸套的传热量增加，气缸盖和活塞顶的散热量减少，这对受热严重、冷却不良的气缸盖和活塞的热负荷减轻具有重要意义。实践经验表明，S/D在1.27～1.30时，传热损失具有最小值。

2）燃烧室结构形式。燃烧室结构形式影响其面容比及压缩与燃烧膨胀过程中气流的运动强度。燃烧室结构越复杂，其面容比越大、产生较强的气体运动，散热损失越多，经济性、起动性就越差。柴油机分隔式燃烧室较直喷式燃烧室（详见第8章）经济性差、起动困难的原因就在于此。

【思考题与练习题】

1. 燃料总能量分流成哪几个部分?
2. 热损失由哪几个部分组成? 按由大到小的顺序排列出来。
3. 机械损失由哪几个部分组成? 其中比例最大的是哪一项?
4. 机械效率如何随转速、负荷变化? 为什么?
5. 从机械效率的角度解释，汽油机为何不能采用大缸径的设计方案?
6. 发动机长期在低温下工作有何害处? 为什么?
7. 机油的使用与选择中，如何满足发动机良好的运行需求?
8. 为什么油耗线法测机械损失不适用于汽油机?
9. 灭缸法测机械损失不适用于哪种发动机? 为什么?
10. 为什么整个燃烧膨胀行程期间，气缸壁传热损失占一个循环传出总热量的比例最高?
11. 提高冷却液温度就能提高热效率吗? 为什么?
12. 增压对机械损失和散热损失有何影响?

第 6 章　发动机换气过程

6.1　概述

换气过程是排气过程和进气过程的总和，即从排气门开始开启到进气门完全关闭的全过程。在该过程中，膨胀做功终了的燃气（称之为废气）排出气缸，下一工作循环所需的新鲜充量进入气缸。所谓新鲜充量，是指在一个工作循环内，进入气缸内的新鲜空气或可燃混合气的数量。对柴油机和缸内直接喷射式的汽油机而言，新鲜充量是指新鲜空气量，而对传统的化油器式汽油机和缸外喷射式的汽油机，则是指燃料/空气混合气量。

发动机的进排气过程就好像人在呼吸。呼吸顺畅，是人健康、活力、干劲十足的基本保证，发动机进排气通畅，则是动力充足、可靠耐久、节能环保的前提。

发动机工作时，每循环需要的新鲜空气量很大。因为，均质混合气燃烧的汽油机多在理论混合气附近工作，1kg 汽油理论上完全燃烧约需 14.7kg 空气，或者 1L 汽油完全燃烧约需要 1000L 空气。柴油的理论空气量虽比汽油略小，但由于柴油机工作时混合气具有很大的不均匀度，需要供给更多的过量空气。然而，运转中的发动机，进气持续时间极短，怠速时只有百分之几秒，高速时则少于 1/1000s。加之气缸工作容积、进排气口有限，空气又是被动地被吸入气缸，不像燃料供给那样易于控制。所以，发动机存在着换气困难，且转速越快，这种现象越明显，导致了高、低速性能的矛盾。

式（4-33）~式(4-35）显示，发动机的动力输出正比于循环充量。实际的发动机之所以达不到理想循环的指标，其原因之一就是换气过程的质量问题。4.7 节中的讨论已明确，充气效率、指示热效率、机械效率是发动机性能的三个基本要素，而换气过程对这三者均有直接影响。其一，实际换气过程不会达到“完满”的充气，充气效率总是小于 100%（非增压发动机），这就直接使每循环新鲜充量减少、影响了动力输出的量；其二，换气过程中存在泵气损失和其他换气损失，减少了循环指示功，降低了指示热效率和机械效率，影响了经济性。除此之外，换气过程的质量还影响到排放特性、热状态、工作可靠性等。所以，换气过程的研究是发动机工作过程研究的重要部分，以完善换气过程为目标的发动机新技术也层出不穷，如多气门技术、可变配气正时技术、可变进气歧管技术、增压技术等。

传统上，仅从改善发动机动力性、经济性和工作稳定性的视角出发，对换气过程的基本要求是：

1）尽可能达到排除废气干净、吸入新鲜充量充分，以追求高的充气效率。

2）尽可能减少各项换气损失。

3）尽可能保证多缸发动机各缸进气量均匀，对汽油机还要求各缸混合气成分均匀。

4）进气过程中应组织适当的气流运动，以满足不同发动机混合气形成和燃烧的要求。

从控制 NO_x 排放的角度出发，并非在所有运行工况下都要求排气干净，而是除了全负荷工况（对量调节的汽油机，在大负荷和全负荷工况下，满足高的动力输出是首要目的，应尽可能多地吸入新鲜混合气）、怠速暖机工况、冷起动工况外，要适当地留一部分废气进入下一循环，即采用废气再循环控制气缸内混合气成分和温度。

本章将研究换气过程的进展及换气过程质量的评价指标——充气效率和换气损失，分析影响充气效率和换气损失的基本因素，阐述改善换气过程的基本措施和技术途径。

6.2 四冲程发动机换气过程诸阶段

实际运转的发动机，受结构、运动惯性的限制，进、排气门不可能瞬间完全打开或关闭，从开始开启到完全打开，或从开始关闭到完全关闭都需要一定时间，这段时间气门处于半开启、半关闭状态，流通面积小，进、排气流阻力大，流动不畅。为了在极短的换气时间和有限的气缸工作容积内，达到增加新鲜充量、减少换气损失的目的，发动机均采用进、排气门相对于进、排气行程的上、下止点提前开启、延迟关闭，延长进、排气时间的方法。所以，四冲程发动机整个换气过程约持续410°~480°的曲轴转角（CA）。其中，大部分时间进、排气过程各自单独进行，但在上止点附近有一段进、排气门重叠开启期。

换气过程中，排气管内气体的压力及气缸内气体压力、温度、质量、排气门处的流速是不断变化的，图6-1所示为四冲程发动机实际换气过程中气缸内压力、排气管内压力的变化情况。为便于分析，四冲程发动机的换气过程可根据进气门或排气门处的气体流速大小、方向及活塞运动速度、方向划分为不同的阶段。通常，将四冲程发动机换气过程划分为自由排气、强制排气、进气、过后充气及气门叠开5个阶段。

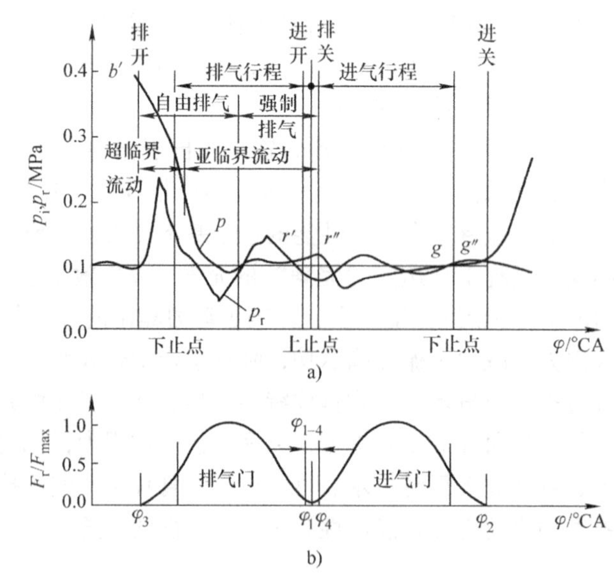

图6-1 发动机换气过程中缸内压力 p 与排气管内压力 p_r 的变化

1. 自由排气阶段

排气门开启初期，气缸内压力远高于排气管内压力（又称排气背压），废气在此压力差作用下自动流出（喷出）气缸，故称之为自由排气。

根据气体动力学理论，自由排气初期，气缸内压力 p 约是排气管内压力 p_r的2倍以上，已大于临界值压力比 $[(k+1)/2]^{k/(k-1)}$（取废气 $k=1.3$，约为1.83），废气处于超临界流动状态，以当地声速 $\sqrt{kRT}$ 流过排气门喉口（气门与气门座间最小截面），不受压差控制。排气流量只与气缸内气体状态、时间及排气门有效流通面积有关，而与转速、排气管压力无关。随着废气的流出及排气门流通截面的不断增大，气缸内压力迅速下降，与排气管内压力之比减小，至小于临界值时，排气流动进入亚临界状态，废气流出速度低于声速。此时，排气流量不仅取决于排气门有效流通截面积，还受气缸内和排气管内压力差的影响。当气缸内压力降低至接近排气背压，自由排气结束（一般在下止点后约10°CA～30°CA）。

自由排气在活塞运动速度很低、气缸容积变化不大的下止点附近进行，占总排气时间的比例不大（约1/3左右），但由于废气流速很高，排出废气量可达总排气量的60%以上，同时伴有很大的排气阻力和非常刺耳的噪声。

注意：超临界阶段废气排出量与发动机转速无关（不受活塞运动速度的控制）。

2. 强制排气阶段

自由排气结束后，活塞从下止点向上止点移动，将废气强行推出的过程为强制排气。这一阶段内，气缸内热力状态取决于活塞速度、排气门流通截面积、排气管内压力。由于排气门、排气道、消声器、净化器等处的流动阻力，气缸内压力与排气背压之差平均约0.01～0.02MPa。

在上止点附近，由于活塞运动速度减慢，且排气门也处于开始关闭状态，气缸内压力略有上升。至上止点后排气门关闭前，气缸内压力仍略高于排气管内压力，虽然此时气缸体积在增大，但因活塞运动速度较慢却增大不多，而废气可在流出惯性下继续排出气缸。

3. 进气阶段

进气阶段发生在从上止点向下止点整个进气行程中，由于进气管道、进气门处存在流动阻力，使得这一阶段气缸内压力低于进气管内压力。

进气阶段内，进气门处进气速度和气缸内压力、温度主要取决于活塞速度、气门流通截面积、进气管内气体状态和残余废气量。进气行程初期，进气门开度较小，活塞下行首先使气缸内残余废气膨胀，气缸内压力快速下降，至低于进气管压力后开始进气。随着进气门开度的增大、新鲜气体的充入及高温零件、废气的加热，加之进气动能转化为压力能和摩擦热，使压力、温度均逐渐升高。在进气行程结束时，气缸内温度高于进气管内温度，压力则几乎恢复到接近进气管内压力。对自然吸气发动机，进气管内温度、压力近似为大气温度、压力。

4. 过后充气阶段

进气行程下止点直至下止点后进气门关闭前的一段时期内，气缸内压力仍低于进气管内压力。虽然此时气缸体积在减小，但因活塞运动速度较慢而变化不大，而进气门处新鲜空气（或可燃混合气）在流动惯性下仍继续冲入气缸，这就是所谓的过后充气，又叫惯性进气或补充进气。过后充气可充分利用进气流惯性有效增加气缸充量，且这一效果随转速的升高更加显著。

5. 气门叠开期

由于进气门提前开启与排气门迟后关闭，在进、排气行程上止点附近出现进、排气门同时开启的现象，称为气门叠开。气门叠开期等于进气提前角与排气迟闭角之和。在气门叠开期间，进气管、燃烧室、排气管三者连通，进、排气门处气体流动方向取决于三者之间的压力差和气流惯性。不同类型的发动机也因此使换气过程具有了实质性差异。

（1）燃烧室扫气

若气门叠开期内进气管中压力高于排气背压，压差及废气流出排气门的惯性作用，使新鲜空气（或混合气）在进气门开始开启时即进入气缸，其中一部分将携带气缸内废气直接流入排气管，这就是所谓的“燃烧室扫气”现象。可见，燃烧室扫气，使流经进气门进入气缸的新鲜充量不能完全留在气缸内，有一部分随废气直接流到排气管内，不参与压缩和燃烧做功过程而直接损失掉。

对缸外形成混合气的点燃式发动机（化油器式和进气管或进气道燃油喷射式汽油机、气体燃料发动机），由于新鲜充量为可燃混合气，燃烧室扫气使一部分燃料直接进入排气管，造成燃油损失和 HC 排放的增加。所以，这类发动机不宜组织扫气。

对柴油机和缸内燃油喷射的汽油机，新鲜充量为纯空气，燃烧室扫气不会导致燃油的直接损失和 HC 排放量的增加，并具有以下两方面的有利之处。其一，减少了残余废气量，增加气缸内的新鲜充量；其二，较冷的新鲜充量流过燃烧室，降低了活塞顶、缸盖、喷油器、排气门等高温零部件的温度和排气温度。这类发动机适宜组织扫气，尤其是增压发动机，进气管内压力高于大气压力和排气背压，扫气效果较明显。

可以以扫气系数表示扫气效果的好坏，它的定义为：进入气缸的新鲜充量与留在气缸内的新鲜充量之比。

（2）废气倒灌

若进气门开启时，气缸内压力高于进气管内压力，则废气会经进气门倒流入进气管，即产生所谓的“废气倒灌”。

点燃式发动机，由于以节气门开度控制进气量的缘故，进气管内压力较低，易出现废气倒灌，尤其是节气门开度小的小负荷工况时。废气倒灌将引发一系列不良后果：

1）进气管回火，即燃烧在进气管内进行（见第 7 章），发生在缸外形成混合气的发动机中。回火会引起进气系统的密封性、装在进气管上的传感器等部件的破坏，是不允许出现的。

2）倒流入进气管的废气随着进气过程的进展，重新流回气缸内，减少了新鲜充量。

3）倒流的废气污染节气门部件、空气流量传感器及进气管道内壁，影响节气门的响应特性，并增加了进气阻力，进而影响了发动机的响应特性及换气质量。

自然吸气式柴油机，无节气门节流，进气管内压力较高，不易出现废气倒灌。即便有废气倒灌，就算是怠速工况，其影响也较小。

废气涡轮增压发动机，在部分负荷时，增压压力有可能低于排气管内压力，此时会发生废气倒灌，甚至较之自然吸气发动机更强烈。

由于进、排气管内的压力是波动的，气门叠开期内不同时刻可能会短暂地出现废气倒灌和燃烧室扫气的压力条件。所以，废气倒灌是不能完全避免的，尤其是非增压发动机。这也是进气管内壁及节气门等附着较脏的烟尘、需定期保养的主要原因之一。类似地，即便是缸外形成混合气的非增压汽油机，也会存在瞬间的扫气，损失了燃油、增加了 HC 的排放。这也是汽油机较柴油机的经济性差、HC 排放多的原因之一。

6.3 换气过程质量评价指标

评价换气过程完善程度的基本指标是充量系数和换气损失功。另外，扫气系数、残余废气系数也可作为评价换气质量的指标。

6.3.1 换气损失功

发动机的理论循环不存在换气损失功（见3.5节）。但实际循环中，伴随着废气排出气缸和新鲜充量进入气缸，存在着排气门提前开启导致的膨胀功损失、排气行程中活塞推出废气损失功、进气行程损失功等，它们的总和即为换气损失，可定义为理论循环换气功与实际循环换气功之差。

换气过程相对压缩和膨胀过程是在较低压力下进行的，活塞顶面气缸内压力和活塞背面曲轴箱内压力的相互作用决定了换气过程功的性质。对四冲程发动机，活塞背面曲轴箱内压力稍高于大气压力、且变化不大，在进、排气行程中对活塞做功相互抵消。所以，换气损失功主要取决于受进排气系统阻力、气门正时及进气方式影响的气缸内压力。

图6-2是四冲程发动机换气过程示功图，显示了换气损失功的构成。

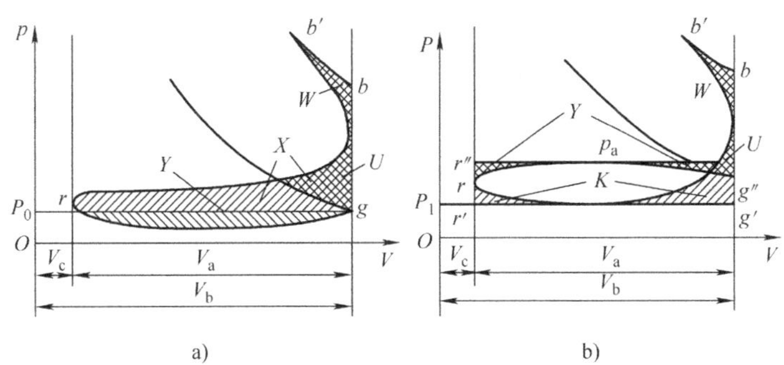

图6-2 发动机换气过程示功图

a）非增压发动机换气过程示功图 b）增压发动机换气过程示功图

1. 排气损失

膨胀损失功与排气行程损失功之和为排气损失。

1）膨胀损失。从排气门提前开启到下止点期间，因具有做功能力的气体排出气缸所损失的功，即图6-2中气缸内压力自b'点偏离原膨胀线$b'b$而减少的面积W。

2）排气行程损失。排气行程中，由于存在排气阻力，气缸内压力高于排气管内压力（非增压发动机排气管内压力假定等于大气压力），也大于曲轴箱内压力，活塞由下止点向上止点移动，废气对活塞所做的负功，如图6-2中的面积X所示。

2. 进气损失

进气损失是进气行程中消耗的功。如图6-2所示，由于进气阻力的存在，进气行程中气缸内压力线低于进气管内压力（非增压发动机近似等于大气压力）线，二压力线之间的面积Y就代表了进气损失。

对自然吸气式发动机，气缸内压力低于大气压，也低于曲轴箱内压力，活塞消耗功，如

图 6-2a 中面积 Y 所示。

对增压发动机，进气管内压力为增压压力、高于大气压力，气缸内压力也高于曲轴箱内压力，气体对活塞做正功。但由于进气阻力的存在，气缸内压力低于增压压力，损失了部分活塞功，如图 6-2b 中面积 Y 所示。

换气损失中，进气损失仅占 20% ~25%，排气损失约占 75% ~80%。

3. 泵气功

泵气功是强制排气过程和进气行程中废气和新鲜充量对活塞所做的功，是换气损失的一部分，以 W_p 表示。其中强制排气过程功是上述排气行程损失功的一部分，不包括排气行程下止点附近自由排气末期损失的功。

实际计算循环指示功时，膨胀损失 W 和换气损失的一部分 U（图 6-2 中交叉线区域面积）已计入压缩、膨胀损失功中。所以，泵气功就是示功图中进、排气过程线所包围的面积，并归入机械损失中考虑。

对自然吸气式发动机，泵气功为图 6-2 中面积（$X+Y-U$）代表的功，其值为负。

对涡轮增压发动机，因进气压力大于排气压力，泵气功为正值，尤其在中、高负荷运行时。泵气功面积为$(p_k-p_t)V_s$长方形面积（理论泵气功）与面积（$X+Y-U$）之差。但在小负荷运行时，可能出现进气压力低于排气压力的情况，此时泵气功为负，换气过程示功图与自然吸气式发动机的极其相似。

类似于平均指示压力的概念，可用平均泵气压力 p_p表示泵气功的大小，即 $p_p=W_p/V_s$，其值一般为 0.015 ~0.030MPa。虽然其值较小，但对发动机进气能力影响较大。

6.3.2 四冲程发动机充气效率分析式

换气过程中，进入气缸内新鲜充量的多少决定着发动机做功能力，并直接影响经济性、排放性等。但换气过程的完善程度不宜用新鲜充量的绝对数量评价，因它与气缸尺寸及进气管内状态有关，而是用相对量——充气效率 ϕ_c来评价。

3.5 节中已引入了充气效率的概念，其定义为每循环实际进入气缸的新鲜充量 m_a与以进气管状态（温度、压力等）充满气缸工作容积的充量（即没有进气阻力和进气受热时的理论充量）之比。即

$$\phi_c=\frac{m_a}{\rho_s V_s}=\frac{V_1}{V_s} \tag{6-1}$$

式中 m_a和 V_1——分别为每循环实际进入气缸的新鲜气体质量，及其进气管状态（p_s，T_s）下所占有的体积；

ρ_s——进气管状态下气体密度；

V_s——气缸工作容积。

进气管状态，简称进气状态。自然吸气式发动机，进气管状态可近似取当地大气状态（p_0，T_0）。增压发动机进气管状态取压气机出口或中冷器出口的状态（p_k，T_k）。

一般，汽油机在节气门全开时 $\phi_c=0.70\sim0.85$，低速柴油机 $\phi_c=0.80\sim0.90$，高速柴油机 $\phi_c=0.75\sim0.85$，增压发动机 $\phi_c=0.90\sim1.05$。

1. 充气效率的试验测定

发动机充气效率可通过测试进气流量的方法进行测定。对自然吸气式发动机，可忽略燃

烧室扫气引起的新鲜充量损失，用流量传感器测得进入气缸的气体体积流量 q_{v1}（m^3/h）。而理论充气流量 q_v 可按式（6-2）计算获得

$$q_v = \frac{V_s}{1000} i \frac{n}{2} \times 60 = 0.03 i n V_s \quad (m^3/h) \tag{6-2}$$

式中 V_s——气缸工作容积（L）；

i——气缸数；

n——转速（r/min）。

根据式（6-1），q_{v1} 与 q_v 之比即为充气效率。

2. 充气效率的解析式

为解释影响充气效率的基本因素及其相互关系，下面建立充气效率的解析式。

进气门完全关闭（有效压缩开始）时，气缸内气体总质量 m'_a 是新鲜充量质量 m_a 与残余废气质量 m_r 之和，即 $m'_a = m_a + m_r$。根据残余废气系数 ϕ_r 的定义［式（3-18）］，每循环缸内新鲜充量 $m_a = m'_a/(1+\phi_r)$。则充气效率表达式（6-1）可改写为

$$\phi_c = \frac{m_a}{\rho_s V_s} = \frac{m'_a}{\rho_s V_s} \frac{1}{1+\phi_r} = \frac{\rho_a V'_a}{\rho_s V_s} \frac{1}{1+\phi_r} \tag{6-3}$$

式中 V'_a、ρ_a——分别是进气门完全关闭时的气缸容积、气缸内混合气的密度。

若气缸总容积为 V_a，燃烧室容积为 V_c。引入压缩比 $\varepsilon = V_a/V_c$，状态方程 $\rho = p/RT$，并令 $\xi = V'_a/V_a$，将式（6-3）整理得

$$\phi_c = \xi \frac{\varepsilon}{\varepsilon - 1} \frac{\rho_a}{\rho_s} \frac{1}{1+\phi_r} = \xi \frac{\varepsilon}{\varepsilon - 1} \frac{p_a}{p_s} \frac{T_s}{T_a} \frac{1}{1+\phi_r} \tag{6-4}$$

式中 p_a、T_a——分别为进气终了时气缸内的压力与温度。

直观地看，式（6-4）中充气效率的各影响因素中，p_a/p_s 主要反映了进气阻力的影响，T_s/T_a 反映了进气受热温升的影响，ϕ_r 则反映了排气阻力、残余废气的影响，ξ 反映了进气门晚关角的影响。实际上，各因素并非相互独立，而是相互交叉影响着。如配气相位既影响 ξ，同时又对进、排气终了压力、残余废气系数等有影响。但可以肯定的是，进、排气系统的阻力、新鲜气体流入气缸时的受热温升、配气相位、残余废气系数是影响充气效率的基本因素。

6.4 换气过程的影响因素

6.3 节中换气损失分析和充气效率表达式［式（6-4）］表明，进、排气系统的阻力、新鲜气体流入气缸时的受热温升、缸内残余废气，是影响换气过程完善程度的基本因素。其他结构与使用因素，如气门及气道的几何特征、进气管和排气管的几何特征（长度、直径、外形等）、配气相位、气门开启规律及工况（转速、负荷）和进排气系统主要构件的技术状况等，对换气损失和充气效率的影响，均是引起上述基本因素的变化而产生的。

6.4.1 影响换气过程的基本因素

1. 进气系统阻力

进气管道局部的截面、方向突变处的分离流和涡流，管道内壁与进气流之间的摩擦是产

生流动阻力的根源。根据流体力学知识，流动阻力引起的压力降为

$$\Delta p_{\mathrm{a}} = \left(\zeta_{\mathrm{a}}\frac{l}{d} + \xi_{\mathrm{a}}\right)\frac{\rho v^2}{2} \tag{6-5}$$

式中 ζ_a——进气管道流动阻力系数；

ξ_a——截面、方向突变处局部阻力系数；

ρ——进气流密度（kg/m^3）；

v——进气流速（m/s）；

l——管道长度（m）；

d——管道直径（m）。

各段管道产生的压力降总和即为进气系统总进气阻力压力降。其中，进气门、节气门（汽油机）等管道截面突变处的阻力对压力降的影响最大，尤其是进气门处。

进气系统阻力使进气过程中气缸内压力及进气终了时的压力 p_a降低。进气阻力越大，气缸内压力越低（密度ρ_a越小），进气损失越大，充气效率越小。所以，凡是减小进气阻力、提高进气终了压力 p_a的因素，均使换气损失减少，充气效率提高。

对量调节的汽油机，由于节气门的存在，其进气阻力、进气损失较柴油机大，导致充气效率较低。尤其在小负荷时，节气门开度小，进气阻力更大。

2. 进气受热温升

新鲜工质在流经较高温度的进气管道进入气缸后，继续受到高温的活塞顶、气缸盖底面、排气门、气缸壁及残余废气的加热，加之进气损失转变的摩擦热，使进气终了时的温度 T_a高于进气温度，密度ρ_a减小，导致充气效率下降。所以，凡是降低发动机温度，减少进气受热、降低进气温升的因素，均有利于充气效率的提高。因此，发动机过热或在高温环境下工作时，充气效率的下降，会引发动力性能、经济性能、排放性能恶化等一系列问题。

3. 配气相位角

进、排气门正时对换气损失和充气效率均有直接和间接的影响。

（1）排气早开角

排气门提前开启，气缸内废气在高压下自由排出，到下止点时缸内压力已大大下降，排气门也达到了较大开度，使活塞上行阻力及推出废气消耗的功减小。

排气提前角对排气损失具有决定性的影响，并间接影响充气效率。排气提前角过大，膨胀损失增多、排气行程损失减少。反之，排气提前角过小，膨胀损失减少、排气行程损失增多，残余废气量随之增多，如图6-3所示。所以，存在着最佳的排气提前角，使膨胀损失与排气行程损失之和最小。排气提前角一般在30°~80°CA。

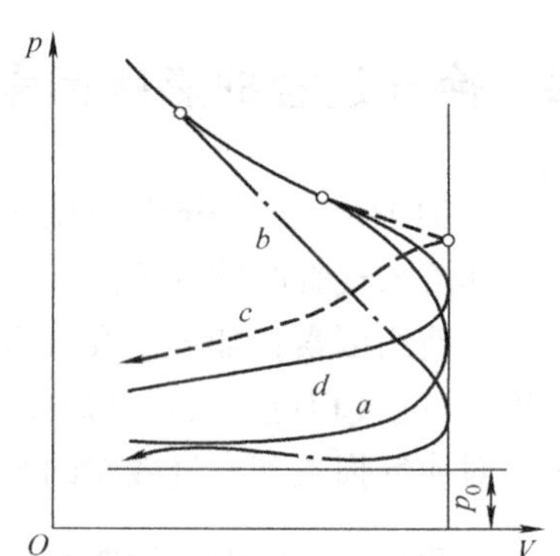

图6-3　排气提前角与排气损失

由于自由排气初期为超临界流动，排气门处废气流出速度与发动机转速无关，废气排出量只与时间及有效流通截面积有关。若转速升高，单位时间曲轴转过的角度增大，排气门开启至下止点的时间缩短，排出废气量减少，从而增加排气行程损失功。所以，理想的排气提前角应随转速的升高而

增大。

（2）排气晚关角

排气门在上止点后关闭，既可减少排气行程末期强制排气消耗功，又可利用排气气流的惯性进一步排出废气，减少残余废气量。

一般排气晚关角为10°~35°CA。若排气晚关角过小，排气行程末期排气门就处于关闭过程中，使排气不畅、活塞上行阻力增大，且排气流惯性利用不足，导致残余废气系数增大。但若排气晚关角过大，进气行程初期气缸体积已增大，缸内压力下降，导致排气管内废气又倒流入气缸，同样使残余废气系数增大。基于此，可通过控制排气晚关角的大小实现内部废气再循环。

随转速的升高，排气流惯性增强，排气阻力增大，最佳排气晚关角应适当增大。

（3）进气早开角

进气门在上止点前提前开启，保证了进气行程开始时进气门已有足够开度，使新鲜充量能够顺利进入气缸，并减小了活塞下行阻力和进气损失功。

进气早开角一般为10°~40°CA。若进气早开角过小，进气损失增大。但进气早开角过大，易导致废气倒流入进气管。随转速的升高，进气阻力增大，进气门早开角应适当增大。

（4）进气晚关角

进气门晚关，是为了充分利用进气流的惯性实现过后充气，增加进气量，提高充气效率。

进气晚关角一般为40°~80°CA。若进气晚关角过小，进气流惯性得不到充分利用。过大，则可能把已充入气缸的新鲜充量逆向推回进气管。

随转速的升高，进气流惯性增强，适当增大进气晚关角能达到更好的充气效果。

（5）气门重叠角

气门重叠角的大小，不仅影响进气初期和排气末期损失功的多少、残余废气系数的大小，而且会影响是否发生废气倒灌或燃烧室扫气。

实际上，进气门开启初始，排气流具有一定的惯性，加之此时进气门流通截面窄小，废气由气缸流入进气管的阻力较大，两方面的原因使气缸内废气不易立即由排气流方向转变为反进气流方向而流入进气管，即便是排气管内压力略高于进气管压力。所以，针对不同的发动机，只要气门重叠角适当，不仅能防止废气倒灌的发生，而且能有效的进行燃烧室扫气。

对自然吸气、量调节的点燃式发动机，气门重叠期内易出现废气倒灌及由此引起的进气管“回火”。为避免过多的废气倒灌及充气的恶化，此类发动机应采用较小的气门叠开角。汽油机一般小于40°CA。

自然吸气式柴油机，无节气门节流，进气管内压力较高，不易出现废气倒灌，适宜组织扫气。所以采用较大的气门重叠角，一般约为60°CA。

增压发动机，进气管内压力高于排气背压，气门重叠期内扫气效果明显，不仅能降低残余废气系数、冷却高温零部件，而且有效降低了排气温度，对保护废气涡轮不被过高温度的废气烧损有重要作用。所以增压发动机的气门重叠角最大，一般可达到80°~160°CA。

注意：配气相位角是影响换气过程质量的重要参数。其中进气晚关角对充气效率及整机性能具有决定性的影响，排气门早开角对换气损失的影响最大，气门重叠角则对降低热负荷、排气温度具有重要意义。

4. 残余废气系数与排气系统阻力

残余废气的存在，阻碍了进气初期新鲜充量进入气缸，且对新鲜充量具有加热作用。所以，残余废气系数 ϕ_r增大，将引起充气效率 ϕ_c降低。

排气系统因管道截面突变（排气门、消声器、三元催化器）、管道内壁与废气摩擦产生流动阻力。排气阻力增大，排气行程中气缸内压力将升高，使排气行程损失功增大。同时，排气阻力增大，排气门关闭时气缸内残余废气压力 p_r升高、密度 ρ_r增大，残余废气系数 ϕ_r增大，使充气效率降低。

凡是减小排气阻力的因素，均会使换气损失减少，充气效率提高。但降低排气阻力对充气效率的影响小于降低进气阻力的影响。

5. 其他因素

（1）压缩比

由式（6-4）可知，随压缩比的增大充气效率降低。但实际上，压缩比增大，一方面燃烧室容积减小，残余废气减少；另一方面排气终了压力 p_r降低，废气密度ρ_r减小。所以，压缩比增大有利于提高充气效率，但影响不大，在发动机设计、研发中也不会通过改变压缩比来改善换气过程。

（2）进气状态

进气状态（p_s，T_s）是定义充气效率的基准状态。进气压力 p_s升高、进气密度 ρ_s增大，进气终了压力 p_a和密度 ρ_a必然升高，则实际进气量与基准进气量同步增加。所以，随 p_s的变化充气效率 ϕ_c基本不变；进气温度 T_s升高，因进气与高温零件的温差减小，受热温升减小，充气效率略有增加。但进气温度 T_s升高，进气密度减小，进气量减少，动力性下降。

上述分析表明，充气效率主要受进、排气系统的阻力、进气受热温升、配气相位、残余废气系数的影响，而与使用环境、压缩比关系不大。当使用环境变化时，是进气量的变化导致了发动机性能的变化，并非进、排气系统工作质量问题。

6.4.2 运转工况因素的影响

充气效率随工况的变化特性将取决于进、排气系统阻力、进气受热、残余废气系数、配气相位等基本因素随负荷、转速而变化的规律。

1. 负荷

负荷对充气效率、泵气损失的影响，随发动机调节方式的不同有所差异。假定发动机转速不变，讨论充气效率和泵气损失随负荷的变化规律。

对量调节的发动机，负荷变化时必须改变节气门开度，调节进入气缸的可燃混合气数量。随着负荷的减小，为降低功率输出，就要减小节气门开度，增加进气阻力，以减小新鲜充量，这必然使充气效率降低。然而，随之而来的残余废气系数 ϕ_r增大，进气损失增多，加速了充气效率 ϕ_c的下降。

对质调节的柴油机，负荷变化时只需调节喷入气缸的燃料量，而不是进气量。其进气系统无需节气门，进气阻力小、且与负荷无关，每循环进入气缸的空气量几乎保持不变（自然吸气的情况）。所以，柴油机负荷对泵气损失、充气效率 ϕ_c的影响较小。充气效率只因进气受热的影响有少量变化，如随负荷的增大，发动机零部件温度升高，进气终了温度 T_a升高，充气效率 ϕ_c稍有降低。

2. 转速

发动机负荷不变，充气效率随转速变化的规律，称为进气速度特性。转速变化时，循环持续时间、气流速度、流动惯性、流动阻力随之变化，将对充气效率产生以下影响。

1）转速升高，气流速度加快，进气流动阻力以正比于气流速度的平方迅速增加［式(6-5)］，充气效率随之降低。

2）转速升高，进气的受热温升值因新鲜充量受加热时间短而减少，利于进气终了温度T_a降低，充气效率升高。

3）每一转速有一个最佳的进气晚关角，能充分利用进气流惯性，使充气效率达到最大。低于此转速时，进气晚关角相对偏大，部分新鲜充量逆向流回进气管，充气效率降低；高于此转速时，进气晚关角相对偏小，进气惯性得不到充分利用，充气效率也降低。

综合三方面的影响，充气效率随转速变化的规律如图6-4所示。在较低转速下，充气效率有不太明显的峰值。在较低转速范围内，随转速升高进气惯性增强、进气受热减轻的影响大于进气阻力增大的影响，充气效率呈缓慢增大趋势。达到最大值后，转速继续升高，进气阻力增大、进气惯性利用不足的影响占主导地位，充气效率下降较快。

总体上，汽油机低速、低负荷下的充气效率要比柴油机低很多，而泵气损失则比柴油机高很多。所以，汽油机在低负荷时的经济性更差。

图6-5表示了进气迟闭角、转速对充气效率和有效功率的影响。

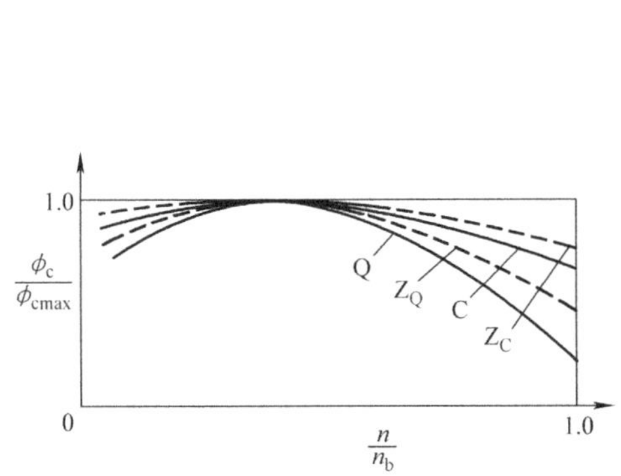

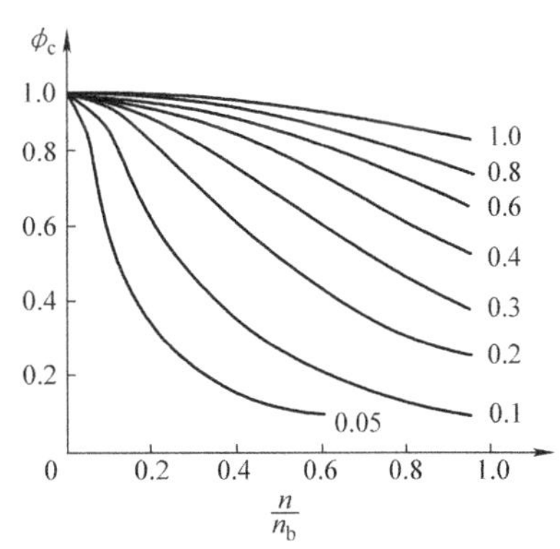

图6-4　充气效率随转速变化的规律

Q、Z_Q、C、Z_C 为汽油机、增压汽油机、柴油机、增压柴油机，0.05～1.0对应节气门开度5%～100%

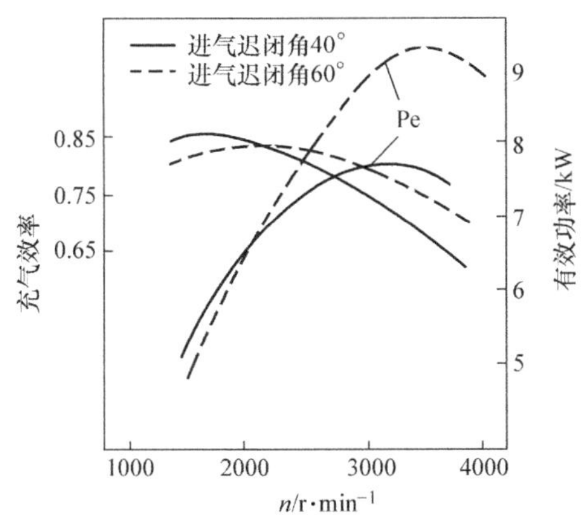

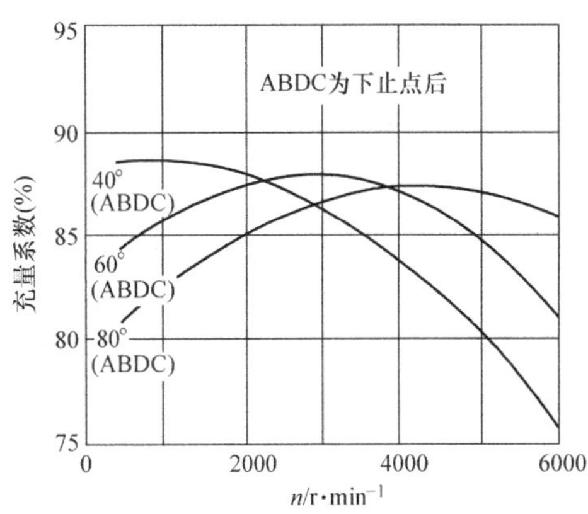

图6-5　汽油机进气迟闭角、转速对充气效率和有效功率的影响

6.5 改善换气过程的技术措施

上述分析表明，进排气系统的阻力、进气过程中新鲜充量的受热、气缸内残余废气的存在，是减小换气损失、提高充气效率的三大障碍。减小这三者的不利影响，合理利用气体动态效应是改善换气过程的基本技术路线。

6.5.1 降低进气和排气系统阻力

1. 降低进气门处流动阻力

气门口是流通截面最小、流速最快且急剧变化之处，对进气损失、充气效率的影响最大，是改善换气过程的重要关注点。

(1) 平均进气马赫数（流速）及其对充气效率的影响

前已述及，流动阻力压降与流速的平方成正比。进气门处流速的高低可以用平均进气马赫数表示，其定义为进气门处平均进气速度与该处声速之比，即

$$M_{am}=\frac{v_m}{a}\infty\frac{ns}{a}\left(\frac{D}{d}\right)^2 \tag{6-6}$$

式中 v_m——气门口的气流平均速度；

a——当地声速；

n——转速；

s——活塞行程；

D——气缸直径；

d——气门头直径。

大量不同直径、升程的进气门，在不同转速下的实验结果表明，当进气门处马赫数达到 0.5 左右时，进气阻力和进气损失将迅速增加，充气效率开始急剧下降，如图 6-6 所示。当马赫数达到 1 时，充气效率将下降到 60% 左右。所以，进气门应有足够的流通截面积，以使发动机在标定转速下，马赫数不超过 0.5。

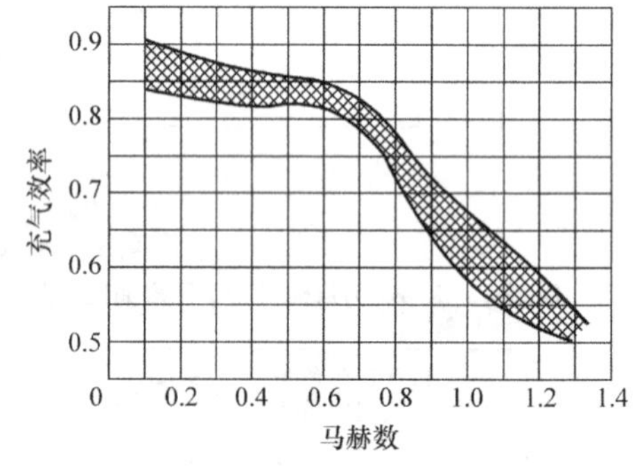

图 6-6 充气效率与平均进气马赫数之间的关系

对排气门进行同样的实验，其结果表明，排气门处马赫数在较低的适用范围内变化时，充气效率只有少许变化。所以，排气门尺寸对充气效率的影响很小，远不及进气门的影响大。

(2) 降低进气门马赫数（流速）的措施

上述结果表明，降低进气门处流动阻力、提高充气效率的有效方法是增大进气门流通截面，降低进气流速，使马赫数不超过 0.5。

1) 增大进气门直径。

其一，在进、排气门数相同时，可适当减小排气门直径、增大进气门直径，因为排气门尺寸对充气效率的影响较进气门的小。通常，在有限的总进、排气通道面积下，排气门通道

面积为进气门通道面积的60%或稍大一些。但排气门直径也不宜太小，否则，排气损失增大，气门与气门座工作温度升高，影响可靠性与寿命。对废气涡轮增压发动机，为利于对排气能量的利用，进、排气门直径几乎相同。

进气门尺寸不能过大。因为过大的进气门势必距离燃烧室侧壁太近，侧壁对进气流的遮挡作用反而使充气效率下降。

其二，合理设计燃烧室，使气门倾斜布置。既可增大气门直径，又避免了气道90°转弯，减小了进排气阻力，如图6-7所示。

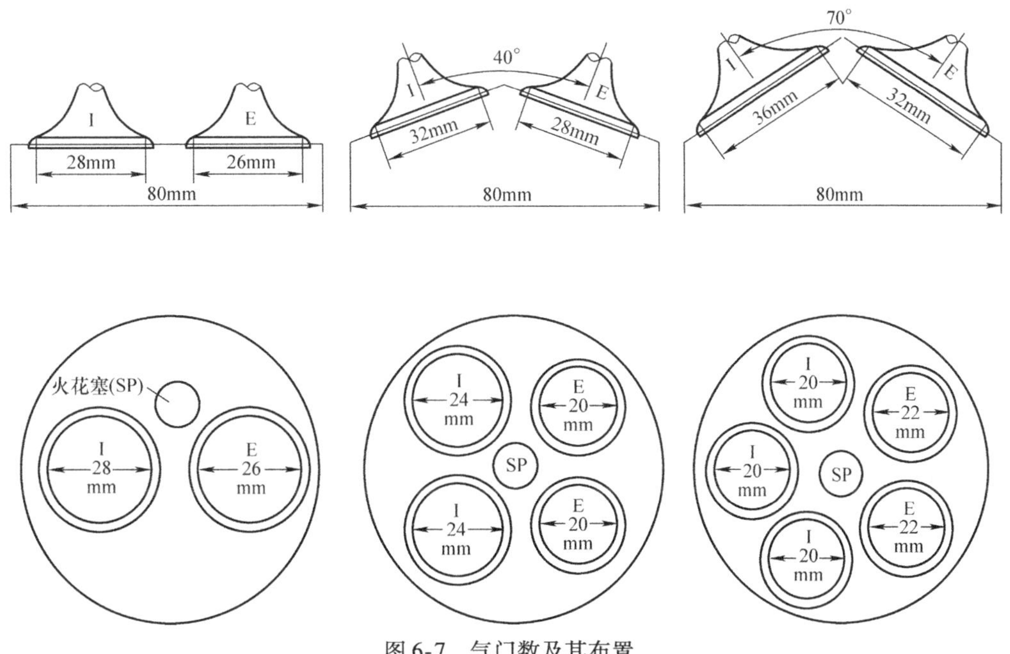

图6-7　气门数及其布置

2）增加气门数。传统的发动机每个气缸一个进气门、一个排气门。但受气缸直径等的限制，单个气门直径的增大很困难。采用多个气门可提高有限气缸截面的利用率，增大进、排气门总流通截面。2气门结构的进气门盘面积最多可占气缸截面积的20%～25%，排气门占15%～20%。2个进气门、2个排气门的4气门结构，进气门盘总面积可达气缸截面积的30%，比2气门的增大30%～50%。显然，气门数增加后，流通截面积增大，减少了换气损失，充气效率得到有效提高，图6-8为日本三菱公司在自然吸气汽油机上增加气门数的充气效率实验结果。

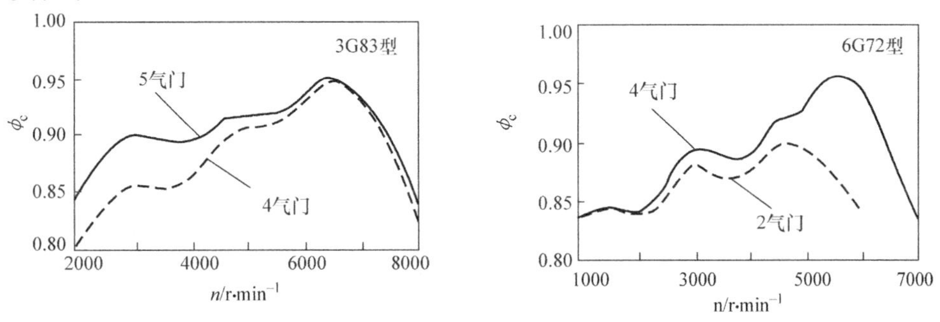

图6-8　不同气门数发动机充气效率比较

采用多气门结构，除了减少换气损失、提高充气效率外，火花塞或喷油器和燃烧室可布置在气缸中心线上，有利于提高汽油机压缩比，改善柴油机混合气形成与燃烧，还可以减小气门机构运动件质量与惯性力，降低对气门弹簧的要求，提高高速性能或利于发动机的高速化。所以，多气门结构可综合改善发动机动力性、经济性、排放性等。图6-9为采用不同气门数的自然吸气汽油机性能对比。

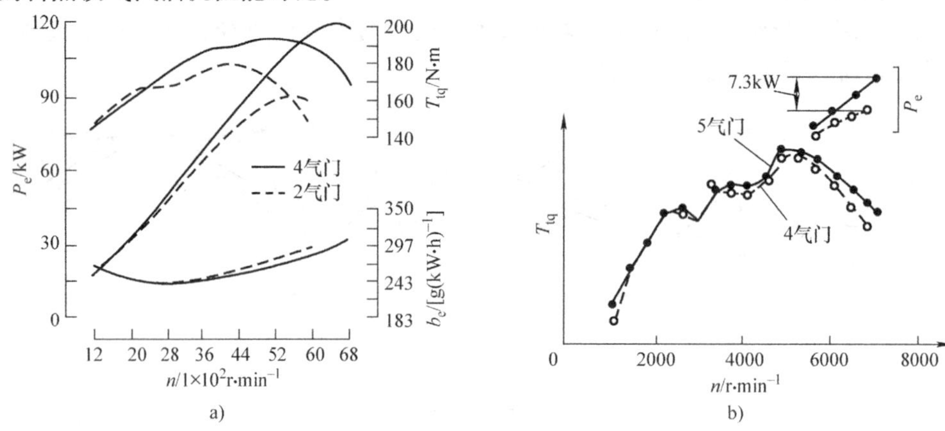

图6-9　某非增压汽油机增加进气门数性能比较

a）4气门与2气门发动机的性能比较　b）5气门与4气门发动机的性能比较

3）气门升程及气门头部形状。气门升程是指气门从关闭位置到全开位置时的位移量。在工作转速下，适当增大气门升程，可增大流通截面，提高气体流通能力，气体流量增加。但并不是气门升程越大，气体流量就越大。当气门升程达到一定值后，流量并不随之增加，反而下降，却增大了气门加速度。大量试验表明，气门升程在25%～28%气门直径时流量最大。

选择合适的气门头部密封锥面角、锥面两端的过渡圆角、头部顶面过渡圆角均利于气体顺畅流过气门口和气门边缘。

另外，式（6-6）还表明，在气缸直径不变时，减小活塞行程，降低活塞平均速度也可降低进气马赫数。这就是高速发动机为何采用短行程的原因。

2. 降低进气管道流动阻力

根据式（6-5），进气管道的流动阻力取决于管长、直径、内壁面粗糙度、形状等几何特征。圆形截面的进气管道流动阻力最小，也最有利于各缸混合气的均匀分配。低流动阻力的进气道，从其进气口至气门口的截面应是渐缩的。

为使气流平滑而顺畅，进气管道要有足够的流通面积，避免方向急转和截面突变，内壁面要光洁、圆滑。任何引起节流、涡流或使它们强度增大的结构因素和使用因素，均会导致进气阻力增大，进气损失增多，充气效率降低。

某些发动机为改善混合气形成与燃烧，需组织一定的进气涡流或滚流（详见7.8节），这是以增加进气阻力、牺牲充气效率为代价的。高速柴油机中，为使燃油和空气在气缸内达到良好混合、进行完好的燃烧，需组织较强的进气涡流，多采用切向气道、螺旋气道或涡流板，使气体在进入气缸时形成绕气缸轴线方向的涡旋运动。螺旋气道产生的进气涡流强度较大，进气损失也较大；缸内喷射均质混合气燃烧的汽油机和分层稀薄混合气燃烧的汽油机，也需组织进气涡流和滚流（气体在进入气缸时产生绕垂直于气缸轴线方向的纵向滚动），以促进混合气的均匀化，或实现浓度分层分布（见7.8节、10.4节）。所以，这类进气道在满足产生适当强度的进气涡流或滚流的同时，应避免或减少充气效率的降低。

使用中各进气支管口与进气道口、垫片孔口要对中、对正，不发生错位，及时清洗进气管道内壁的沉积物，及时清理或更换空气滤清器滤芯，这都有利于保持低的进气阻力。

3. 降低排气系统阻力

降低排气系统阻力的措施与进气系统的情况类似，只是废气在排气系统中的流动过程与进气系统相反，排气道从排气门到气道出口段截面应为渐扩型。排气系统中消声器、三元催化转化器等部件较多，加之排气管道相对较长，排气流速度又高，排气系统的流动阻力比进气系统更大。

减小排气系统阻力，可降低气缸内残余废气压力，减小残余废气系数。虽然对充气效率提高的影响较小，但对减少换气损失中的主要部分——排气损失的意义重大，尤其在低速小负荷工况下，对经济性的影响较大。

6.5.2 可变配气技术

由6.4节中的分析可知，配气正时与气门升程对换气损失和充气效率均有直接影响。每一转速工况都对应一套最佳的气门正时角和气门升程，使换气损失最小，充气效率最大。

1. 理想的配气相位与气门升程

传统发动机在工作过程中，配气相位及气门升程是不能随工况的变化而改变的，仅能保证在某一预期转速工况附近有高的充气效率和动力输出，这对于工作转速变化范围大的车用发动机很不利。适合发动机高速运转的配气相位，高速时有较高的充气效率、较低的换气损失，能输出较高的功率，但低速时却因不匹配的配气相位使充气效率较低，导致转矩输出小，怠速不稳。相反，若按满足低转速运转而选择配气相位，则低速时输出转矩大，而高速时功率输出小。为达到高、低速时都具有良好的充气效果和较小的换气损失，改善高、低速动力输出和燃油经济性，理想的配气应是随转速的升高而适当增大进、排气门早开角和迟闭角及气门升程。

2. 可变配气技术

以人的呼吸类比于发动机的换气过程，就不难理解发动机配气为何要可变。在身体需要大量空气或感到紧张、困难时，人会做深而长的呼吸，而当身体不需要大量空气时，则是简单地做短而浅的呼吸。配气可变技术，就是随转速工况的变化自动调节进、排气过程的长短（气门正时）和气门升程来改变进气量，以适应动力输出的需求。

现行凸轮机构控制气门开闭的发动机，气门正时和升程的调整可通过调整或控制凸轮轴相位（凸轮轴与曲轴的相对位置）、凸轮形线、摇臂和液压挺柱等传动件来实现，将来无凸轮的电磁气门正时和升程的控制会更简单。在此不多做可变机构的介绍，仅阐述可变功能及其对发动机性能的影响。常用的可变技术有正时可变、正时和升程均可变两种，升程单独可变很少采用。也可按照气门正时和升程随转速的变化是否连续可调，分为分段（级）可变和连续可变两种。显然，后者较前者适应性更好，但结构、控制较复杂。

（1）气门正时可变

气门正时可变又分为单气门正时可变和双气门正时可变两种。

单气门正时可变是指进气门正时可变。因为进气迟闭角对充气效率及整机性能的影响最大。许多发动机仅仅是在高、低速时将进气凸轮轴转动一个角度，使气门开启和关闭时刻同时提前或延后，不改变气门升程和气门开启持续期。此技术简单、实用。如图 6-10 所示，采用进气正时可变技术后，发动机的低速转矩、高速功率得到大幅度提高。

双气门正时可变是指进气门和排气门正时都可变，结构较复杂，只在少数发动机上采用。

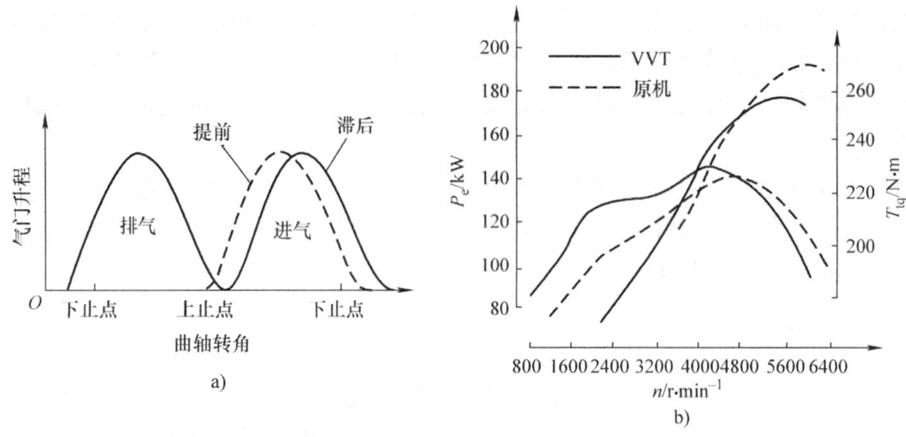

图 6-10　某非增压汽油机进气门正时可变对性能的影响

a）气门正时对比　b）性能对比

（2）气门正时与升程全可变

在改变气门正时的同时，气门开启持续期和升程也协调改变。可通过在不同转速下变换不同型线的凸轮实现正时和升程的分段调整，如本田 V－TEC 系统，图 6-11 所示为采用可变凸轮后与原机动力性能比较。也可利用电子控制摇臂上附加机构（如宝马、英菲尼迪等）、或可变液力挺柱高度（改变传给气门的凸轮升程百分比）、或无凸轮机构的电磁气门等实现气门正时、开启持续期和升程的连续可调。

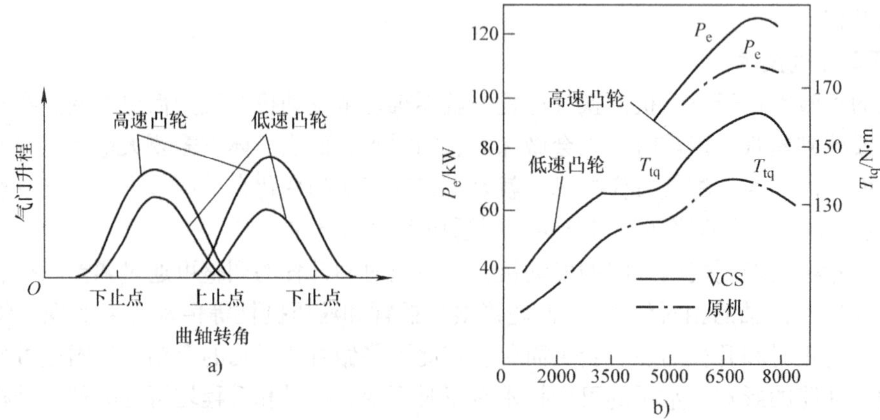

图 6-11　采用可变凸轮后与原机动力性能比较

a）气门正时和升程对比　b）动力性能对比

3. 可变配气技术其他优势或潜在功能

可变配气技术除了减少换气损失、增大充气效率，使发动机的低速转矩、高速功率及经济性都得到显著改善外，还有许多潜在的功能和优势。

（1）调节实际压缩比和膨胀比

通过进气门晚关角的可调，改变有效压缩比；通过排气门早开角可调，改变实际膨胀比。借助于此，可根据运行工况，灵活控制进气终点和排气始点，实现膨胀比大于压缩比的循环，即米勒循环。此项技术在汽油机和柴油机上的应用见10.2节。

（2）调节进气涡流

对4气门发动机，根据运行工况可控制2个进气门（主、副气门）开与不开，及开度（升程）的大小，可以调节气流速度和涡流强度，改善混合气形成与燃烧，将减少怠速时残余废气量、改善怠速稳定性，提高燃油经济性，减少排放。低速、低负荷时，主气门开启、副气门关闭，提高气流速度与涡流强度；高速、大负荷时，2个气门同时开启，以增大有效流通截面积，获得高的充气效率。

（3）取消节气门

采用气门正时和升程连续无级可变的汽油机，将不必要再使用节气门调节进气量，而直接通过控制进气门开启时间及升程，即可调节进入气缸的新鲜充量，大大降低了泵气损失，减轻了进气迟滞现象，提升了发动机动力性，减低油耗和排放。

（4）无凸轮配气机构

若将来的发动机能够利用电磁或电液机构直接驱动气门的开、关，不仅气门正时与升程连续可变、响应速度快，而且不再需要凸轮机构及节气门，发动机重量、噪声、机械损失将大大减小，性能将大幅提高。

（5）内部废气再循环

废气再循环是将排出气缸或做完功的废气的一部分再次引入到气缸，调节混合气成分（降低氧气浓度）和燃烧温度、控制 NO_x 生成的技术，其原理、对发动机燃烧及性能的影响等详见第7章和第8章。传统的废气再循环（EGR）是通过设在进、排气管道之间的管道和阀门来实现的，即所谓的外部废气再循环。若气门正时可变，则通过减小排气门晚关角、使一部分废气留在气缸中，或增大排气门晚关角、利用进气行程吸回一部分废气，可实现内部废气再循环，简化废气再循环系统，这对均质混合气压燃发动机（见10.6节）是重要的排放调控手段。

（6）利于实施断缸技术

断缸技术即多缸发动机工作在小负荷时，停止其中一部分气缸的工作，使另一部分继续工作的气缸工作在较高负荷率下，以达到节油的目的（详见9.2节、10.2节）。这实际上是改变发动机排量的技术之一。可变配气技术在断缸技术中可起到以下作用。其一，停止断火气缸之气门的运动，进一步减少机械损失（如三菱公司的可变配气系统）；其二，控制断火气缸气门的开、闭，可使其作为压气机使用。排气门关，进气门始终开，在压缩过程适当时机开启进气门，可提高相邻工作缸的充气效率。

（7）减速、制动功用

在紧急情况下，通过可变配气技术改变气门开启规律、点火顺序，利用压缩过程消耗功，达到减速、制动的目的。

6.5.3 进排气动力效应与可变歧管技术

提高充气效率，除了增大气门及进、排气道的流通截面积外，另一有效方法是歧管可变技术，即根据转速工况的变化调节进、排气歧管长度或截面大小，充分利用管道中气体的动力效应增加充气量的技术。

图6-12显示了不同进气管尺寸时充气效率随转速的变化曲线。长度大或直径小的进气管，在低速区具有高的充气效率及峰值，长度小或直径大的进气管，在高速区具有高的充气效率。这就是不同转速、进气管长度下，进气动力效应作用的结果。动态效应可分为惯性效应和波动效应，以下分别加以说明。

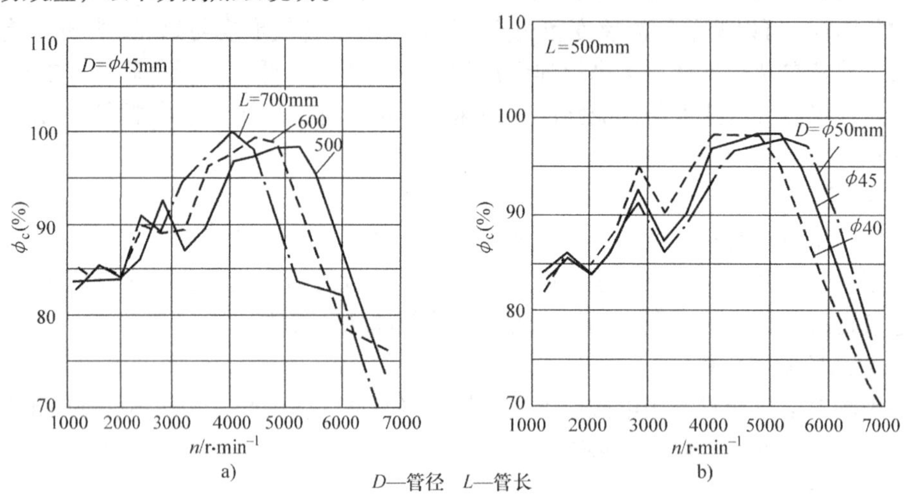

图6-12 不同进气管尺寸时充气效率随转速的变化

a）不同长度 b）不同直径

1. 惯性效应

前已叙及，利用进气流的动能、配合进气迟闭角的变化，能够实现过后充气，增加充气量，这就是惯性效应作用的结果。但需要注意的是，惯性充气是以进气流有足够的速度为前提，而高的气流速度又会产生较大的进气阻力。所以，利用惯性效应时，应考虑到进气损失增加，不应得不偿失。

根据动量原理，由动能转化得到的压力增量Δp_i与发动机转速n、气管尺寸等有如下关系

$$\Delta p_i \propto \frac{L^2}{V_p} n^2 V_s \tag{6-7}$$

式中 L——进气管长度；

V_p——进气管容积；

V_s——气缸工作容积。

显然，发动机在低速时，由于气流速度低，惯性效应弱，不利于低速下高转矩输出的需求。为改善低转速下进气惯性效应，缩小高、低速时进气惯性效应的差别，合理的进气歧管应是随转速的降低而适当增加长度或减小直径。最佳的进气管长度是在相应的进气晚关角下，不发生新鲜充量倒流为宜。否则，进气管过短，惯性效应利用不足；进气管过长，摩擦

阻力则过大。

2. 波动效应

（1）管道中波的传播与反射

压力波是可压缩弹性介质中压力、速度等参数瞬间变化（扰动）的传播。如图6-13所示，如果管道内的活塞以一定的速度v_p向右扰动一下，紧靠活塞右侧的气体受到推动挤压，速度由静止转变为v_p，压力由p上升为$p+\Delta p$，即产生了正压力波——压缩波。此压缩波以当地声速a向右传播，所到之处受扰动的气体压力升高Δp、速度由0变为v_p。当压缩波传播到管右端时，整个活塞右侧管路内的压力由p升高为$p+\Delta p$，气体以速度v_p向右运动。

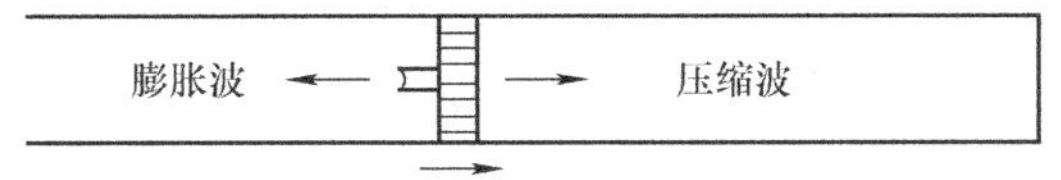

图6-13 等截面管内压力波的产生与传播

类似地，紧靠活塞左侧的气体则因活塞向右扰动，速度由静止转变为v_p，压力由p下降为$p-\Delta p$，即产生了负压力波——膨胀波。此膨胀波同样以当地声速a向左传播，所到之处受扰动的气体压力、速度均产生同样性质的变化。当膨胀波传播到管左端时，整个活塞左侧管路内的压力由p下降为$p-\Delta p$，气体以速度v_p向左运动。

当压力波到达管两端时，将出现反射压力波，反射波的性质取决于管端的边界条件。根据气体动力学，当压力波到达封闭端时，反射波与入射波性质相同，即压缩波传播至闭口端后反射为压缩波，膨胀波传播至闭口端后反射为膨胀波。若不考虑衰减，反射波的幅值与传入波的相同；当压力波到达开口端、且管外压力不变时，开口端的反射波性质和入射波相反，即压缩波传播至开口端后反射为膨胀波，膨胀波传播至闭口端后反射为压缩波。

发动机气门周期性地开、闭，进、排气管内必然产生周期性的压力波动。这种压力波动随转速的升高而加剧，且影响进气门端的压力，对充气效率有较大影响。

（2）进气歧管中的波动效应

1）本循环波动效应。所谓本循环波动效应，即是进气过程中管内产生的压力波动影响同一进气过程的现象。

进气门打开时，在活塞下行的抽吸作用下，新鲜气体流入气缸，在进气门端产生膨胀波，并以声速a向进气管入口方向传播。该膨胀波经过L/a（L为进气管道长度）时间到达进气管入口或较大的稳压腔后，产生开口端反射形成压缩波返回，再经过L/a时间返回到气门端。从气门口发出膨胀波到接收到反射回的压缩波，所需时间$\Delta t=2L/a$。若此时进气门还未关闭，则在气缸内产生闭口端反射形成压缩波，再传播至进气管入口处反射形成膨胀波，又传播至进气门端。至此，从气门口发出膨胀波到接收到反射回的膨胀波，经历一个周期$\Delta T=4L/a$。

如果在进气门关闭前夕，压缩波正好到达进气门口处（好比一股气浪涌来），就有助于过后充气，增加缸内新鲜充量。若进气歧管长度不合适，进气门关闭时恰好膨胀波到达，则会得到相反的效果。

2）上一循环波动效应。上一循环进气过程结束时的压力波动影响下一循环进气过程的现象，称为上一循环波动效应。

进气门关闭后，进气管内流动的气体因急速停止而涌压在进气门端，形成了压缩波，并在进气管入口或稳压腔与气门端之间来回反射，经历一个周期 $\Delta T=4L/a$，压缩波反射回进气门端。如果在下一循环进气门打开的时候，压缩波恰好到达，则有助于燃烧室扫气或避免废气倒流，提高了充气效率。

3）最佳波动效应的转速、管长条件。上述分析可知，要有效利用进气动态效应，需要压力波动周期与进气持续时间及间歇时间相配合，即压力波动频率与进气频率相吻合，这受制于转速和管长的配合。转速升高，进气持续时间和进气间歇时间变短，压力波动周期应缩短或波动频率应提高，需缩短进气管道；反之，转速降低时，应延长压力波动周期或降低波动频率，需增大进气管长度。所以，若转速、管长契合时，波动效应达到最佳。

对上一循环波动效应，最佳的波动周期是 $\Delta T=4L/a$，或波动频率是 $f_1=a/4L$，即进气间歇期间压力波在进气管道内来回反射 2 次。对于本循环波动效应，最佳的波动周期是 $\Delta T/2=2L/a$，或波动频率是 $2f_1=a/2L$，即进气期间压力波在进气管道内仅反射 1 次。若综合考虑本循环波动效应和上一循环波动效应，最佳的波动周期是 $1.5\Delta T=6L/a$，波动频率是 $f_1/1.5=a/6L$，即一个循环内压力波在进气管道内来回反射 3 次。若转速为 n（r/min），则四冲程发动机进气频率（每秒进气次数）为 $f_2=n/120$。频率比 q 为

$$q=\frac{f_1}{f_2}=\frac{30a}{nL} \tag{6-8}$$

当 $q=1$、2、3、4、…时，本循环进气门关闭前夕、下一循环进气门开启初始恰好有膨胀波到达，不利于提高充气效率。当 $q=1.5$、2.5、3.5、4.5…时，本循环进气门关闭前夕、下一循环进气门开启初始恰好有压缩波到达，利于充气效率提高。

频率比 q 不能过大，否则压力波来回反射次数过多，衰减严重，效果不佳。上一循环压力波经过多次反射，衰减大，振幅小；本循环的压力波动衰减小，振幅大，波动效应更明显，提高充气效率的效果更好。

4）可变进气歧管。传统的发动机，只有固定不变的进气歧管，只能在某一转速下获得良好的波动效应，其他转速下波动效应则起不到提高充气效率的作用，不利于车用发动机在高速下获得大功率、低速下获得大转矩的要求。所以，理想的进气歧管应随发动机速度的降低而增加长度，随转速的升高而缩短长度，以便在较宽泛的转速范围内有效利用波动效应获得良好的换气效果，提高转矩和功率输出。这就是可变进气歧管技术，因其通过波动效应提高进气门处的气体压力，增加进气量，又称之为谐振进气歧管，或谐波增压进气系统。

注意：不应忽略管道直径对流动阻力及其对压力波衰减的影响。管道直径过小，流动阻力增大，将减弱压力波强度；但管道直径过大，压力波振幅小，同样会使压力波强度减弱。

按照进气歧管长度随转速的变化是否连续可调，可变进气歧管又分为分段（级）可变和连续可变两种。

图 6-14 为 Audi V6 汽油机进气歧管长度分段二级可变系统及其效果。图 6-15 为进气管长度不可变、二级分段可变和无级连续可变进气系统之平均有效压力 p_{me} 比较。由图可见，无级连续可变进气歧管在各转速下都能利用动态效应达到最佳充气效果，获得了较大的充气效率 ϕ_c，动力性能最好，二级分段可变进气歧管只在特定的较高、较低二个转速附近效果最好。

除了可变进气歧管长度进气系统外，还有可变进气管道截面系统，此系统既能有效利用动态效应，又具有进气涡流、滚流调节的功能和优势，这对柴油机和稀薄分层燃烧汽油机非

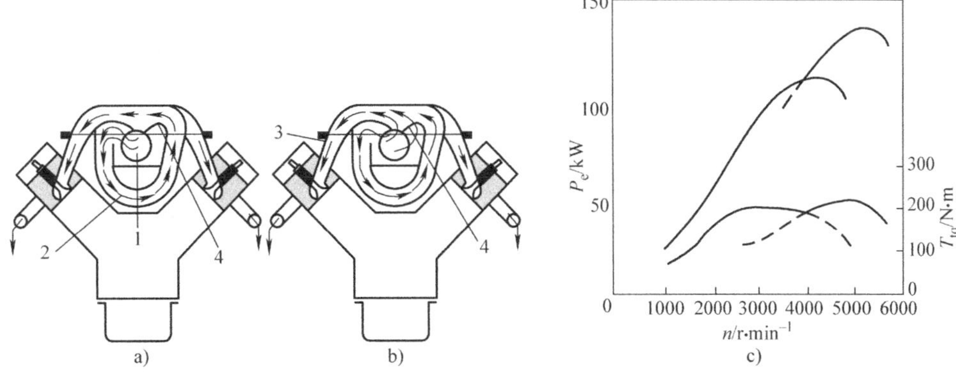

图 6-14 进气歧管二级分段可变及其效果

a）低速下进气流路径 b）高速下进气流路径 c）可变进气歧管长度对功率、转矩的影响

1—中心管 2—长进气歧管（低速管） 3—短进气歧管（高速管） 4—转换阀

常重要。图 6-16 为进气道截面、长度均可变系统示意图及各转速下的充气效率。该系统具有相对独立的主、副进气道，主气道为螺旋气道或切向气道。副气道为直气道，其内设置调节阀，改变阀门开度，可调节两气道进气气流比例，从而改变涡流和滚流强度。低速时，关闭副进气道和对应的进气门，减小进气流通截面积，以提高低速时流速，改善低速惯性充气效果，使充气效率 ϕ_c 较高，同时也提高了低速时涡流强度，改善了混合气形成与燃烧质量，使低速热效率提高、转矩增大。高速（低负荷）时，主、副进气管道和气门全开，以增大进气流通截面积，减小高速时流动阻力，充气效率提高，使高速转矩、功率均提高。

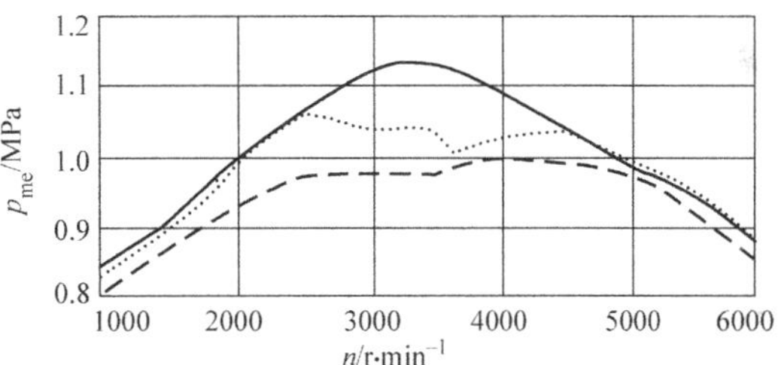

图 6-15 进气管长度不可变、二级分段可变和无级连续可变系统的平均有效压力比较

---- 进气管长度不可变，管长 420mm

······· 进气管长度二级分段可变，管长 300 ~ 900mm

—— 进气管长度无级连续可变，管长 330 ~ 900mm

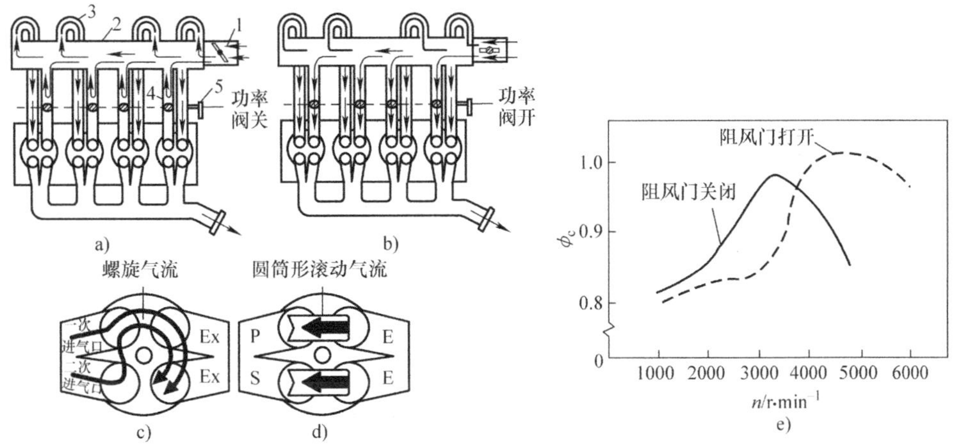

图 6-16 进气管长度、截面可变系统及其效果

a）低速时 b）高速时 c）低速空气涡流 d）高速空气滚流 e）各转速下充气效率

1—节气门 2—进气总管 3—长进气歧管 4—短进气歧管 5—功率（调节）阀

（3）排气管中的动力效应

类似地，排气管中同样存在动力效应现象。同样是本循环波动效应最有效。所不同的是，在排气门开启和关闭的前夕，应该使膨胀波出现在排气门口处，以减少残留废气，且在气门叠开期形成良好的扫气。但由于排气压力、温度均较高，振幅大，其波动效应更强。因压力波传播速度快，所以排气管路更长。

图6-17为一种可变排气管道截面系统示意图。该系统在排气管末端设置了可变节流阀，其开度随汽油机转速的升高而增大。

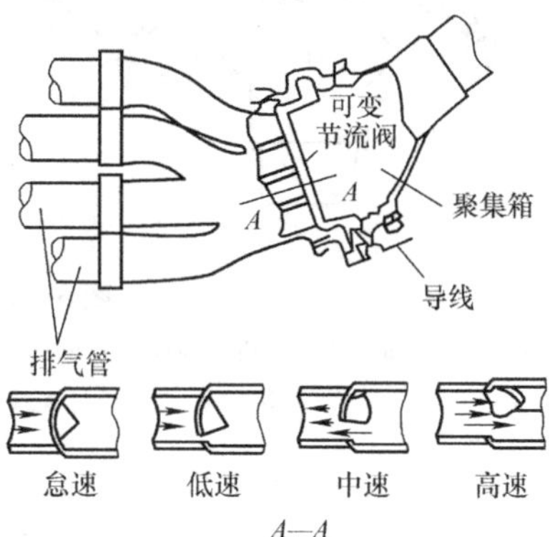

图6-17 可变排气管道截面排气系统示意图

（4）多缸发动机进、排气干扰现象

多缸发动机中，几个气缸的进、排气歧管连在一根进、排气总管上。在某一缸进气时，若其他气缸进气产生的膨胀波正好到达其进气门处，则会降低此缸的进气压力，或使废气倒灌、进气回流，导致充气效率减小，这种现象被称为进气干扰或“抢气”。同理，在某一缸排气时，若其他气缸的排气压缩波正好到达其排气门端，则会引起此缸排气背压升高，或使废气倒流入气缸，残余废气增多，也使充气效率减小，此现象被称为排气干扰。进、排气干扰现象既影响了充气效率，又加重了各缸进气不均匀的问题。

为了消除或减轻进、排气干扰，可将进、排气时间不重叠、不产生进、排气干扰的几个气缸分为一组，连接于一根相对独立的进气管或排气管；或各缸尽可能采用长度相等、形状相同的歧管与大容量的稳压箱及进、排气总管连接。

6.5.4 增压技术

使循环充量增加，提高气缸工作容积利用率和整机性能的另一有效方法就是增压。即在新鲜空气或空气/燃料混合气进入气缸前，利用增压器对其进行预先压缩，提高进气压力，将其泵送到气缸内，以达到小排量输出大功率的目的。在此仅就增压方法及其对换气过程的影响做介绍，关于增压对燃烧过程的影响及废气涡轮增压存在的问题，将在第7章、第8章和第10章阐述。

1. 增压度与增压比

增压度用来表示增压后发动机功率增加的程度，是指增压后较增压前标定功率的增长值与增压前标定功率值之比。一般车用发动机增压度在0.1～0.6，大型增压柴油机最高可达3。

增压度与增压比有关。增压比则是指标定工况下，压气机出口压力与进口压力之比，以π_k表示。

根据增压比的大小，可将增压分为四类：低增压，$\pi_k<1.6$；中增压，$\pi_k=1.6\sim2.5$；高增压，$\pi_k=2.5\sim3.5$；超高增压，$\pi_k>3.5$。

2. 增压方式

按照增压器驱动方式的不同，发动机增压的基本方式分机械增压、废气涡轮增压和气波增压三种，如图 6-18 所示。

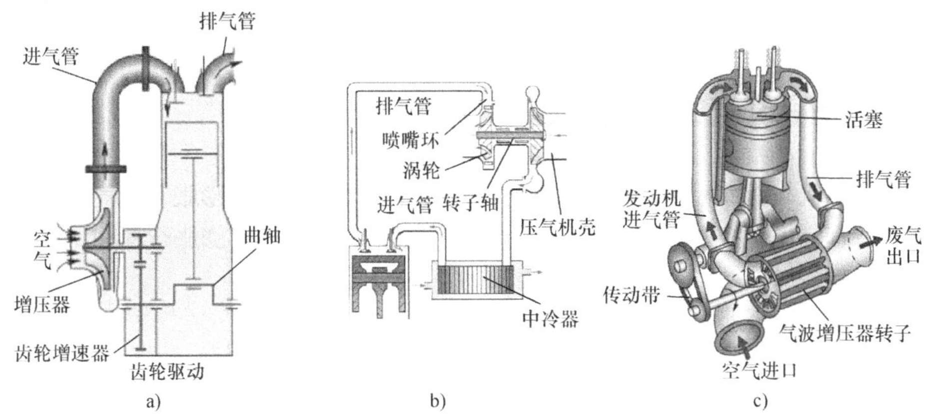

图 6-18　发动机三种基本增压方式
a）机械增压　b）废气涡轮增压　c）气波增压

1）机械增压。发动机曲轴通过传动机构直接驱动压气机（离心式或容积式）工作，对空气进行压缩，增加进气量，提高有效功率，但由于驱动压气机要消耗发动机功率，机械损失增加、机械效率降低，燃油消耗率较非增压时略高，通常用于低增压发动机。

2）废气涡轮增压。利用发动机排出的高温、高压、高速废气驱动涡轮做功，涡轮又带动同轴的压气机工作，将空气压缩后送入气缸。废气涡轮与压气机装成一体，称为废气涡轮增压器，它与发动机无任何机械联系。由于利用了废气能量，发动机动力性、经济性等均得到改善，所以得到广泛应用。

3）气波增压。气波增压器主要元件是由曲轴直接驱动一个转子。转子上有许多均匀排列的直叶片，它们与转子内外壳形成许多梯形截面的窄管道。转子的左端面上设有与大气相通的进气孔和与进气管相连的压缩空气出气孔，另一端面设有与大气相通的出气孔和与排气管相连的高压废气出气孔。在转子中的窄管道里，废气直接与空气接触（但不相互混合），利用其高压脉冲波来压缩空气，提高进气压力。

气波增压也是利用了排气能量。虽然其结构简单，低速转矩和加速响应性都好，符合汽车使用的要求，但体积大，在发动机上安装困难，加之噪声大、制造费用高等，至今未得到广泛应用。

3. 增压对换气过程的影响

增压使进气管内压力高于大气压力，这在一定程度上改变了自然吸气发动机新鲜充量完全被动地被吸入气缸的缺陷，对换气过程及发动机性能影响较大。

1）进气压力及进气密度的提高，充气效率较非增压发动机提高，在排量不变的情况下，使更多的新鲜充量进入气缸，提高了气缸工作容积利用率，使有效功率、升功率、平均有效压力等均升高。

2）泵气功为正。进气压力的提高，进气过程中新鲜进气推动活塞做功，如图 6-2b 所示。加之指示功率大幅提高，机械效率有所提高。

3）在气门叠开期，不易出现废气倒流入进气管，易于实施扫气，减少残余废气，提高充气效率。所以，增压发动机的气门叠开角较大。

4）压缩后的空气温度升高，会减弱增压增加充气量的效果，所以增压后的空气在进入燃烧室前要进行冷却，即增压中冷，既保证了进气密度，又降低了燃烧室温度。

6.6 二冲程发动机的换气过程

二冲程发动机与四冲程发动机不同，它的进气、压缩、燃烧－膨胀和排气四个过程只需要两个活塞行程完成，换气是在活塞下止点附近完成的，且占据了膨胀行程和压缩行程中的一部分活塞行程。

6.6.1 二冲程内燃机的换气方式

二冲程发动机中，排气和进气过程大部分是在进气（扫气）孔及排气孔（或气门）都开启的情况下重叠进行的，空气或燃料/空气混合气在扫气孔前压力高于排气孔（气门）后压力的情况下进入气缸，以扫除废气。所以，二冲程发动机换气方式（或系统）又称扫气方式，且必须设置扫气泵以提高空气或燃料/空气混合气的压力。

二冲程发动机的换气方式可以分为横流扫气、回流扫气和直流扫气三种。

1. 横流扫气

如图 6-19a 所示，扫气孔口与排气孔口在气缸下部沿圆周对置于气缸的两侧，由活塞的移动控制其开启和关闭。其优点是结构简单，没有气门及传动机构。

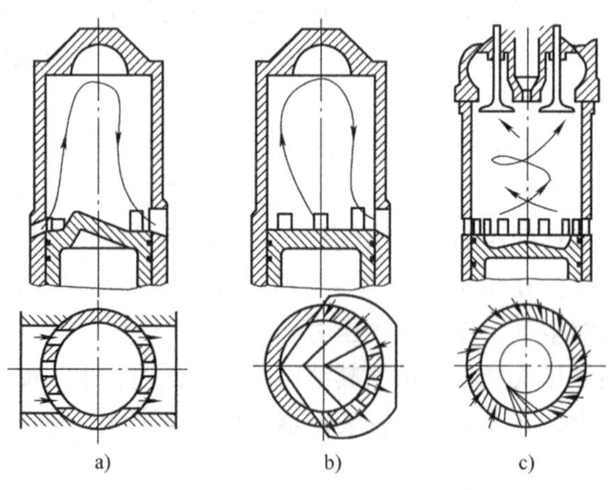

图 6-19　二冲程发动机的换气方式

a）横流扫气　b）回流扫气　c）直流扫气

横流扫气式发动机气缸内气流特性，在很大程度上取决于气孔的开度、活塞顶的形状、扫气孔轴线相对于气缸轴线的倾斜角。

扫气孔开启初期，凸起的活塞顶及扫气孔的倾斜角，使气流扫向气缸上部，有利于减少残余废气。随活塞下移，气流逐渐转向气缸排气孔一侧。当扫气孔完全打开后、活塞到达下止点时，新鲜充量会由扫气孔向排气孔几乎“平直地”沿最短的路线流出。所以，这种扫气方案换气效果不佳，易在气缸顶部区域（扫气死角）残留废气，扫、排气口之间易产生新鲜充量的短路损失。另外，扫气口侧温度低、且活塞受新鲜气体压力，排气口侧温度高，易导致活塞、气缸套变形及排气孔侧的偏磨。

2. 回流扫气

如图6-19b所示，扫气口、排气口都位于气缸一侧，扫气口相对于气缸中心线方向和圆周方向均有倾斜角，使扫气气流纵向朝气缸顶、横向沿气缸壁转弯而形成回流，将废气由排气口挤出。回流扫气减少了新鲜充量直接短路的量，扫气效果要比横流扫气好得多，同时，又保留了结构简单的优点，在小型汽油机上获得广泛应用。

3. 直流扫气

如图6-19c所示，在气缸盖上设置排气门，扫气孔在气缸下部沿圆周均布，其中心线沿切向排列。新鲜充量在气缸内形成高速旋转上升运动，既避免了新鲜充量与废气过多掺混，又将废气推出气缸。直流扫气使得气缸内非扫气区减少，扫气效果最好。由于扫气口沿整个气缸圆周分布，气孔的高度可以减小，以减少行程损失。同时，直流扫气使活塞受扫气冷却及压力的作用较均匀。但此种扫气方式由于保留了类似四冲程发动机的气门机构，结构较为复杂，发动机高度增加。

6.6.2 二冲程发动机换气过程的诸阶段

二冲程发动机的换气过程分为自由排气、扫气－充气及强制排气、补充排气或补充充气三个阶段。

1. 自由排气阶段

自由排气为排气口（气门）开启，至新鲜充量经扫气口开始进入气缸内为止。自由排气初期时，排气孔（气门）处为超临界流动，以声速流出，而后是亚临界流动，流速低于声速。在自由排气阶段，排出的废气量约为废气总量的70%～80%。

2. 扫气－充气及强制排气阶段

从扫气口打开到活塞越过下止点后上行至将扫气口关闭，即为扫气－充气及强制排气阶段。此阶段内，扫气、充气及强制排气同时进行。

3. 补充排气或补充充气阶段

回流换气式二冲程发动机，排气口的关闭时刻略滞后于扫气口，这时在活塞上行的推挤和排气气流的惯性作用下，缸内气体继续由排气口排出，直到排气口关闭为止。从扫气口关闭到排气口关闭这一时期称为补充（或过后）排气阶段。但是，补充排气总是伴随着新鲜充量的流失。

直流换气式二冲程发动机，扫气口关闭时刻略迟于排气口。从排气口关闭到扫气口关闭这一阶段，新鲜充量继续进入气缸，称为补充（或过后）充气阶段。补充充气持续的时间很短，此时活塞已上行压缩缸内气体，必须提高扫气泵的扫气压力，才能使更多的新鲜充量进入气缸。

6.6.3 二冲程发动机换气过程质量评价参数

对二冲程发动机，常用充气效率、扫气系数、过量扫气系数三个参数评价换气质量的好坏。充气效率与四冲程发动机相同，在此着重介绍另两个参数。

1. 扫气系数 ϕ_s

扫气系数的定义为：换气过程结束后，留在气缸内的新鲜充量的质量 m_1 与缸内气体总

质量的比值 m_0，即

$$\phi_s = \frac{m_1}{m_0} = \frac{m_1}{m_1 + m_r} = \frac{1}{1 + \phi_r} \tag{6-9}$$

式中　m_r和 ϕ_r——分别是残余废气质量和残余废气系数。

扫气系数 ϕ_s是衡量扫气效果优劣的重要标志。ϕ_s越大，扫气效果越好，气缸内残留废气越少。一般情况下，ϕ_s的值在 0.8～0.95 之间，具体与扫气方案、发动机运转工况等有关。

2. 过量扫气系数 ϕ_k

每循环流过扫气口的充气质量 m_k与扫气状态（p_s，T_s）下充满气缸工作容积的充量质量 m_s之比定义为过量扫气系数，即

$$\phi_k = \frac{m_k}{m_s} \tag{6-10}$$

显然，过量扫气系数是指扫气总量（每循环新鲜气体耗量）与理论充气量的比值，故又称给气比。该值一般为 1.2～1.5。过量扫气系数 ϕ_k越少，表示耗气量越少，扫气泵耗功越少，换气系统越完善。

理想换气系统，应当是确保在尽可能小的过量扫气系数 ϕ_k的前提下，获得尽可能高的扫气系数 ϕ_s。

6.6.4　二冲程发动机换气过程的特点

二冲程发动机的换气过程与四冲程发动机的相比，有以下特点。

1. 换气时间短（曲轴转角小），进、排气重叠期长

二冲程发动机的换气过程总持续期为 120°～160°CA，仅仅是四冲程发动机的换气持续期的 1/3 左右，而进、排气重叠角却占整个换气持续角的 70%～80%。所以，换气时间短，且扫气、充气、排气重叠进行，新鲜充量与废气掺混时间相对较长，残余废气系数较大，新鲜充量直接流失较多。

2. 活塞行程损失

由于二冲程发动机的换气过程占据膨胀行程和压缩行程中的一部分活塞行程，减小了膨胀做功的有效行程。

3. 扫气消耗功大

二冲程发动机扫气式的换气过程，空气耗量大，扫气泵耗功多。

二冲程发动机换气过程的上述特点，决定了其换气质量较差，且对性能的影响较大。虽然二冲程发动机单位时间的做功次数比四冲程发动机增加一倍，但其功率只增加 50%～70%，燃油消耗率反而高出 20%～30%。尤其对二冲程汽油机，由于空气/燃料混合气的直接流失，使燃油消耗率更高，同时 CH 的排放量增多。

另外，二冲程发动机换气系统的设计、换气过程参数的选择，一般以某一转速工况进行优化匹配，只能在较窄的转速范围内保持良好的换气品质，对工况变化适应性差。即实际运行时，由于转速变化范围宽，换气过程的状况易偏离设计工况，换气质量变差。二冲程发动机适用于工况稳定的大型低速船用或固定式（如发电机组）应用场合，对比功率、比质量指标要求较高的摩托车发动机和小型汽油机，有的也采用二冲程发动机。

【思考题与练习题】

1. 如何理解“发动机存在换气困难”问题?

2. 从动力性、经济性出发，对发动机换气过程有何要求?

3. 汽油机、非增压发动机和增压发动机的气门重叠角有何不同? 为什么?

4. 何为燃烧室扫气? 有何作用? 汽油机与柴油机、增压发动机与非增压发动机相比，哪种适合组织扫气? 哪种不适合组织扫气? 为什么?

5. 何为废气倒灌? 它有什么害处? 汽油机与柴油机谁易发生废气倒灌? 为什么?

6. 什么是充气效率? 有何意义?

7. 试根据充气效率的分析式，说明提高充气效率的措施。

8. 试述转速和负荷是如何影响充气效率的，汽油机与柴油机有什么不同?

9. 发动机进、排气门为何要早开、晚关?

10. 四个气门正时角中，哪个对充气效率影响最大? 哪个对换气损失影响最大?

11. 理想的气门正时角随转速的升高应如何调整? 为什么?

12. 比较汽油机与柴油机、增压发动机与非增压发动机气门重叠角的大小，说明原因。

13. 对照图6-5，说明充气效率、有效功率、转速、进气门迟闭角之间的关系。

14. 多气门机构较复杂，但越来越多的发动机采用它，说明原因。

15. 为什么早期的配气正时可变发动机多采用单气门（进气门）正时可变?

16. 何为可变进气歧管技术? 它对换气过程和发动机性能有何影响? 说明高、低速下运转时，进气系统如何改变?

17. 对进气歧管不可变的高速发动机与低速发动机，进气管长度有何不同? 为什么?

18. 空气滤清器为何要及时维护或更换?

19. 汽、柴油机进、排气管的布置有何不同? 为什么?

20. 发动机进、排气门数相等时，进气门直径总比排气门直径大，对否? 为何?

21. 增压对换气过程有何影响?

22. 理论上，排量、转速等主要参数相等的四冲程与二冲程发动机，二冲程发动机的功率应该是四冲程的2倍，可实际上只有1.5~1.7倍，主要原因是什么?

23. 二冲程发动机经济性、排放性比四冲程都差，说明主要原因。

第 7 章　汽油机混合气形成及燃烧过程

7.1　概述

7.1.1　混合气形成及燃烧与发动机性能的关系

燃烧过程是燃料与空气在气缸内进行的、将化学能转变成热能、形成高温高压气体的化学反应过程，是发动机中能量转换的关键。根据发动机理论循环影响因素与循环最佳化（4.2 节）和性能基本要素（5.7 节）分析，气缸内燃料/空气混合气燃烧的完全度、速度、时间及混合气比热比是影响发动机热效率的关键因素。仅就热力循环实现热功转换效果而言，燃烧放热越完全、越集中在上止点附近迅速完成，混合气比热比越大，则循环热效率越高，发动机经济性、动力性也越好，排气中的 CO、HC、炭烟等有害物质越少。考虑到能量密度问题，则在能够完全燃烧的情况下，过量空气系数 ϕ_a越小，实际混合气的低燃烧热或能量密度越高，燃烧温度越高，动力性指标越高，但 NO_x 却增多。

但从可靠性、平稳性和能量平衡看，若燃烧放热速度太快，能量密度、燃烧温度越高，气缸内压力增长过分剧烈，将引起机械负荷、热负荷增大，振动冲击及噪声加剧，磨损加速、散热损失增多等。

理想的燃烧过程应该是各种运行工况、环境下，尽可能地在压缩行程上止点附近能够完全、及时地结束，在保证发动机有良好的动力性与经济性的同时，又满足工作柔和、噪声小、有害排放物质少、容易起动等性能要求。

燃料燃烧开始和发展的首要条件是一定数量的燃料与空气接触、混合，这就是混合气的形成。燃料与空气混合气形成的速度、部位、时间及均匀度基本要素，决定着气缸内混合气完全燃烧所需的最小过量空气系数值，燃烧的完全度、速度、时间及多缸发动机工作均匀性，进而影响气缸内温度、压力、物质成分等。所以，混合气的形成和燃烧过程密切相关，不仅对热效率有直接影响，而且对排放性、冷起动性、怠速稳定性、加减速圆滑性及振动、噪声、使用寿命（受机械载荷与热负荷影响）等均具有重要影响。

7.1.2　混合气形成及燃烧的基本方式

发动机燃料特性、供给方式决定了燃料/空气混合气形成的方式，影响着混合气形成、着火和燃烧方式、功率输出调节方式。一直以来，人们通过“燃油供给喷雾、气流运动、燃烧室”的优化匹配，致力于各种工况或环境条件下混合气浓度、混匀度、混合气形成速度、时间的合理调控，探索不同的燃料供给和燃烧方式，努力使汽油机向更轻型、更高速化发展，并不断改善经济性和排放指标。

随着电子控制技术的发展，汽油机混合气形成与燃烧过程的调控手段更趋智能化。电控燃油喷射及点火技术，对混合气的形成及燃烧产生了巨大影响，均质混合气燃烧技术更趋完善，稀薄非均质（分层）混合气燃烧等技术不断进展，兼有点燃和压燃双重性质的均质混合气压燃技术也得到了发展，已最大限度地接近理想混合气形成及燃烧过程的要求。汽油机的燃料供给、混合气形成与燃烧方式见表 7-1。

表 7-1　汽油机燃料供给及混合气形成、燃烧方式

<table>
<tr><th colspan="2">燃料供给</th><th>可燃混合气与燃烧</th><th>功率调节</th><th>控制方式</th></tr>
<tr><td rowspan="3">进气
管道</td><td>化油器式</td><td rowspan="2">均质可燃混合气，点燃、火焰传播，$\phi_a<1.2$</td><td rowspan="4">量调节</td><td>物理（真空）控制</td></tr>
<tr><td rowspan="2">汽油喷射</td><td>电子控制</td></tr>
<tr><td>分层混合气稀燃，点燃、火焰传播，ϕ_a达 1.5～1.7</td><td rowspan="4">电子控制</td></tr>
<tr><td colspan="2" rowspan="3">气缸内
汽油喷射</td><td>均质当量比混合气，点燃、火焰传播</td></tr>
<tr><td>点燃、火焰传播：中低转速与负荷工况，分层稀燃，ϕ_a达 3.0～3.4；高负荷、高速工况，均质燃烧，$\phi_a\approx1.0$</td><td>量调节＋
质调节</td></tr>
<tr><td>均质稀混合气压燃</td><td>质调节</td></tr>
</table>

目前，绝大多数汽油机是均质混合气点火燃烧。本章将重点阐述均质可燃混合气形成和燃烧过程及其影响因素、调控组织问题，分层稀薄燃烧、均质混合气压燃及代用燃料将在第 10 章中讨论。

7.1.3　汽油机混合气形成与燃烧的基本特点

1）均质混合气火花点火燃烧。汽油蒸发性好，它与空气的接触、混合或从它喷入进气管道内开始，或从在进气行程中被喷入气缸内开始，一直延续到压缩过程末期着火前，形成了基本均匀的混合气；火花点燃形成火焰中心，并逐层传播至整个燃烧室，燃烧平稳，振动小（工作柔和），燃烧速度快。

2）过量空气系数小且范围窄。其一，燃料与空气混合均匀，易于完全燃烧，空气利用率高，需要过量空气较少；其二，均质混合气可靠着火的浓度范围较窄，汽油机过量空气系数在 0.6～1.2 之间（空燃比约在 9～18 之间），且大部分工况的混合气在 1 附近。

3）最高燃烧温度较高，热负荷大。过量空气系数较小、燃烧速度快、等容度高是主要原因。

4）功率调节方式为“量调节”。因均质混合气着火的浓度范围窄，主要靠改变节气门的开度、控制进入气缸内的混合气数量来调节功率输出，以适应负荷的变化，这种功率的调节方式称之为“量调节”。

7.2　汽油机均质混合气形成

7.2.1　混合气形成过程与要求

2.1 节中已阐明，内燃机中的燃料与空气是气相混合燃烧。液体燃料燃烧首先要经过以下的物理过程形成可燃混合气。

1）将一定量燃油雾化成细小颗粒并分布在指定的空间内，这是混合气形成的基本条件。燃油雾化的目的是增加其受热、蒸发表面积，扩大燃油蒸气与空气扩散混合的范围。

2）燃油颗粒受热并蒸发。

3）燃油蒸气与其周围的空气相互扩散混合。

显然，影响混合气形成的基本因素是燃油雾化质量及油雾的蒸发、燃油蒸气的扩散/混合速度等。高速运转的发动机则取决于燃油供给喷雾、燃油喷入空间（进气管道、燃烧室、气缸）和空气流动状态及其相互配合。

汽油机不同转速和负荷工况、过渡工况时，因燃油雾化状况、蒸发与扩散外界条件（主要是气体运动与温度）、燃烧要求等的不同，所适宜的空燃比值也不同，即便是同一工况在不同的运行条件（燃料理化性质、环境温度、蓄电池电压、发动机磨损程度等）下所适宜的空燃比值也不同。所以，为保证均质混合气燃烧汽油机可靠着火、稳定快速燃烧，达到总体性能最佳，对其燃料供给和混合气的形成基本要求是：

1）适应负荷（或节气门开度）和转速的变化，使各种工况、运行条件下能以各自适宜的混合气浓度运行。

2）燃油与空气混合均匀，多缸发动机各气缸之混合气数量与成分分配均匀。

3）对工况变化具有良好的响应特性。

7.2.2 化油器式混合气形成

化油器基本结构与混合气形成原理如图 7-1 所示。

进气行程中，随着活塞的下行，空气经空气滤清器、化油器、进气歧管进入气缸。空气流经化油器喉管时，随着管径的变小流速升高，喉口处流速达到最大。根据“气流速度增大，压力就会相应减小”的文丘里定律可知，喉口处的压力最低，产生了一定的真空度（负压）。在浮子室内与喉口处压力差的作用下，汽油从浮子室经量孔、喷管被吸出，并立即被迎面来的高速气流击碎分散成细小颗粒。雾化的汽油大部分在随空气流入气缸的过程中蒸发，并与空气混合，较大的油滴在进气和压缩过程中继续蒸发混合，一直持续到燃烧前。而有一些油颗粒则落在进气管道内壁上形成油膜，在沿管壁向前流动的同时受管壁温度作用蒸发而进入气缸。在雾化不良、温度较低的恶劣条件时（如冷起动工况），管道内壁上的油膜将一直流入气缸，甚至冲刷气缸壁进入油底壳。

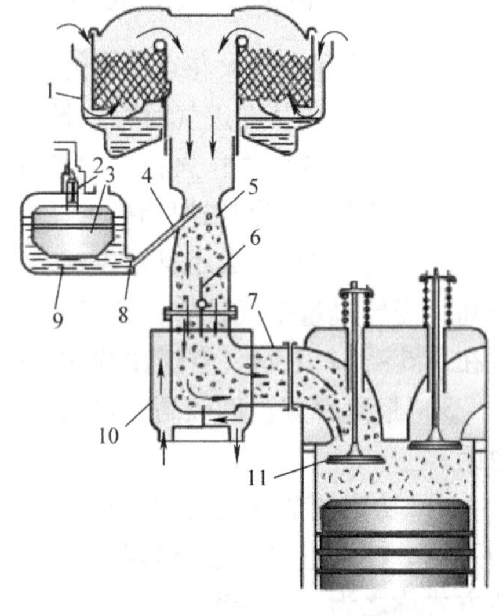

图 7-1 化油器基本结构与混合气形成

1—空气滤清器 2—进油针阀 3—浮子 4—主喷管 5—喉管 6—节气门 7—进气支管 8—主量孔 9—浮子室 10—进气预热套管 11—进气门

7.2.3 电控汽油喷射式均质混合气形成

汽油喷射，即以喷油器取代传统的化油器，将汽油在一定的压力差下喷入进气管、进气道或气缸内。目前广泛采用进气道内喷射，缸内喷射则是发展方向。

电控单元中预先储存着通过实验得到的转速 - 负荷 - 最佳空燃比的三维关系图和转速 -

负荷-最佳点火提前角的三维关系图。工作时电控制单元根据负荷（空气流量、进气歧管压力等）传感器信号和转速传感器信号，判断发动机所处的工况，并根据预存的三维关系图，查算相应工况下的最佳空燃比和点火提前角。以空气流量和查算得到的空燃比确定基本喷油量（基本喷油脉宽），然后再根据进气温度传感器、冷却液温度传感器、氧传感器、蓄电池电压等其他传感器信号对基本喷油量进行修正，得到最终喷油量（最终喷油脉宽）。电磁喷油器得到电控单元指令，在一定的压力差下，将相应数量的燃油喷入。油雾在高温和气流的作用下边蒸发边扩散，直至压缩过程末期点火前，燃油与空气基本形成了均匀的混合气；点火控制系统则以爆燃传感器信号、进气温度、冷却液温度、海拔等传感器信号对点火提前角进行修正，得到最终的点火提前角。

对进气道喷射汽油机，一般情况下，尤其是怠速和中小负荷工况尽可能在进气门开启前完成喷油，一部分油雾散布在进气道空间里，一部分冲击到高温的进气门背面或进气道内壁形成油膜。燃油在高温的作用下蒸发、扩散，进气门开启后进气流促进了蒸发、混合，直至压缩过程末期点火前，燃油与空气基本形成了均匀的混合气。但低速大负荷时也会采用进气门开启时喷射，油雾伴随着进气流进入气缸，边蒸发边混合，有利于混合气降温和增大充量，只是混合气浓度分布欠均匀。

缸内喷射均质混合气燃烧的汽油机，所有工况下使用化学当量比混合气工作，所以又称缸内直喷均质当量比汽油机。燃油在进气行程中以2~5MPa的高压喷入。为防止过早的喷射使燃油撞击活塞顶面，而过晚的喷射又不利于油气充分混合，喷油时刻和持续期根据工况和喷射压力而定。喷入气缸的油束在强烈气流作用下快速吸热、蒸发、扩散混合，至点火前，燃油与空气基本形成了均匀的理论混合气。

电控燃油喷射式混合气形成方式中，进入气缸的空气量和燃油量分别单独计量、控制，控制燃油量的参数主要是转速传感器和空气流量传感器精确计量的空气流量，并考虑环境和运行状况的影响进行修正；燃油雾化质量则依赖于喷油压力，不受工况的影响。电控喷射式供油克服了化油器供油的缺陷，使汽油机综合性能得到提升。

1）空燃比控制精确，并自动适应工况、环境等的变化。

2）燃油喷射响应快，雾化质量高，加之减少或没有（对缸内喷射）燃油在进气道壁或进气门上的附着，加减速灵敏且圆滑，起动性能好。

3）各缸混合气分配均匀性好。

4）取消了喉管，进气阻力小，无需进气预热，充气效率高。尤其是缸内喷射，进气中只有新鲜空气、不含燃油蒸气，可组织扫气，并且燃油在气缸内吸热蒸发具有降温效果，充气效率进一步提高。

5）可变进气歧管、增压等技术易于实现。

7.3 汽油机的正常燃烧

压缩行程上止点前某一曲轴转角时，点火系统将10~35kV的高压电施加于火花塞两电极上，击穿电极间隙内的混合气产生火花（跳火），点燃其周围容积不大的可燃混合气，形成火焰中心。若此火焰中心的体积足够大、存在的时间足够长，能够引燃与其相邻的混合气层，则点火成功，火焰层即由火花塞处以一定速度（30~80m/s）向四周未燃混合气迅速传播，并将未燃混合气与已燃气体分为两个空间，直至遍及整个燃烧室。整个过程约持续40°~60°曲轴转角。若火花塞放电形成的火焰中心的体积不够大，或者火焰中心的存在时间不够长，则直到火焰中心消失，燃烧仍不能发展。

从火花塞跳火时刻到活塞行至上止点时曲轴转过的角度，称为点火提前角 θ，又称点火正时。压缩行程上止点之前点火是保证燃烧在上止点附近能够及时结束的基本措施。

燃烧过程中，不同时刻燃烧放热速率（单位曲轴转角或时间内的燃烧放热量 $dQ_B/d\varphi$）的差异，及气缸体积随曲轴转角的变化，使缸内压力及温度呈现出不同的变化特征。基于此，常借助于 $p-\varphi$ 示功图（图 7-2），将复杂的燃烧过程划分为几个基本阶段，并与放热速率特性（放热速率随曲轴转角的变化）相结合，以深入认识、分析和评价燃烧过程。

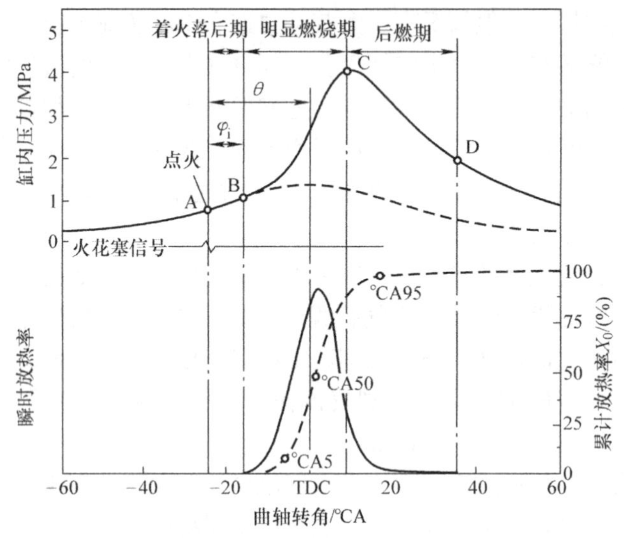

图 7-2　汽油机燃烧过程

7.3.1　汽油机燃烧过程诸阶段

根据汽油机燃烧过程压力的变化特征，将其分为着火延迟期、速燃期和后燃期三个阶段，如图 7-2 所示。图中实线为气缸内实际燃烧时的压力 p 变化曲线，虚线为没有点火燃烧时、无摩擦损失的纯压缩膨胀压力曲线。

（1）第一阶段——着火延迟（落后）期

从火花塞跳火的时刻到形成火焰中心，并开始火焰传播时的一段时间称为着火延迟期。火花塞跳火时即有亮光闪过，但没有立刻出现火焰，而是经过短暂的黑暗后才出现火焰而再现亮光。所以着火延迟期又叫滞燃期，其长短一般用 τ_i（以时间“秒”计）或 φ_i（以曲轴转角“度”计）表示。

着火延迟期是混合气的着火阶段，此阶段内的放热速率很慢、累计放热量非常少（约5%），对气缸内压力变化几乎没有影响（与没有点火燃烧的纯压缩线重合）。所以，在 $p-\varphi$ 示功图上，着火延迟期是从开始点火时刻 1 点到气缸中压力开始急剧升高、燃烧压力曲线（实线）与纯压缩膨胀曲线（虚线）的分离点 2。这段时间约占整个燃烧时间的 15% 左右。

着火延迟期的长短与燃料自身特性、混合气浓度、点火时缸内压力温度的高低、压缩比、点火能量、缸内气体的运动及残余废气量等因素有关，详见2.4节。燃料的热稳定性越低，着火延迟期越短；着火延迟期随混合气浓度的增大而缩短，过量空气系数在0.85～0.95时达到最短；提高点火时混合气的温度和压力使着火延迟期缩短；气缸内残余废气减少，使着火延迟期缩短；点火能量越大，着火延迟期越短。

最小点火能量与混合气浓度、压力、温度、运动速度有关，如图2-3所示。理论混合气浓度附近点火能量只需0.2mJ；较稀或较浓的混合气，以及电极处气流速度较高时，点火能量为3mJ；为保证任何工况都能可靠点火，点火能量一般为30～50mJ；高能点火可达到100mJ。

注意：只要保证点火成功，使汽油机正常工作，着火延迟期的长短对汽油机性能影响不大，这与柴油机有明显不同。

（2）第二阶段——速燃期（急燃期）

从火焰中心形成到火焰以一定速度遍及整个燃烧室的时期称为速燃期，在 $p-\varphi$ 图上对应于压力急剧上升的2－3段。

速燃期是汽油机的主要燃烧放热阶段，其主要特征是：此期间烧掉绝大部分（累计80%～85%以上）燃料，放热速率迅速上升并达到最高值；气缸体积小且变化少（因活塞在上止点附近，移动速度较慢）、近乎于等容燃烧，缸内压力、温度急剧升高，在结束时达到最大值（点3）。由于汽油机是均质预混合燃烧，缸内温度与压力几乎同步升高并达到最大值。

速燃期内压力升高的急剧程度以单位曲轴转角气缸压力的变化量——平均压力升高率 $\Delta p/\Delta\varphi$ [MPa/(°CA)] 表示，其表达式为

$$\frac{\Delta p}{\Delta\varphi}=\frac{p_3-p_2}{\varphi_3-\varphi_2}\qquad[\text{MPa}/(°\text{CA})]\tag{7-1}$$

式中 p_3、p_2——速燃期终点和始点的压力（MPa）；

φ_3、φ_2——速燃期终点和始点相对于上止点的曲轴转角（°CA）。

平均压力升高率的大小表征了燃烧等容度和粗暴度。一方面，压力升高率 $\Delta p/\Delta\varphi$ 越高，表明速燃期内燃烧放热速率越快、持续时间越短，燃烧放热等容度越高，热利用率越高，汽油机的动力性、经济性就越好；另一方面，若燃烧速率过快使压力升高率 $\Delta p/\Delta\varphi$ 过大，又增大了燃烧粗暴度，使振动、冲击、噪声加重，最高燃烧压力、温度也增大，将影响发动机工作的舒适性、耐久性和可靠性。

压力升高率 $\Delta p/\Delta\varphi$ 取决于燃烧速率（单位时间内燃烧掉的混合气数量），而燃烧速率则正比于火焰前锋面积、火焰传播速度、混合气密度。

火焰前锋面积与燃烧室结构形状及火花塞位置有关（详见本章7.7节）；混合气密度正比于进气终了压力，增压、可变进气技术等均提高了混合气密度（详见6.5节）；火焰传播速度则如2.4节中所述，主要与混合气浓度有关，同时受混合气温度、流动状态的影响。较高的温度、适当的紊流，均使火焰传播速度加快。在过量空气系数 $\phi_a=0.85\sim0.95$ 的混合气中，火焰传播速度最快，燃烧温度最高。偏稀或偏浓的混合气中，火焰传播速度均降低。过浓（$\phi_a<0.4\sim0.5$）或过稀（$\phi_a>1.3$）的混合气中，火焰将不能传播。

（3）第三阶段——后燃期（或补燃期）

后燃期是指从最高压力点3至膨胀过程前期燃料基本燃烧完的点4结束一段时间。这一

时期内，发生的是因壁面淬熄效应吸附在气缸壁及活塞与气缸壁各缝隙中的未燃混合气、燃料与空气达不到理想的均匀混合和高温热分解产生的 CO、HC 等不完全燃烧产物的过后继续燃烧。

经过速燃期后，废气的浓度大增、未燃混合气数量已很少，后燃期内的燃烧反应速度已大大降低，同时气缸体积迅速增大，使气缸内压力和温度快速下降。

后燃是在活塞已离开上止点向下止点移动中、膨胀比减小的情况下进行的，燃烧放出的热量不能得到充分利用，并且使膨胀过程温度升高，散热损失增加，导致动力性及经济性下降、构成燃烧室零件的热负荷增大、排气温度升高等。同时，过后燃烧也是导致排气管放炮、进气管回火（缸外形成混合气的汽油机）的根本原因（详见本章 7.4 节）。因此，应尽可能减少过后燃烧。

7.3.2 以示功图评价汽油机燃烧过程

汽油机三个燃烧阶段中，热量主要集中在速燃期内放出。速燃期起止时刻及期间的放热量，对循环效果有决定性的影响。在示功图上，气缸内最高压力值 p_{zmax} 及其对应的曲轴转角、平均压力升高率的大小，是判断燃烧过程合理性的重要参数。大量的实验研究表明：

1）最高燃烧压力 p_{zmax} 出现在上止点后 12°～15° CA，压力快速升高的始点在上止点前 12°～15° CA，即速燃期起点与终点基本对称于上止点，则发动机就能发出最大的功率，并有着最低的油耗。

2）最高压力代表了机械负荷的大小，汽油机一般应小于 3～6.5MPa。

3）平均压力升高率 $\Delta p/\Delta\varphi$ =（0.175～0.25）［MPa/(°CA)］时，振动噪声较小，工作较柔和。汽油机 $\Delta p/\Delta\varphi$ 一般不超过（0.2～0.4）［MPa/(°CA)］。

汽油机中均质混合气正常燃烧的最高燃烧压力和平均压力升高率相对于柴油机而言较小，这也是其机械载荷、振动、噪声相对较小的主要原因。

上述三个参数是相互关联的。最高压力出现得过早，混合气着火必然过早，引起压缩过程末期消耗功增加的同时，最高压力和压力升高率必然增大。若最高压力出现得过晚，则燃烧等容度下降，最高压力和压力升高率均减小，但过后燃烧增多，热利用率下降，排气温度升高。最高压力出现的时刻，可通过改变点火提前角予以调整。

7.3.3 汽油机放热特性

放热特性又叫放热规律，如图 7-2 下方曲线所示。它也是分析、评价燃烧过程质量的重要工具。

汽油机燃烧过程的三个阶段中，滞燃期和后燃期内的放热量较少，对循环热效率影响不大。燃料的热量主要是在速燃期（到达 p_{zmax} 之前）放出的，所以速燃期的放热量、最大放热速率出现的时刻对循环效率、动力性有决定性作用。

因汽油机是单相混合气的燃烧，放热速度取决于火焰前锋面积及其推进速度，而在速燃期的初期，火焰前锋面积不大、放热速率增长缓慢。随着火焰的迅速传开和火焰面的增大，在接近燃烧中点（即累计放热率 50%）时放热速率达到峰值。均质混合燃烧的汽油机，燃烧放热速率只有这一个峰值，且放热率曲线一般相对于峰值呈对称形状。

主要热量在靠近上止点时加入，放热速率峰值出现在上止点后 5°～10°CA 时、对应着

p_{zmax}出现在上止点后 12° ~ 15° CA，最佳燃烧持续期 φ_z = 40° ~ 50°CA 时，综合效果最好。对高指示效率的发动机，理论混合气工作时燃烧持续期不大于 40° ~ 45°CA，即便是把燃烧持续期增大到 60°CA，指示效率只不过减小 1% ~ 2%，这对降低压力升高率较有利。

7.4 汽油机的非正常燃烧

汽油机正常燃烧是由火花正时点火形成火焰中心，火焰前锋面以一定速度逐层传遍整个燃烧室的过程。在某些情况下这种正常燃烧过程会遭到破坏，发生所谓的爆燃、表面点火、进气管回火、排气管放炮、失火等非正常燃烧，使动力性、经济性、噪声、排放性能、可靠性及寿命等诸方面受到影响。

7.4.1 爆燃

（1）爆燃的产生

火花塞点火后，火焰前锋面以正常速度向前推进的过程中，离火花塞最远部位的混合气（称之为末端混合气或终燃混合气）在压缩终了的基础上，进一步受到已燃气体和火焰前锋面的挤压和热辐射，使其温度和压力不断升高，燃前反应快速发展，以致其在正常火焰到达之前即自燃，形成新的燃烧中心，以极快的速度将末端混合气烧完，使局部区域的压力、温度急剧升高，形成爆炸性冲击波并在燃烧室内来回传播，猛烈撞击燃烧室壁使之高频振动，发出尖锐的金属敲击声。这就是爆燃爆燃。

所以，爆燃实质上就是末端混合气在正常火焰到达之前的快速自燃。

（2）爆燃的特征

爆燃发生时，火焰传播速度骤然加快。轻微爆燃时，火焰传播速度达到 100 ~ 300m/s；强烈爆燃时，火焰传播速度高达 800 ~ 1000m/s。

示功图上，爆燃发生时的特征是：在最高压力区出现锯齿状的大幅度波动，如图 7-3 所示。

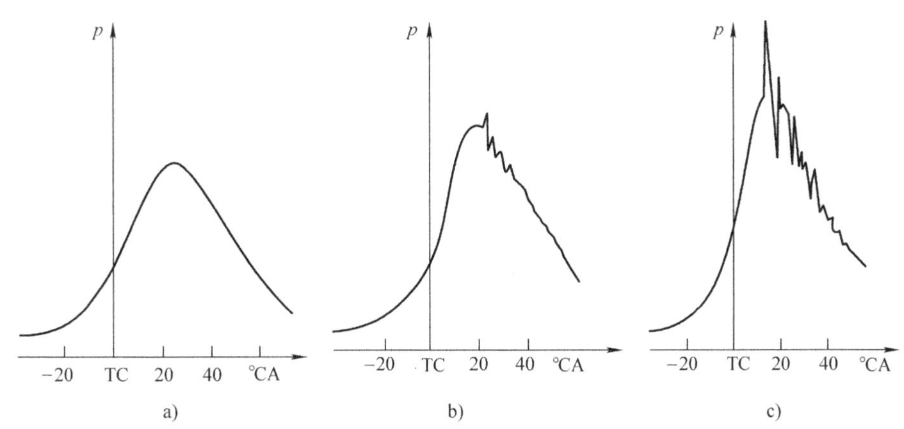

图 7-3 爆燃时的示功图

a）正常燃烧 b）轻微爆燃 c）强烈爆燃

汽油机强烈爆燃时，伴随着以下外部特征出现：

① 气缸内发出高频（3000～7000Hz）的金属振音，即所谓的爆燃敲缸。这是爆燃产生的压力波冲击燃烧室壁面所致。

② 发动机过热，冷却液温度和机油温度明显升高。

③ 发动机功率和转速下降，机身振动较大。

④ 爆燃严重时，排气管冒黑烟。

特征①、②是判断爆燃是否发生的主要依据。爆燃传感器即是以检测气缸体振动频率判断是否爆燃发生的。因爆燃发生在最高压力（压缩上止点）附近，致使气缸体上部的振动最明显。所以，爆燃传感器装在气缸体的上部。

（3）爆燃的危害

轻微爆燃时，燃烧集中在上止点附近，更接近等容燃烧，使发动机的热效率和功率输出有所提高，且上述敲缸、过热等特征不明显。但实际工作中，难以将燃烧控制在轻微爆燃状态下，一旦发生轻微爆燃，将迅速发展成强烈爆燃，会对发动机带来一系列危害：

① 机械负荷增大。爆燃时气缸内最高压力、压力升高率都急剧升高，加之压力冲击波的作用，使曲柄连杆机构、气门组件、气缸盖等相关零部件受力大幅度增大，易导致过载、变形损坏。

② 散热损失增多、热负荷增大。爆燃时气缸内最高温度升高，加之压力波反复冲击燃烧室壁面，使传向壁面的热量大大增多，气缸盖、活塞顶、气门等零部件的温度升高，易导致烧蚀损坏。当铝合金活塞顶部发生烧蚀时，排气会呈现微绿色调。

③ 磨损加剧。压力冲击波破坏了气缸壁油膜，过热又使活塞组件的热膨胀量增大，并加速了机油劣化，加之机械载荷增大等因素，使曲柄连杆机构各运动副磨损加剧。严重时易发生活塞拉缸、轴瓦烧损等现象。

④ 动力性、经济性下降。上述散热损失、机械摩擦损失的增加，以及高温下热分解产物的后燃，均导致功率下降、燃油消耗率增大。

⑤ 促使积炭的形成。爆燃时的高温，促使燃油和燃烧室壁面机油的裂解形成积炭。

⑥ 排气冒黑烟。爆燃时的高温促使燃油和燃烧产物裂解，形成炭粒随排气排出产生黑烟。

显然，爆燃使发动机综合性能全面恶化。长期在爆燃状态下工作的发动机，可靠性和使用寿命将大大下降。所以，不允许汽油机在爆燃下工作。

（4）影响爆燃的基本因素

爆燃是末端混合气在正常火焰到达之前的自燃，它取决于末端混合气自燃的准备，和火焰前锋面从火焰中心到末端混合气传播时间两个基本因素。进一步讲，影响末端混合气燃前反应发展（滞燃期）的基本因素，是末端混合气的温度、压力及燃料抗爆性等，影响火焰传播时间（混合气停留时间）的基本因素是火焰传播速度和传播距离。

凡是促使末端混合气温度降低（或散去一些热量）和缩短火焰传播距离、加快火焰传播速度的因素，均不利于末端混合气的自燃，可抑制爆燃倾向；反之，均可使爆燃倾向加大。其他结构因素（压缩比、气缸直径、燃烧室设计等）、调控因素（点火提前角、混合气浓度等）、使用因素（转速、负荷、环境、技术状况等）等均通过引起这些基本因素的变化对燃烧过程产生影响。在此仅介绍燃油的影响和几个典型结构因素的影响，其他因素的影响在本章 7.5 节和 7.7 节中讨论。

① 压缩比与燃油。压缩比越大，气缸内的温度、压力就越高，越易促使末端混合气自燃而引发爆燃。正是爆燃限制了汽油机压缩比的提高，是汽油机压缩比较小的主要原因。

燃料的辛烷值越高，抗爆性越好。防止爆燃燃烧的最重要措施是使用高辛烷值的燃料，其选用的主要依据是汽油机的压缩比。压缩比越大，要求燃料的辛烷值（牌号）越高。反之，则可选用较低辛烷值的汽油。

② 气缸直径。随气缸直径的增大，火焰前锋传到末端混合气的距离就越长，末端混合气有较长的时间进行燃前反应，增大了爆燃倾向。这也是汽油机不宜采用大缸径设计方案的原因之一。

③ 火花塞布置。传统的汽油机每个气缸一个火花塞，通过将火花塞布置在燃烧室中心，缩短火焰传播距离，或布置在可能发生爆燃的位置，以抑制爆燃。对于双火花塞的汽油机，两个火花塞相对于燃烧室中心相对布置在约 1/2 缸径处，火焰传播距离及燃烧持续时间缩短，减轻了爆燃倾向，有利于压缩比和转速的进一步提高。

另外，汽油机气缸盖和活塞采用导热性能较好的铝合金材料，并保证其冷却，可以降低发动机整体温度，也是拟制爆燃倾向的有效举措。

注意：汽油机采用高压缩比和较大缸径提高动力性和热效率，与防止爆燃是矛盾的。所以，汽油机一直以消除爆燃、提高压缩比为努力方向，气缸直径也多在 110mm 以下，限制了功率的增大。

7.4.2 表面点火

凡是不靠电火花点火，而由燃烧室局部的炽热表面（排气门头部、火花塞绝缘体或电极，气缸盖底面、活塞顶面炽热部位）及燃烧室壁面的积炭等点燃混合气的现象，统称为表面点火。这易发生在高压缩比的汽油机上。

发生在火花塞点火之前的表面点火称为早火或早燃，反之称为后火。

早火对发动机的危害很大。其一，早火使发动机提前着火，压缩行程末期活塞上行阻力增大，压缩耗功增多，使功率下降，燃油消耗率增大。其二，虽然燃烧仍是火焰传播的形式，但点火面积较大、传播速度快，且边受压缩边燃烧，使压力升高率、最高压力及最高温度明显增大，工作粗暴，发出较沉闷的敲缸声，同时也增大了机件的机械负荷和热负荷。

若燃烧室内形成多处或大面积的早火，则形成所谓的“激爆”，其危害程度更甚。凡是能够促使燃烧室内温度、压力升高及积炭形成的因素，均易诱发表面点火，且随温度的升高或在高温下运行时间的增长逐渐前移或形成激爆。

爆燃和表面点火之间是相互促进的。爆燃的高温及向燃烧室零件表面传热的增加，促进炽热点的形成，诱发多处或大面积的表面点火；早火增加了的压力升高率、最高燃烧压力和最高温度，又使末端混合气受到更大的压缩和加热，促进了爆燃的发生。

后火对发动机的影响不大，其形成的火焰前锋仍以正常速度传播，在一定程度上提高了燃烧等容度，提高了热效率。但会使发动机热负荷、机械负荷逐渐增大。发生后火的发动机，在停火后还会像有火花塞点火一样继续运转（称之为续走），直至炽热点温度下降或耗尽进气歧管内的混合气后才停止，这在一定程度上利于减少 HC 的排放。

7.4.3 失火、回火与放炮

（1）失火

气缸内混合气没有着火称为失火。主要原因有二：一是由于火花塞击穿电压不够高或电极间隙过大，不能在电极间隙产生跳火、出现断火现象；二是混合气过稀，虽然火花塞能产生跳火，但火花能量（功率）太小，不能形成火焰中心并正常传播，使点火失败。

失火即导致缺缸，引发转速波动、振动、功率不足、CO 和 HC 排放增多，甚至不能起动。对装有三元催化转化器的发动机，失火易导致催化转化器的损坏。

（2）回火

对缸外形成混合气的汽油机，若混合气过稀或点火提前角过小，混合气在气缸内的燃烧速度过慢或延后，严重的后燃使燃烧延续到排气行程，在气门重叠角较大的情况下，火焰进入进气管中引燃混合气，这就是进气管（或进气系统）“回火”。回火使进气系统承受振击、污染，易导致其密封性、设置其上的传感器及其他部件的破坏。

（3）放炮

混合气过浓或点火提前角过小时，缓慢的火焰传播速度使过后燃烧延续至排气行程，在排气门打开后火焰进入排气管中，将由于气缸间断着火等原因积累在排气管里的可燃混合气燃烧，产生排气管“放炮”。

7.4.4 循环波动与各缸工作的不均匀性

汽油机振动与燃烧过程有密切关系。燃烧导致的振动主要取决于三个方面的因素，除了前面已述及的速燃期内平均压力升高率过高导致的工作粗暴和不正常燃烧两个因素外，还与循环波动、各缸工作不均匀有关。

（1）循环波（变）动

在某一稳定工况下，对汽油机连续多个循环示功图的采样发现，各循环的最高压力值及其出现时刻都存在明显差别。这种循环间燃烧过程的不稳定性称为循环波动。

引起循环变动的主要原因是每循环进入气缸的混合气成分、气体流动状况是不均的，尤其是火花塞附近的这些变动和火花塞本身放电的变动，会使各循环火焰中心的形成与发展有较大差异，引起各循环着火时刻及燃烧过程不一致，表现为示功图形状不同。循环变动使每一循环的点火提前角和空燃比等参数，都不可能处在最佳值，直接影响发动机的经济性、动力性、排放性、抗爆性及振动、噪声。所以，努力减少循环变动是汽油机燃烧过程调控的重要任务之一。

（2）各缸工作不均匀性

各缸之间燃烧的不均匀主要是由各缸混合气数量、成分的差异造成的。缸外形成混合气的汽油机，各缸进气管道长度和几何形状不完全相同、燃油雾化颗粒的不均匀、管道内流动状况不一样、管道内壁上油膜积聚状况及蒸发的差异、进气干涉等，导致各缸之间必然存在充气量、成分的不均匀。所以各缸不可能统一工作在所期望的最佳点火提前角和过量空气系数下，进而造成整机动力性、经济性、排放性下降。同时，各缸功率不平衡，造成振动、噪声加大。而个别负荷过大的气缸，可能产生拉缸、活塞和气门烧蚀等故障。

7.5　汽油机燃烧过程中有害排放物的形成

发动机排气是由绝大多数无害的完全燃烧产物二氧化碳（CO_2）、水蒸气（H_2O）和少量的有害物质组成。发动机的有害排放物质是不完全燃烧产物一氧化碳（CO）、部分氧化或未燃的碳氢化合物（HC）、氮氧化物（NO_x）和炭烟。

1. 一氧化碳（CO）的形成

CO 是不完全燃烧产物，主要是氧气（空气）不足所致。另有完全燃烧产物中的二氧化碳（CO_2）在高温下热分解也可生成 CO。

CO 的排放浓度主要与每缸可燃混合气的平均过量空气系数有关。混合气越浓，CO 排放浓度越大。对于过量空气系数 $\phi_a>1$ 的混合气，即便是因为混合不均匀造成局部缺氧或高温分解产生 CO，在膨胀和排气过程中，只要温度足够高（理论混合气中 CO 停止氧化的温度约为 1000K），不管是在气缸里还是在排气管中，转化成 CO_2 的氧化反应都会一直进行，所以 CO 的排放浓度很低。

2. 碳氢化合物（HC）的形成

碳氢化合物（HC）主要包括未燃的燃油、机油蒸气，燃料、机油不完全燃烧、裂解的中间产物等，主要由不完全燃烧、壁面淬熄、壁面油膜吸附等生成。

1）不完全燃烧。以较浓的混合气（$\phi_a<1$）工作时，因空气不足 HC 排放浓度增大，且随过量空气系数的减小，HC 排放浓度增大；当混合气偏稀，接近和超过火焰传播浓度下限时出现火焰传播中断（断火），当火花塞不跳火或火花能量太小时出现缺火，都导致未燃烧的燃油蒸气排出，使 HC 浓度升高。

2）壁面淬熄效应。根据 2.4 节中的分析，气缸壁面的低温（300℃以下）激冷作用，使靠近壁面存在一 0.05 ~0.35mm 厚的淬熄层，产生未燃的 HC。也因为淬熄效应，活塞与气缸、活塞环与环槽、气门头部与气门座、气缸垫片、火花塞螺纹等间隙内的混合气不能燃烧，产生了大量的 HC。这些未燃的混合气大部分在膨胀和排气过程中，随着活塞的运动而与废气一起排出。

3）积炭的吸附效应。燃烧室壁面上沉积的多孔结构的积炭会吸附燃油蒸气和未燃混合气，它们在膨胀和排气过程中随活塞的运动被释放出来。

另外，缸外形成混合气的汽油机，气门重叠期内新鲜混合气可能随排气流出，也是排出 HC 的原因之一。

类似于 CO，只要温度足够高，且有富余的氧气，上述几个途径形成的 HC 大部分会在膨胀和排气过程中继续被氧化，包括在排气管内氧化。

由上述 HC 的来源可知，汽油机不管以什么浓度的混合气工作，排气中都包含有碳氢化合物。只是以偏浓或偏稀的混合气工作时，其排放浓度更大，尤其工作在偏浓混合气工况时。

注意：保持混合气中有足够的氧气和很高的燃烧速度，是降低排气中 CO 和 HC 浓度的必要条件。除此之外，提高壁温、减少燃烧室表面积、减少活塞环岸距离、保证着火可靠等可有效降低 HC 的排放。

3. 氮氧化物（NO_x）的形成

发动机排气中的氮氧化物主要是 NO（汽油机中可占 99%），另有少量的 NO_2。燃料中的氮含量非常低，氮氧化物主要是由空气中的氮气氧化而来。氮气在大气条件下是稳定气体，只有在高温、高压条件下才能与氧发生反应。在发动机气缸内，当温度高于 1800K 时，氮就开始氧化，主要取决于 $O + N_2 \leftrightarrow NO + N$ 和 $N + O_2 \leftrightarrow NO + O$ 两种化学反应。因此，氮氧化物的生成速度与生成量主要与反应区的最高温度、燃烧反应物中氧的浓度，及在高温下的停留（反应）时间三个因素有关。

1）温度。在氧气充足时，气缸内温度越高，氮氧化物生成速度越快，生成量越大。

发动机气缸中，氮氧化物的形成是在迅速变化着的温度和压力下进行的。在缸内温度达到 2300～2600K 时，上述反应速度已非常快，容易达到平衡浓度。但随着膨胀过程的进行，缸内温度急剧下降，上述反应在新的低温下的平衡浓度降低，逆向反应速度也大大降低，使氮氧化物的浓度保持在 2300～2600K 时的平衡浓度水平上，出现了所谓的“淬冷冻结”现象，导致氮氧化物的排放浓度大大高于排气温度时的平衡浓度。所以，气缸内一旦形成了氮氧化物，很难再分解成 N_2 和 O_2。

2）氧浓度。氧的浓度是生成氮氧化物的重要因素。当混合气偏浓时，氮氧化物的生成受到限制，并有少量的一氧化氮分解成氮气和氧气。

3）反应时间。由于 NO 的生成反应速度比燃烧反应生成 CO_2、CO、H_2O 等成分的速度慢得多，所以在高温下反应的时间越长，越容易达到平衡浓度，氮氧化物的生成量越多。

可见，高温富氧是促成 NO_x 生成的基本条件。所以，降低燃烧温度、氧浓度及在高温下的时间，会使 NO_x 的浓度降低。

4. 炭烟的形成

炭烟又称黑烟，是一种固体颗粒物质。是燃料在高温缺氧的环境下裂解、脱氢而形成碳离子及其表面上吸附的多种有机物的组合物。炭烟颗粒的初始直径较小，只有十分之几或百分之几微米，经过吸附、碰撞聚合，直径可达到几微米大小。

由于汽油机是均质混合气燃烧，炭烟排放量非常少，只有发生强烈爆燃时才可能有黑烟排出。所以，汽油机的有害排放物是 CO、HC 和 NO_x。

7.6 汽油机燃烧过程的主要影响因素

燃烧过程中最高压力值及其出现时刻、压力升高率、最高温度、过后燃烧的数量等都是决定着发动机动力性、经济性、工作粗暴度、排放性及可靠性的燃烧过程基本参数。这些参数的大小，受许多因素影响，分析这些因素对燃烧过程乃至整机性能的影响，是理解并合理组织燃烧过程、指导正确使用发动机（或汽车），及进行故障原因诊断的基础。

7.6.1 调控参数的影响

在已选定压缩比值、燃油及燃烧室结构的情况下，点火提前角和混合气浓度对燃烧过程基本参数及整机性能有很大影响。点火提前角和混合气浓度的调控，是保证各工况和使用条件下稳定燃烧的基本手段。

（1）点火提前角

7.3 节已经述及，通过调整点火提前角可以控制气缸内最高压力出现的时刻。使最高压力出现在压缩上止点后 10° ~15°的曲轴转角，功率最大、燃油消耗率最低、且不发生爆燃的点火提前角称为最佳点火提前角。点火提前角偏离最佳值时，不管是增大还是减小，都会引起示功图实质性的改变，导致功率降低，燃油消耗率增大。

点火提前角过大时，必然使燃烧开始得过早，大部分混合气在压缩行程末期边受压缩、边燃烧，导致气缸内最高燃烧压力、最高温度和压力升高率均明显增大，且最高压力出现时刻前移、甚至出现在上止点之前。这些变化不仅使压缩消耗功增多，功率下降、燃油消耗率增大，而且导致工作粗暴、机械负荷和热负荷增大，并可能引发爆燃，同时使 NO_x生成量增多。若起动和怠速时点火提前角过大，则会产生起动困难、怠速不稳甚至熄火等故障。

点火提前角过小时，则过多的混合气在膨胀过程中燃烧，燃烧温度、压力下降。虽然爆燃倾向减小，工作柔和了，NO_x生成量减少，但热效率降低，也导致功率下降、油耗增多，并使排气温度高、热负荷增大。点火提前角过小也是造成排气管“放炮”或进气管“回火”的原因之一。

注意：爆燃倾向随着点火提前角的增大而加剧，适当推迟点火（减小点火提前角）是抑制爆燃发生的有效措施之一。运行中的汽油机，爆燃是否发生是点火提前角调整的主要约束，电控点火汽油机即以爆燃传感器实现了点火提前角的闭环控制。

（2）混合气浓度

混合气浓度对气缸内的燃烧完全度、火焰传播速度、最高燃烧温度与燃烧压力、燃烧稳定性具有决定性影响。

2.3 节及 2.4 节中已阐述，当过量空气系数 $\phi_a = 0.85 \sim 0.95$ 时，火焰传播速度最快，燃烧温度最高，发出功率最大，故称其为“功率混合气”或“动力混合气”。但同时爆燃倾向也最大，工作相对粗暴。

当过量空气系数 $\phi_a = 1.05 \sim 1.15$ 时，发动机经济性最好，称其为“经济混合气”。因此时氧气富足，燃料能够燃烧完全，又具有较高的火焰传播速度和燃烧温度（比功率混合气时的下降不多）。但由于高温富氧的条件，NO_x的生成量也最多。

随着混合气的变稀或变浓，火焰传播速度明显减慢，后燃与不完全燃烧增多，加之单位质量混合气的热值减少，导致最高压力值降低、且出现时刻远离上止点，使动力性、经济性下降。

CO、HC 和燃油消耗率随过量空气系数 ϕ_a（或空燃比）的增大，急剧减少，并在 ϕ_a略大于 1 时达到最低值。当 $\phi_a>1.2$ 时，因混合气过稀导致燃烧不稳定甚至熄火的缘故，HC 和燃油消耗率又有回升。

汽油机动力性、经济性和排放随空燃比的变化如图 7-4 所示。

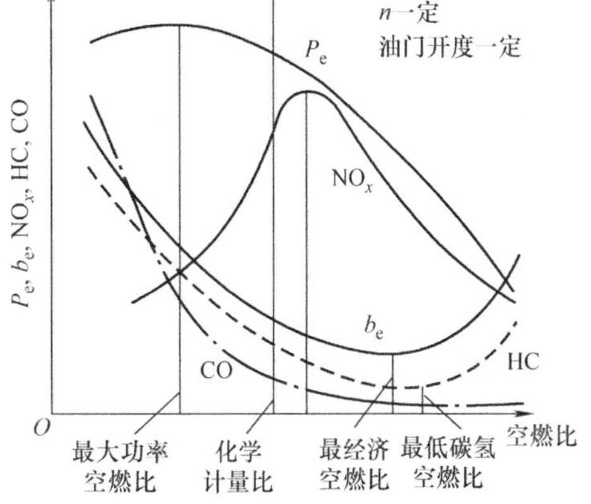

图 7-4　发动机性能、排放与空燃比的相互关系

图 7-4 可以看出，燃用稀混合气可以降低 NO_x和 CO 的浓度。如果采用高能点火、保证可靠着火与稳定燃烧，则 HC 和燃油消耗率也可显著降低。并且燃烧温度的降低，使爆燃倾向

降低，可采用较高的压缩比。这些都是稀薄混合气燃烧的意义和发展前景所在，尤其稀薄分层燃烧，其过量空气系数可达到3.0~3.5。

(3) 点火提前角与混合气浓度（空燃比）的关系

图7-5所示为最大功率点火提前角与混合气浓度的关系。混合气越稀，最大功率点火提前角越大；混合气越浓，要求的点火提前角越小。因为随着混合气变稀，着火延迟时间增长，燃烧过程拖长。

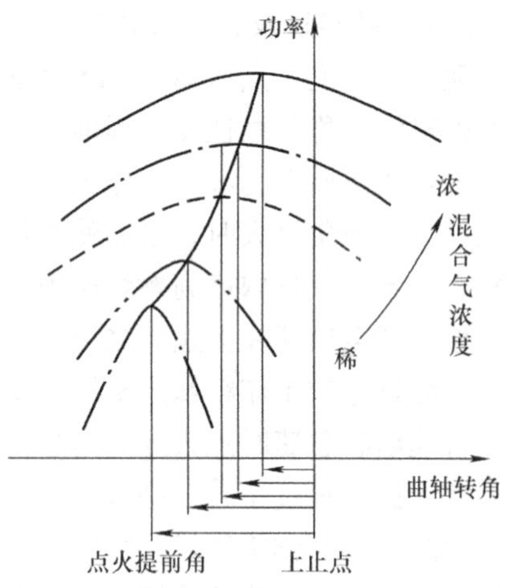

图7-5　最大功率点火提前角大小与混合气浓度的关系

7.6.2　工况参数的影响

(1) 发动机转速

节气门开度一定，转速增加时，气缸中气流运动强度增大，燃料与空气混合改善，火焰传播速度加快，以曲轴转角计的速燃期长度基本不变，最高压力和压力升高率也很少变化，使爆燃倾向减小。同样的原因，随转速升高循环变动改善。

但随着转速升高，以曲轴转角计的着火延迟期和后燃期长度却增大，速燃期开始时刻拖后，整个燃烧过程变长，过后燃烧增多。所以，随转速的升高，应适当增大点火提前角和加浓混合气。

(2) 负荷

转速不变，负荷减小时，节气门开度减小，进气量减少，残余废气相对增多（残余废气系数增大），燃料分子与氧分子接触机会减少，着火落后期增长，火焰传播速率降低，加之总的燃烧放热量减少，使最高燃烧温度与压力均下降、压力升高率也下降，过后燃烧增多，但爆燃倾向减小。相反，负荷增大，残余废气量相对减少，火焰传播速率加快，过后燃烧减少，但最高温度与压力升高，爆燃倾向增大。所以，随负荷减小，应适当加浓混合气和增大点火提前角。

大、小负荷下，残余废气系数不同，也是导致循环波动不同的原因。负荷越小，残余废气系数增大，循环波动越大。

综合转速、负荷对燃烧过程的影响，汽油机在低速、大负荷工况时易发生爆燃，而小负荷时不易发生爆燃。这就是汽油机采用可变压缩比的依据，即以不发生爆燃为条件，小负荷时增大压缩比，大负荷时减小压缩比。关于可变压缩比的内容详见10.3节。

(3) 点火提前角与转速、负荷的关系

汽油机每一工况下都存在一个“最佳”点火提前角，使得功率最大、燃油消耗率最低、且不发生爆燃。根据转速、负荷对燃烧过程影响的分析，随转速的降低、负荷的增大，过后燃烧减少，爆燃倾向却增大。所以，为保证燃烧过程在上止点附近完成，最佳的点火提前角应随负荷增大或转速降低而减小，由实验获得的点火提前角调整特性曲线（图7-6所示）验证了这一结论。

点火提前角调整特性是指负荷（空气流量或节气门开度或进气歧管真空度）、转速及混合气浓度不变时，功率、燃油消耗率等性能参数随点火提前角的变化关系。图7-6a为负荷不变（节气门全开）、不同转速下的调整特性，图7-6b为转速不变，不同负荷下的调整特性，图中最大功率时点火提前角即为最佳点火提前角。

大量的实验，可以获得不同负荷、转速下的最佳点火提前角，进而得到点火提前角、转速、负荷的三维关系图，如图 7-7 所示。

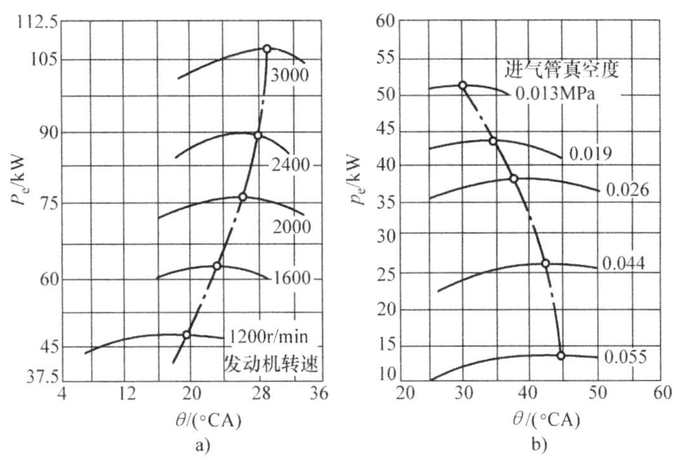

图 7-6　点火提前角调整特性

a）节气门全开时　b）$n = 1600$r/min 时

(4) 混合气浓度与转速、负荷的关系

转速、负荷与混合气浓度的关系，可用混合气调整特性来说明。转速及负荷（节气门开度或空气流量）不变、点火提前角调整到最佳时，性能参数（功率、燃油消耗率、排气温度等）随混合气浓度的变化关系，称为混合气调整特性。实际上，一定转速和节气门开度下，供油量即决定了混合气浓度，所以也叫燃料调整特性。图 7-8 为某一转速和节气门开度下的燃料调整特性，图 7-9 为某一转速下的燃料调整特性（不同节气门开度下燃料调整特性之包络线）。

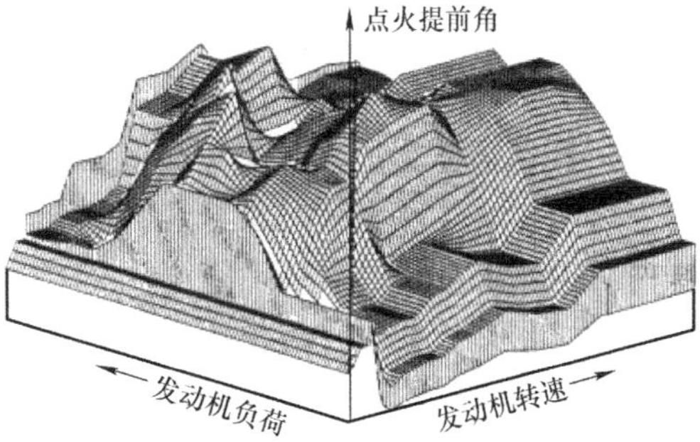

点火提前角

发动机负荷　发动机转速

发动机点火提前角特性曲线图(脉谱图)

图 7-7　点火提前角、转速、负荷三维关系图

由燃料调整特性可得出以下结论：

1）汽油机每一工况下都存在一个最大功率过量空气系数 ϕ_{aPmax} 和最低燃油消耗率过量空气系数 ϕ_{abmin}，且 ϕ_{aPmax} 总是小于 ϕ_{aPmax}。

2）转速一定时，最低燃油消耗率过量空气系数 ϕ_{abmin} 随负荷的减小而变小；负荷一定时，最低燃油消耗率过量空气系数 ϕ_{abmin} 随转速的升高而变小。这与转速、负荷的变化对燃烧过程影响的分析相一致。

节气门全开时，ϕ_{aPmax} 约为 0.85 ~ 0.95，ϕ_{abmin} 约为 1.05 ~ 1.15。

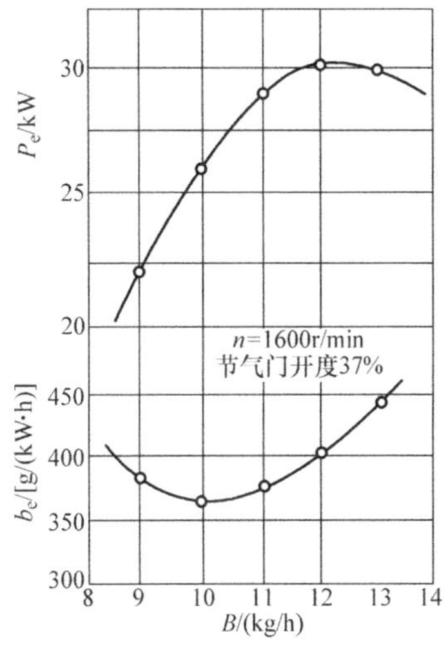

图 7-8　定转速工况下燃料调整特性

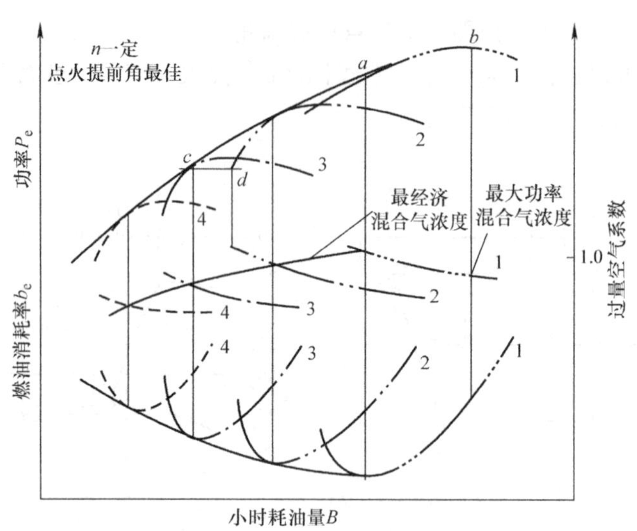

图 7-9 定转速下不同节气门开度时的燃料调整特性

1—节气门全开 2、3、4—节气门开度依次减小

如果测取不同的转速和不同节气门开度下所有的调整特性，便可获得各工况下最大功率过量空气系数 ϕ_{aPmax} 和最低燃油消耗率过量空气系数 ϕ_{abmin}。

根据转速、负荷对燃烧过程影响的分析和上述结论，从保证动力性与经济性的角度，随转速的升高，需适当加浓混合气；小负荷时需加浓混合气，随节气门开度的增大，混合气逐渐变稀，直至在中等负荷时供给经济混合气。当节气门达到 80% 及接近全开时，逐渐加浓到功率混合气。

注意：对以三元催化转化器为主要有害排放控制手段的电控喷射式汽油机，热机怠速、中小负荷工况均采用理论混合气，大负荷时采用功率混合气。

7.6.3 环境温度及技术状况因素的影响

(1) 温度及环境因素

冷却液温度、环境温度升高，或湿度降低，爆燃倾向增大；反之，冷却液温度、环境温度降低，爆燃倾向减小。

大气温度、冷却液温度低时，燃油雾化不良、蒸发困难，部分燃油凝结在进气管和气缸壁上会使混合气变稀，燃烧不稳定且速度慢。所以，为保证低温下燃烧稳定，随温度的降低必须加浓供油。当温度升高后，加浓量减小，这就是空燃比或喷油量的温度修正。同理，为保证低温下燃烧及时、完全，理想的点火提前角应是随温度的降低而增大。当温度升高后，点火提前角减小。

由上述原因，低温下工作的发动机，不完全燃烧损失、散热损失多，热效率降低，并且 CO 和 HC 排放多。

海拔增加，大气压力降低，进气量减少，爆燃倾向减小。

(2) 积炭

积炭是不良导热体，其本身温度较高，且占有一定容积。燃烧室壁面存在积炭，不仅使压缩比增大，而且加热混合气，易导致爆燃和表面点火。

积炭又是多孔结构的物质，对燃油蒸气及混合气具有吸附作用。积炭严重，导致 HC 排放量增多。若进气门头部背面积炭严重，不仅增大了进气阻力，而且其吸附的燃油蒸气在发动机起动或加速时释放出来，会引起混合气瞬间变浓，影响稳定燃烧。

如果喷孔处积炭，会使喷孔尺寸、形状发生变化，使燃油雾化变差，喷油时刻、持续时间及喷油量改变，可能出现间断爆发；若火花塞电极上积炭，则易导致点火失败，产生缺缸或不能起动等现象。

（3）点火系统和供给系统技术状况

点火系统若没有点火或点火失败，则造成失火。导致缺缸、振动、CO 和 HC 排放增多，甚至不能起动。

蓄电池电压对喷油量有影响。由于喷油器电磁线圈具有电感阻抗，喷油器开启滞后于 ECU 指令其打开的时刻，使实际的喷油持续时间比 ECU 计算出的喷油脉宽短，实际混合气偏稀。随蓄电池电压降低或线路电阻变大，喷油脉宽的缩短加大，混合气浓度越稀。所以，随蓄电池电压的降低，需适当加浓供油。

若进气系统的密封性遭到破坏，使得进气歧管与大气连通，一部分空气未经计量进入气缸，发动机将以偏稀的混合气工作；若各缸充量的均匀性遭到破坏，则导致各缸工作均匀性问题。

燃油供给系统中，或是燃油压力调节器或是燃油泵或是系统密封性的问题，使燃油压力偏高或偏低，将导致空燃比偏离控制目标，发动机以偏浓或偏稀的混合气工作；喷油器积炭，若使喷孔截面积减小，则使喷油量减少，混合气偏稀。若积炭影响了密封性，则关闭不严，导致滴油，混合气偏浓。

7.6.4 结构因素的影响

压缩比、缸径、火花塞位置及个数、缸盖及活塞材料的影响在 7.4 节中已分析，此处仅就废气再循环、进气涡流调节、增压、三元催化转化器、喷射方式的影响展开讨论，关于燃烧室结构的影响在 7.8 节讨论。

1. 废气再循环

废气再循环即将排出气缸或做完功的废气的一部分引入到或留在气缸内，以降低气缸内混合气中氧的浓度，降低燃烧速度，同时使混合气比热容增大，起到掺冷作用，降低燃烧温度，造成了气缸内不利于 NO_x 生成的环境，减少 NO_x 的生成。

显然，废气再循环是以废气稀释新鲜混合气，恶化燃烧，降低动力性和经济性，同时使 HC 和 CO 排放增多为代价的。所以对废气再循环量要有限制，并且也不是所有工况都要进行废气再循环，以免导致过多的动力性和经济性损失或造成燃烧不稳定。接近全负荷或高速运转时，为使发动机保持充足的动力，不进行废气再循环。冷起动、暖机怠速工况时，发动机温度较低，燃油雾化、蒸发条件较差，燃烧不稳定且速度慢，为保持发动机运转的稳定性，也不进行再循环。其他工况，废气再循环率一般不超过 25%，此时 NO_x 排放量可降低 50% ~70%。

2. 三元催化转化器

三元催化转化器的作用是将发动机排气中的 NO_x 还原为 N_2 和 O_2，将 CO、HC 氧化为 CO_2 和 H_2O。这是为满足越来越严的排放法规所必须采用的措施。发动机最终排向大气的有害物质的多少取决于三元催化转化器的转化效率，而三元催化转化器只有在较苛刻的使用条件下才具有高的转化效率。

其一，汽油机必须以接近理论空燃比的窄混合气浓度范围工作。图7-10给出了混合气浓度与催化转化率的关系。当过量空气系数ϕ_a值在接近1.0的一个区间之内时，三种有害排放物才能同时具有高的转化效率。当混合气的浓度围绕着理论空燃比时浓时稀地波动变化时，就创造了一个规律变化的时而氧化气氛、时而还原气氛的环境，使得CO及HC在氧化气氛下氧化成二氧化碳（CO_2）和水（H_2O），而NO_x则在还原气氛下还原成氮和氧。这就是电控喷射均质混合气汽油机在多数工况下采用燃油喷射闭环控制，均质缸内直喷汽油机以当量空燃比工作的缘由。

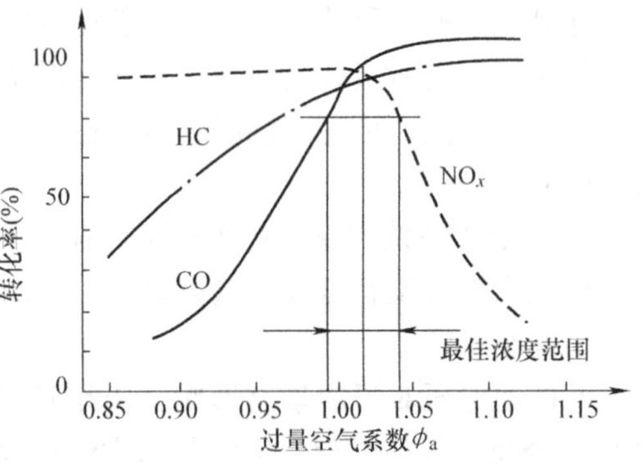

图7-10 混合气浓度与催化转化率的关系

显然，这与获得最佳的经济性要求的混合气浓度不相符。这就意味着在部分节气门开度时，混合气必须在经济混合气（ϕ_a = 1.05 ~ 1.15）的基础上加浓到理论混合气，牺牲了部分经济性。但电控燃油喷射和点火的汽油机，由于空燃比和点火正时控制精确、燃油雾化质量改善、各缸工作均匀性改善，加之理论混合气最容易被点燃、不易失火、减轻了循环变动等，保证了好的经济性，这也是多点喷射、高压喷射获得广泛应用的原因所在。

燃用理论混合气不易失火，这对催化转化器的可靠工作是有利的。因为，一旦失火，在气缸内没有燃烧的燃料，会在排气管中或是在催化转化器处被催化点燃而再产生高温，致使催化转化器陶瓷载体高温熔融，造成催化转化器失效或碎裂。

其二，只有当排气温度达到一定值时，三元催化转化器才开始工作，一般将达到50%转化率的温度T50定义为该催化剂的起燃温度。

新的催化转化器，三种成分的起燃温度大约都是250℃左右。经过相当于行驶8万千米的100h快速老化后，三种成分的起燃温度全都升高到300℃以上。排气温度没有达到300℃以上时，尤其是在冷起动后，催化转化器是不会起作用的。所以，在发动机冷起动以后，需采用非正常燃烧（加浓混合气或推迟点火，造成后燃）或电加热的方法，迅速提高排气温度，待催化转化器的温度高于起燃温度以后，再恢复正常燃烧。

3. 增压

汽油机增压后，进气终了的压力和温度都升高，混合气密度增大，使燃烧速度加快，最高温度和最高压力也增大，使动力性、经济性（废气涡轮增压）改善的同时，机械负荷与热负荷增大，爆燃倾向加大，NO_x排放量增多。

为此，增压汽油机多选用相对较高辛烷值（牌号）的汽油，以爆燃传感器实施点火提前角的闭环控制，采用增压中冷技术、增压压力控制系统（详见10.2节）、废气再循环技术控制等，有效防止爆燃的发生和NO_x的生成。

4. 燃油喷射方式

按缸外单点喷射、多点喷射到缸内直喷的顺序，各缸工作均匀性递增，循环波动递减，混合气浓度、点火提前角控制精度递增。汽油直接喷入气缸内，燃油在气缸内吸热蒸发，具有降温效果，爆燃倾向减小，可采用较高的压缩比。

7.6.5　汽油蒸发性的影响

汽油蒸发性越好，对混合气形成越有利。汽油初馏点和10%馏出温度的高低，影响起动性能。10%馏出温度越低，轻馏分越多，冷起动越容易。在较冷的地区，需使用轻馏分多的汽油。但此温度过低，则易形成“气阻”而中断供油。50%馏出温度的高低，影响发动机的暖机时间和加速性能。该温度低，说明平均蒸发性好，可以缩短暖机时间、加速平稳。90%馏出温度和干点馏出温度表示油品不易挥发的重质馏分的多少。这两个温度过高，重质馏分多，不易蒸发，而以液滴积聚在进气管壁和气缸壁上，既加重各缸工作的不均匀性和积炭的产生，又影响完全燃烧度，还会冲洗掉气缸壁机油膜，进而流入曲轴箱稀释机油，加速所有相对运动件的磨损。

7.7　典型工况调控

发动机的典型工况包括大负荷或全负荷、部分负荷、热机怠速、冷起动、暖机怠速（简称暖机）、急加速、急减速等工况。根据各工况混合气形成和燃烧的条件、特征，确定不同的调控策略，以达到“精确控制喷油量或空燃比和点火提前角，在满足排放要求（三元催化转化器的最高效率）、防止爆燃发生的同时，最大限度地获得高的动力性和经济性”的控制目标。

目前，汽油机空燃比普遍采用开环和闭环相结合的控制方案。大负荷或全负荷工况和冷起动、暖机怠速、急加减速等过渡工况及上下坡时、氧传感器失效时，对喷油量（喷油持续时间或空燃比）都按开环控制，冷却液温度达到正常工作温度（80℃）、氧传感器达到正常工作温度时，稳定的热机怠速工况和部分负荷工况，对空燃比按闭环控制，对点火提前角以爆燃为边界进行闭环控制，对怠速转速进行闭环控制。

空燃比和点火提前角控制分为起动时控制和起动后控制两大类。其中起动后喷油量和点火提前角的确定，都是由发动机转速信号、负荷（空气流量或进气歧管压力）信号及预存在电脑中的转速 - 负荷 - 空燃比（基本喷油量）三维关系图（图7-11）和转速 - 负荷 - 点火提前角三维关系图（图7-7），确定基本喷油量和点火提前角，然后根据进气温度、冷却液温度、蓄电池电压、节气门、氧传感器等信号进行修正获得最终喷油量，根据进气温度、冷却液温度、节气门、海拔、爆燃传感器等信号进行修正获得最终点火提前角。

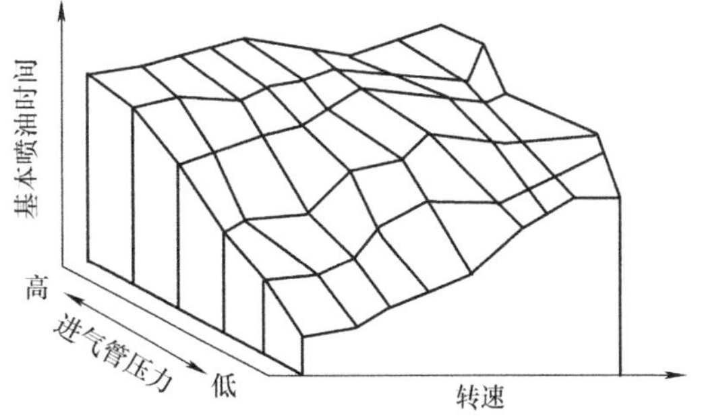

图7-11　转速 - 负荷 - 基本喷油量三维关系图

1. 冷起动工况

冷起动时，发动机温度低，转速低，进气流速慢且不稳定，汽油雾化、蒸发条件差，喷出的部分燃油会凝结在进气管壁和气缸壁上，致使气缸内汽油蒸气太少，混合气过稀，不能正常着火。因此，为保证顺利起动，需加浓供油。发动机的温度、进气温度越低，需要的加浓供油量越多。冷起动时 $\phi_a = 0.4 \sim 0.6$。

由于起动过程中，转速波动较大，进气流速、压力不稳定，控制单元根据空气流量传感器的信号无法准确计算出喷油量和点火提前角，而是按预置的起动模式进行控制。当控制单元接收到点火开关接通、转速低于某一值（一般为300r/min）、节气门位置关闭的起动信号后，直接进入起动控制模式：其一，按照冷却液温度，从预存的冷却液温度－喷油量（喷油脉宽）的关系算出基本的喷油时间，再进行进气温度、蓄电池电压修正得到一个起动加浓的喷油量；其二，按设定的初始点火提前角（一般为10°～15°曲轴转角）对点火提前角进行控制。当发动机达到转速目标后，供油和点火系统转入起动后模式。

如果发动机多次起动未成功，则气缸内的过浓混合气就会浸湿火花塞，使其不能跳火而导致发动机不能起动，这就是所谓的“淹缸”。为避免发生严重“淹缸”，电控喷射汽油机具有自动断油功能：如果点火开关已接通，起动机已拖动，发动机进入起动加浓模式，但过了设定的2～5s还未见转速上升，说明起动失败。此时，ECU将自动停止喷油器喷油，甚至还会停转燃油泵。如果将加速踏板踩到底（节气门全开），同时又接通起动开关起动发动机时（转速低于300r/min），ECU自动控制喷油器中断燃油喷射，以便排出气缸内的燃油蒸气，使火花塞干燥，以便能够跳火。

2. 热怠速工况

怠速是指发动机对外无功率输出（即空转）的工况，混合气燃烧膨胀所做的功全部用于克服发动机内部机械损失，维持自身运转和驱动辅助装置，需要发动机保持低速稳定运转，且能够向负荷工况平稳过渡。怠速工况的燃油消耗和排放在总的耗油量和排放量中占有相当大的比例。

怠速运转时，一方面节气门开度最小（几乎关闭），进入气缸内的混合气量少，上一循环残留在缸内的废气对新鲜混合气的稀释作用明显，易导致缺火、甚至熄火；另一方面，发动机自身消耗的机械功率因技术状况、环境温度和机油品质而变化，而辅助装置中空调开关变动、自动变速器换档、动力转向机构动作等，均会引起怠速转速的波动，也影响排放和向负荷工况过渡的平稳性。

对化油器式和开环控制空燃比的汽油机，怠速时节气门开度最小且不能改变，无法调整进气量，要靠加浓补偿，使混合气过量空气系数 ϕ_a 在 $0.6 \sim 0.8$ 之间，怠速转速维持在600～800r/min，此时CO和HC的排放量很大。

对电控喷射装有三元催化转化器的汽油机，以氧传感器对空燃比实施闭环控制，使混合气浓度控制在 $\phi_a \approx 1$ 附近，以满足三元催化转化器高的转化效率之需求。通过对进气量的调节实施怠速转速的闭环控制使其稳定。电控喷射汽油机通常有两个怠速转速目标值，即800～900 r/min的低怠速和1000～1100r/min的高怠速。当负荷增大（空调、动力转向泵接通）、自动变速器由空档改为前进档或倒档时，怠速转速自动变为高转速，点火提前角相应地增大。

3. 暖机（冷）怠速工况

暖机是指发动机冷起动后，到冷却液温度上升到正常工作温度的阶段。此阶段，由于冷却液温度仍然较低，燃油雾化、蒸发条件较差，燃烧不稳定且速度慢，必须根据冷却液温度对混合气浓度、点火提前角和进气量进行修正控制。随冷却液温度的升高，燃油加浓量和点火提前角逐渐减小，直至达到正常温度。

4. 部分负荷工况

发动机进入负荷状态工作时，随着节气门开度增大，工作温度逐步升高，汽油的雾化、蒸发条件改善，进气阻力减小，进气量多，残余废气相对减少，混合气质量和燃烧速度提高。

对装有三元催化转化器的电控喷射汽油机，部分负荷时空燃比采用闭环控制，使 $\phi_a \approx 1$，以保持三元催化转化器高的转化效率，满足控制排放的需求。

点火提前角随节气门开度的增大需减小，随转速的升高需增大，并以爆燃传感器对其实施闭环控制。

5. 大负荷和全负荷工况

汽油机在大负荷或全负荷工作时，节气门接近或达到全开的位置，要求发出尽可能大的功率，应以供给 $\phi_a = 0.85 \sim 0.95$ 的功率混合气为混合气浓度目标值。

6. 急加速与急减速工况

（1）急加速工况

汽车在行驶中，需迅速将车速提高时，就要求汽油机在短时间内输出的功率增大。于是驾驶人猛踩加速踏板，使节气门突然开大，空气流量随即迅速增大。但由于汽油的惯性远大于空气的惯性、信号传递的滞后性及各仪器部件的响应性问题，汽油流量的增长较空气流量的增长慢得多，使混合气出现暂时过稀。另外，随即进入的冷空气使进气管内压力增大、温度降低，阻碍了汽油的蒸发，进一步加剧了混合气变稀。所以，为减轻和避免急加速时发动机的输出功率出现暂时的不增反降、减速的现象，甚至熄火，必须额外供一些燃油加浓混合气，使发动机具有良好的加速性能。

（2）急减速工况

汽车在高速行驶中突然松开加速踏板减速时，发动机在惯性力作用下仍高速旋转，而节气门已经关闭，进气歧管真空度突然很高，燃油蒸发加快，加之燃油供给系各零部件的响应滞后，混合气将会过浓，导致燃烧不完全，CO、HC 急增。所以，急减速时应控制减少供油或切断供油，达到节油、减排的目的。

7.8 汽油机燃烧室

限制汽油机效率、功率提高的主要障碍是爆燃和早燃，限制转速提高的主要障碍是燃烧速度缓慢。而燃烧室形状、尺寸则是对这些都有重要影响的主要结构因素。

7.8.1 燃烧室的基本要求

汽油机燃烧室的结构形状和尺寸，不仅直接决定了燃烧室散热表面积大小，而且直接影响火花塞的布置、火焰传播距离（或时间）、火焰前锋面积、火焰传播速度、气缸内气流运动等，进而影响爆燃倾向及与之密切相关的压缩比值、燃烧粗暴度、转速的提高。另外，还直接影响气门的尺寸及布置、进排气流通特性，进而影响充气效率。所以，燃烧室对发动机的动力性、经济性、排放性、起动性、工作平稳性与噪声等有很大影响，是组织和调节燃烧过程的主要结构手段。理想的燃烧室应满足下列要求。

1. 结构紧凑

燃烧室结构紧凑性常以面容比 F/V——燃烧室表面积与燃烧室容积之比衡量。面容比越小，结构越紧凑，会带来一系列的益处：

1）火焰传播距离缩短，爆燃倾向减小，有利于提高压缩比而不要求高辛烷值的燃料。

2）散热表面积小，散热损失减少，加之燃烧持续期缩短、等容度提高，热利用率高。

3）壁面淬熄效应减小，HC 排放降低。

2. 产生适当的扰流

气缸内合适的气流运动强度和形式，对组织燃烧过程具有以下有利之处。

对均质混合气燃烧的汽油机，促使燃料与空气更好地混合，能保证着火和燃烧的稳定，加快火焰传播速度、加大火焰前锋面积，进一步降低爆燃倾向；同时，扩大了用稀混合气稳定工作的范围，提高燃烧完全度，减小壁面淬熄层厚度，降低 HC 排放。

对分层稀薄混合气燃烧的汽油机，燃油喷射与强烈的气流运动相互配合，可以形成燃烧室内所预期的混合气浓度分布，实现稀薄混合气的稳定着火、快速燃烧。

3. 良好的进排气流通特性

燃烧室结构影响气门的大小、布置和气道的布置，进而影响进排气阻力、充气效率和进气涡流。较大的气门直径、合适的位置及气门个数，避免进排气流 90°的转弯等，可保证较大的流通截面积和较小的进排气阻力，气流顺畅，减少泵气损失，提高充气效率。

4. 利于火花塞布置合理

燃烧室形状与火花塞的布置，直接影响燃烧期间火焰前锋面积的变化、燃烧放热速率的变化和火焰传播距离，是获得适宜的燃烧持续期、压力升高率、低爆燃倾向的主要调节手段。

理想的火花塞的位置应是：

1）能使任何一个方向的火焰传播距离尽可能短、末端混合气处于温度较低的区域（如布置在排气门附近）并尽可能地少，以提高抗爆性和燃烧等容度。

2）能利用新鲜混合气扫除火花塞周围的残余废气，以保证点火可靠、冷起动和低速小负荷时的稳定性，减小循环波动。

由上可见，油雾、气流与燃烧室的良好配合，是组织混合气形成与燃烧的基本措施。结构紧凑、产生适度扰流、合理布置的燃烧室，是保持汽油机正常燃烧的必要条件。

7.8.2 燃烧室内的气体流动

燃烧室内有组织的气体流动形式主要分为进气涡流、进气滚流、压缩挤流三种。

1. 进气涡流

进气涡流是在进气过程中形成的绕气缸中心线旋转的气流运动，在柴油机和分层稀薄燃烧汽油机混合气形成中具有重要作用。

图 7-12 所示为导气屏（设置在进气门杆上的螺旋叶片）、切向进气道、螺旋进气道三种产生进气涡流的方法。

进气涡流的强度取决于进气管道形状、方向、截面和进气门布置。与切向气道相比，螺旋气道形状复杂，涡流强度较大。四气门（2 进 2 排）发动机上，采用切向气道和螺旋气道组成的双进气道，既可组织进气涡流，又可随工况的变化调节涡流强度，如图 7-13 所示。

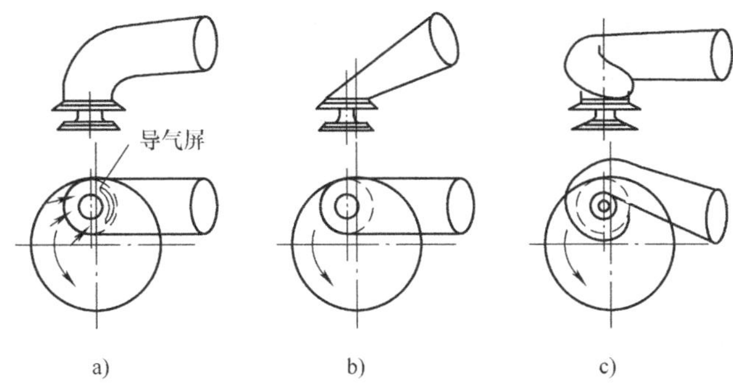

图7-12 进气涡流的产生

a）导气屏 b）切向气道 c）螺旋气道

切向气道内安装涡流控制阀（SCV），通过控制其开度改变切向气道和螺旋气道进气量（进气道截面积），即可调节进气涡流强度。中低负荷和转速工况时，减少切向气道的进气量，提高缸内涡流强度。在高速、大负荷时，涡流控制阀全开，增加空气的吸入量，提高发动机的高速性能。四气门发动机上，利用气门升程可变技术，控制2个进气门（主、副气门）开与不开及开度（升程）的大小，也可以调节气流速度和涡流强度。

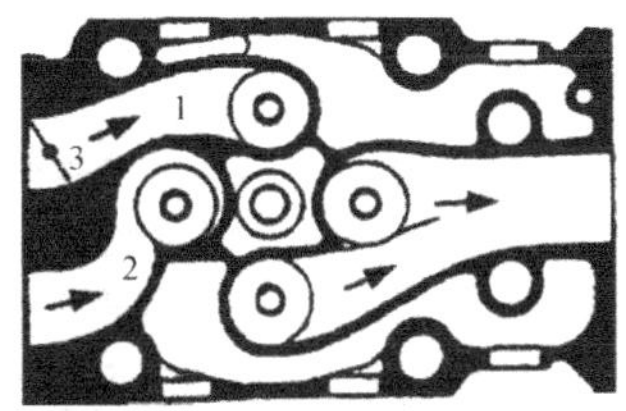

图7-13 可调进气涡流

1—切向气道 2—螺旋气道 3—SCV

2. 进气滚流

滚流是在进气过程中形成的另一种大尺度的涡流，其旋转轴线与气缸中心线垂直，又称纵涡流。滚流在压缩行程后期被压扁、破碎，形成小尺度涡流，即湍流，如图7-14所示。缸内喷射均质混合气汽油机或分层充气汽油机上，利用特殊设计的直进气道或带翻板的进气道，配合气门升程可变机构，组织和调节进气滚流，以保证可靠着火、稳定快速燃烧。

四气门发动机上，滚流强度也可利用可变进气道截面积进行调节。

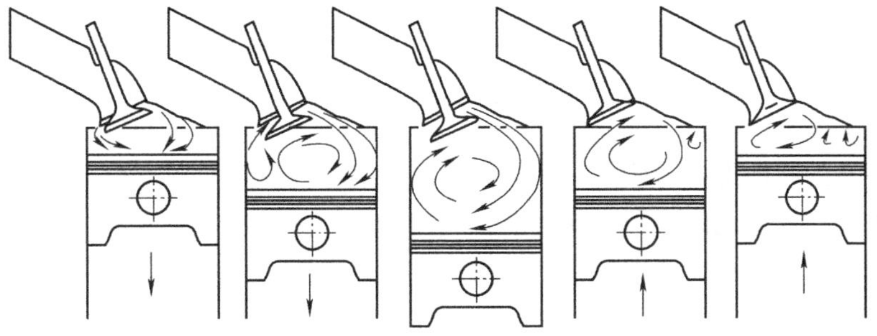

图7-14 滚流的产生和发展

3. 压缩挤流

挤流是在压缩过程中，当活塞接近上止点时，利用燃烧室形状的特点，混合气由狭窄空间（挤气间隙 - 上止点时活塞顶面与缸盖底面之距离），被挤压向另一相对宽大空间串流而形成（图7-15），在上止点附近其强度、效果较明显。当活塞越过上止点下行时，又产生了逆挤流。分层稀薄燃烧汽油机的燃烧室，则主要依靠活塞顶特殊设计的形状形成压缩挤流，并兼具进气滚流之导流作用。与进气涡流不同的是，挤流不增加进气阻力，不会影响充气效率。挤流不仅可以提高主燃烧期的燃烧速度，而且对减少和改善后燃非常有效。

挤气面积越大，挤气间隙越小，则挤流强度越大，但会使面容比增大，HC 排放量增多。

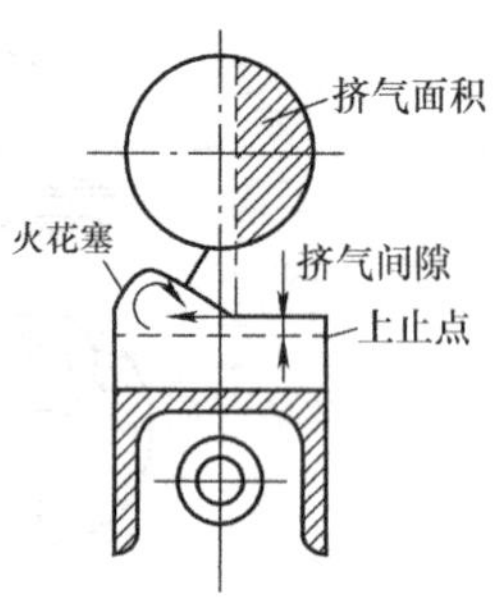

图 7-15　汽油机燃烧室挤流的产生

7.8.3　典型燃烧室

顶置气门式汽油机燃烧室主要设在气缸盖上，有浴盆形、楔形、半球形（图 7-16）和多球形、篷形等。

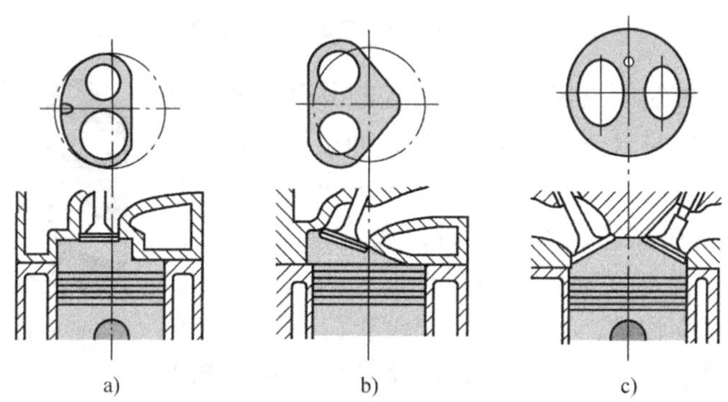

图 7-16　汽油机典型燃烧室

a）浴盆形　b）楔形　c）半球形

1. 浴盆形燃烧室

浴盆形燃烧室的断面形状像一个倒扣的椭圆形浴盆，在一侧或双侧设置一定的挤气间隙。其面容比较大，散热损失多，HC 排放量多；气门中心线平行于气缸轴线，垂直置于顶部，进、排气道弯度较大，充气效率低；火花塞设在燃烧室的一侧，火焰传播距离长，爆燃倾向较高，不宜采用高压缩比，一般不超过 7.5。动力性、经济性相对较低，但 NO_x 排放量较少，工作柔和。它的优点是结构简单，易于制造。

2. 楔形燃烧室

楔形燃烧室的断面形状为楔形，结构较紧凑、简单，散热面积较小。火花塞布置在空间较高一侧的进、排气门之间，利于新鲜混合气扫除其周围的残余废气，低速、低负荷下燃烧稳定。但混合气集中在火花塞周围，燃烧初期放热速度快，压力升高率大，工作粗暴，燃烧温度较高，NO_x 排放量较多；气门倾斜布置，气门直径可较大，进、排气道转弯较小，进排气阻力小，利于提高充气效率；火焰传播距离较短，且在末端混合气侧（楔形空间浅薄的一侧）设置一定的挤气面积，使爆燃倾向降低，压缩比可以较高，达 9 ~ 10，但 HC 排放量较多。所以，楔形燃烧室具有较高的动力性和经济性。

3. 半球形燃烧室

半球形燃烧室不组织压缩挤流，所以又称其为无扰流式燃烧室。可倾斜布置较大的进、排气门，气道转弯小，进排气阻力小，在高转速下充气效率高。火花塞布置在球形室顶部中央的一侧，火焰传播距离短，不易产生爆燃，压缩比可高于 10.5；较多的混合气集中在火花塞附近，初期燃烧速度快，压力升高率大，工作粗暴，噪声较大，NO_x排放量较多；因不组织挤流，低速大负荷时爆燃倾向较大；结构紧凑，面容比小，散热损失少，HC 排放量少。所以，球形燃烧室动力性、经济性好，高速适应性好。

4. 多球形和篷形燃烧室

多球形燃烧室由两个以上的半球组合而成，面容比较大。篷形燃烧室形状如圆锥面的帐篷，面容比最小。二者更有利于布置较大的多个气门、双进气道，利于组织进气涡流或滚流；火花塞布置在燃烧室顶部的中央，也适合于布置双火花塞。综合的动力性、经济性、排放性、高速适应性最好。但多球形燃烧室设计加工复杂。

对稀薄混合气燃烧的汽油机，为形成所期望的混合气效果，除了在气缸盖底面的球形或篷形空间外，早期采用气缸盖内设置湍流发生室（副燃烧室），或设置副进气道和辅助进气门，现在则多采用在活塞顶上设计有不同形状的凹坑或凸起。关于稀薄混合气燃烧的内容详见 10.5 节。

【思考题与练习题】

1. 为何均值混合气点燃的汽油机采用量调节方式?
2. 与化油器式供油相比，电控汽油喷射式供油有哪些优点?
3. 何为汽油机的正常燃烧? 分哪几个阶段?
4. 汽油机的主要燃烧放热期是哪个阶段? 有何特点?
5. 汽油机过后燃烧有何危害?
6. 如何根据示功图评价燃烧过程的好坏?
7. 如何根据放热特性判断燃烧过程的好坏?
8. 何为爆燃? 爆燃有何外部特征和危害?
9. 什么是早火? 如何产生的? 有何危害?
10. 如何根据外部特征判断不正常燃烧是爆燃还是早火?
11. 爆燃限制了汽油机压缩比的提高，对吗? 为什么?
12. 为什么汽油机不宜采用较大的气缸直径?
13. 选用的汽油牌号越高越好，对吗? 如何选用汽油?
14. 采用双火花塞有何优点?
15. 汽油机断火后仍能继续运转，是由什么引起的?
16. 何为进气管“回火”、排气管“放炮”? 如何产生的（什么条件下产生的）?
17. 由燃烧引起发动机振动的主要原因有哪些?
18. 说明循环变动的主要原因及危害?
19. 各缸工作的均匀性对发动机有何影响?
20. 汽油机的有害排放物主要有哪些? 分别在什么条件下生成?
21. 点火提前角过大或过小有何害处? 随转速、负荷的变化，最佳点火提前角应如何调整?
22. 何种工况下易发生爆燃?
23. 电控发动机运行中发生爆燃时，是如何抑制爆燃发生的?

24. 燃烧室积炭有何害处?

25. 废气再循环对燃烧过程有何影响?

26. 增压对汽油机燃烧过程有何影响?

27. 低温对发动机混合气形成与燃烧有何影响?应如何根据温度调控混合气浓度和点火提前角?

28. 根据汽油机冷起动、暖机怠速工况混合气形成及燃烧的特点，说明其空燃比和点火提前角控制策略。

29. 电控喷射汽油机哪些工况采用闭环控制混合气浓度?哪些工况采用开环控制?

30. 急加速为何要额外加浓混合气?

31. 何为经济混合气?何为动力(功率)混合气?什么工况用动力混合气?电控喷射汽油机燃用经济混合气吗?为什么?

32. 为什么汽油机燃烧室对抗爆性、动力性、经济性、排放性有影响?

第 8 章　柴油机混合气形成及燃烧过程

8.1　概述

由于燃料性质的差异，柴油机与汽油机的混合气形成和燃烧过程有很大不同。汽油机中均质混合气由火花点火、火焰面在燃烧室内以一定速度传播，燃烧快速、柔和、噪声小，过量空气系数小（在 1 附近），且无炭烟排放，只是受爆燃的限制不宜采用较大的压缩比。柴油机则采用较高的压缩比，保证压缩行程临近终了时达到足够高的温度，使高压下、按一定规律和雾化形态喷入的柴油快速与空气混合，在浓度适宜的多个地点同时自行着火而爆发燃烧，且燃油边喷入边燃烧，以扩散燃烧为主，不呈现火焰面的传播状态。柴油机混合气形成与燃烧过程是各种热力发动机中最复杂的，具有以下特点：

1）混合气形成空间小、时间短。燃油喷入有限的燃烧室空间，从开始喷入至出现着火只有 15°CA ~35°CA。

2）混合气形成过程与燃烧过程大部分时间重叠在一起。燃油边喷入、边雾化、边受热蒸发、边扩散混合、边燃烧。

3）燃烧室中混合气浓度极不均匀，空气利用率低，只有在平均过量空气系数大于 1 的情况下才能保证完全燃烧，过量空气系数的下限在 1.2 左右，否则排气烟度过大。

4）功率输出“质调节”。柴油机无节气门，每循环进入气缸的空气量变化不大，输出功率的大小由增减每循环喷油量，进而改变气缸内混合气浓度来调整，以适应转速和负荷的变化，这就是“质调节”。柴油机从怠速到全负荷，平均过量空气系数在 1.1 ~ 11.1 的广泛范围内变化。

柴油机的优势就在于经济性好，主要原因是其压缩比较大、可燃混合气较稀以及泵气损失少（无节气门）。其劣势就在于：排气烟度大；高压缩比和燃烧粗暴度导致的机械负荷、振动、噪声大；较大的过量空气系数降低了气缸工作容积利用率；加之为保证在高机械负荷下工作的可靠性，零部件尺寸和重量必然加大；随转速的增加，惯性力载荷及摩擦损失急剧增大，功率迅速下降，转速不能像汽油机那样高，使其升功率小、比质量大、结构紧凑性差。

柴油机组织燃烧过程的目标，是保持高燃油经济性的同时，不断地通过改善混合气形成和燃烧过程，降低燃烧粗暴度和排气烟度，减少过量空气系数和提高转速，或采用增压技术等提高比功率，使之比质量和尺寸与汽油机媲美。

本章将在第 2 章的基础上，探讨燃油喷雾特性与混合气的形成、燃烧过程及其影响因素变化对发动机性能的影响，各类燃烧室中混合气的形成与燃烧的实施等。

8.2 柴油机混合气的形成

柴油机以扩散燃烧为主，其燃烧速度与品质取决于混合气的形成速度与质量。燃油喷雾、气流运动、燃烧室形状是影响混合气形成的关键因素，三者配合方式的不同，形成了不同的混合气形成方式和不同的燃烧室类型。本节只讨论混合气形成的方式及燃油喷雾和气流运动，关于不同类型的燃烧室混合气形成与燃烧的特性在本章8.5节中叙述。

8.2.1 燃油的喷射

利用喷油器将燃油以很高的压力喷入燃烧室、雾化成细小颗粒是混合气形成的第一步。油束的形态决定了燃油在燃烧室中分布范围，油束中油滴的大小则影响受热、蒸发面积，是混合气形成首先要关注的问题。

1. 油束的形成

燃油在很高的压差（燃油压力 - 缸内压力 > 100MPa）下，以非常高的速度（>100m/s）流出喷孔进入高压空气中。油流受到自身紊流、喷孔壁面缺陷、喷油器振动等初始扰动及空气摩擦阻力、空气从外侧卷入、液体表面张力的共同作用，使油束在离开喷孔后马上发生变形，并逐渐分散成油膜和油线，接着分裂成碎片或小团，然后在液体表面张力和周围空气压力作用下变成球状油滴，仍扰动着的油滴在飞行中还会继续粉碎成更小的油滴，且过程中同时伴随着外侧空气的卷入和燃油的蒸发。结果，形成了由若干油滴、燃油蒸气及充满在油滴间的空气组成的、横向（或断面）逐渐扩大的喷注。当燃油喷入静止的介质中时，喷注便是一个顶部位于喷孔中心线上的扇形圆锥体状（图8-1），又称其为油注、油束或油锥。油束中心附近的油滴密集，直径较大、前进速度也较大；越往外侧油滴密度、直径、速度越小，而油滴数量、燃油蒸气、空气增多。

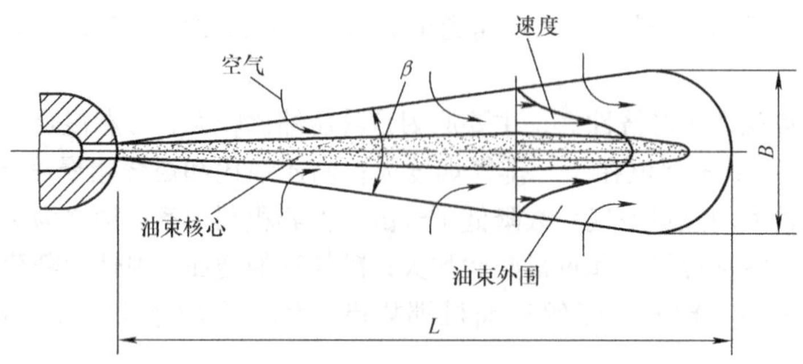

图8-1 油束结构示意图

2. 油束特性

油束特性可由油束射程、喷雾锥角和雾化质量（油滴分布）来描述。

（1）油束射程 L 与喷雾锥角 β

油束射程是指燃油喷射期间油束前端距喷孔口的最大距离，又称其为贯穿距离。它与喷雾锥角（或油束最大宽度 B）直接关系着燃油在燃烧室中的分布情况及其与燃烧室形状的配合，影响着空气利用率、混合气形成速度与均匀度。这对不组织气流运动，或仅有弱气流运动的燃烧室尤为重要。

若油束射程太小，则燃油不能到达燃烧室壁面附近，燃烧室周边的空气得不到充分利用；油束射程太长，则过多的燃油喷到燃烧室壁上，也影响混合速度。

若喷雾锥角过小，则油滴过于密集，不能有效地分布在燃烧室空间中；过大则会降低油束射程。

（2）雾化质量

雾化质量用油滴的细度和均匀度描述。细度以油滴平均直径评定，均匀度用油滴最大直径与最小直径之差表示。油滴平均直径及直径差值越小，油滴越细、越均匀，雾化质量就越好，与空气接触、受热、蒸发面积就越大，混合气形成越快。反之，雾化质量越差，油滴直径越大，混合气形成越慢。

3. 油束特性影响因素

根据油束形成的过程，油束特性主要取决于影响油束紊流度和空气阻力的因素。

增加喷油压力和减小喷孔直径，都使燃油从喷孔流出的速度增大，紊流度增强，与周围空气的摩擦阻力增大，卷吸的空气量增多，雾化质量改善。油束射程则随喷油压力、喷孔直径的增加而增大。增加油束数量则可提高燃油在燃烧室内分布的均匀度。

喷油器结构类型不同，则喷孔及油束数量、喷油压力也不同。多孔式喷油器比轴针式喷油器雾化质量好、燃油分布均匀，主要原因就在于其喷油压力高、喷孔直径小和较多的、均匀间隔的油束数量。

传统的机械控制式喷射系统，转速和喷油泵凸轮形状对雾化质量也有影响。转速越高，或凸轮轮廓线越陡，喷油压力越高，供油速度越快，雾化质量越好。

提高气缸内气体压力，使作用在油束上的空气阻力增大，雾化质量有所改善，油束射程缩短、锥角增大。

降低燃油黏度，燃油内摩擦力减小，同样喷油压力下更易紊流化，可以改善雾化质量。

4. 燃油喷射过程与喷油规律

不同的燃油喷射系统，喷射过程特性存在差异，下面以过程最复杂、最具代表性的泵－管－嘴喷油系统为例说明燃油喷射过程。图 8-2 所示给出了喷油泵端压力、喷油器端压力和喷油器针阀升程的变化曲线。为便于分析，将整个喷射过程分为三个阶段。

第一阶段为喷油滞后（延迟）阶段，是指从喷油泵柱塞顶封闭进、回油孔开始供油，到喷油器针阀开始升起为止。喷油泵柱塞顶封闭进、回油孔后，泵油腔内压力高于高压油管中的剩余压力及出油阀弹簧预紧力时，出油阀开启，燃油开始进入高压油管，产生的压力波以声速向喷油器端传播。当喷油器端压力高于针阀开启压力时，开始喷油。所以，供油提前角大于喷油提前角，二者之差称为喷油延迟角。

第二阶段为主喷射阶段，是指从喷油始点到喷油器端压力开始急剧下降为止。针阀开启过程中，由于针阀上升让出容积，及一部分燃油喷入燃烧室，喷油器端压力暂时下降。由于柱塞持续压油，喷油泵端压力和喷油器端压力继续升高，针阀达到并保持最大升程。当喷油泵停止供油，出油阀落座并让出减压容积，使高压油管中压力迅速降低，喷油器端压力稍迟后也迅速下降。绝大部分燃油在此阶段喷入燃烧室，喷油速率和喷油量受柱塞直径、喷孔总流通面积、针阀升程、喷油压力和转速等的影响。

第三阶段为喷油结束阶段，是从喷油器端压力开始急剧下降，到针阀完全落座停止喷油为止。当喷油器端压力低于针阀落座压力时，针阀开始关闭，直至落座，停止喷油。该阶段中油压下降，影响雾化质量，所以应尽可能使该阶段缩短。

由上述喷油过程可知，喷油始点滞后于供油始点、喷油持续期长于供油持续期、最大喷油速率（喷油器单位时间或凸轮转角内的喷油量）小于供油速率（喷油泵单位时间或凸轮转角内的供油量），所以供油规律与喷油规律存在明显差别，如图 8-3 所示。这里供油或喷油规律是指供油或喷油速率随时间（或凸轮转角）变化的关系。这些差别主要是压力波传播滞后、高压下燃油的可压缩性、油管内的压力波动、油管的弹性、喷油泵和喷油器惯性与节流等所致。高压油管的长度及弹性、高压容积（出油阀至喷油器针阀高压管路的容积）、燃油的可压缩性越大，差异越大，并且随转速、针阀开启压力、高压油管剩余压力的升高，差异增大，这也是这种喷射系统的缺陷所在。

注意：开始喷射和结束喷射时，压力升高和降低的速度、喷油器（或针阀）开启和关闭的速度影响喷雾质量。初喷和终喷时压力升高和降低的速度越快、喷油器开启和关闭的速度越快，雾化质量越好；反之，雾化恶化，甚至滴油。所以，整个喷油周期内喷油压力高而稳定、开始与结束时迅速、敏捷，提高喷油规律的可控性，一直是燃油喷射所追求的目标之一。

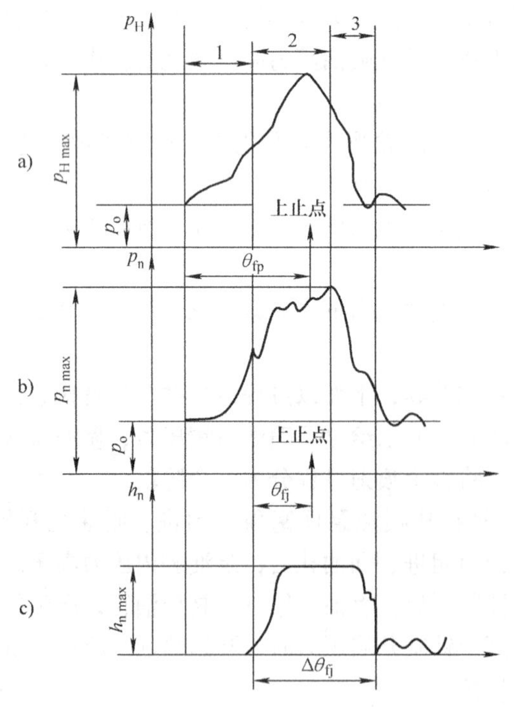

图 8-2 燃油喷射过程

a）喷油泵端压力 b）喷油器端压力 c）针阀升程

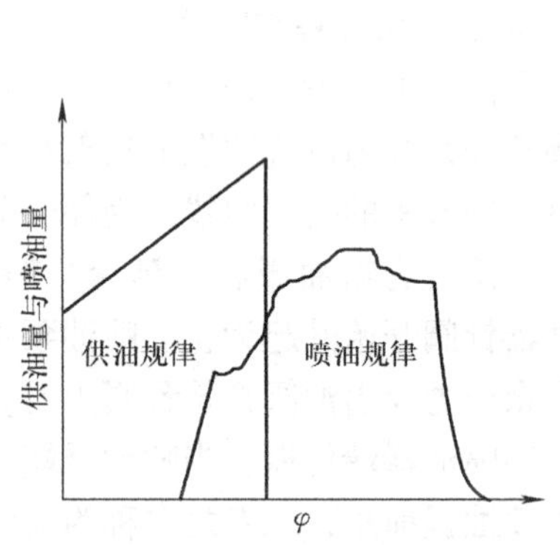

图 8-3 供油规律与喷油规律

8.2.2 柴油机混合气形成方式

根据燃油喷雾、气流运动的配合，柴油机的混合气形成方式分为空间雾化混合、壁面油膜蒸发混合及空间雾化 - 油膜蒸发复合式三种。

1. 空间雾化混合

力图使燃料以良好的喷雾形态尽可能均匀地分布到燃烧室空间（而不喷射到燃烧室壁上）与空气混合，是空间雾化混合的基本特征。混合气的形成主要依靠燃油的雾化、油束及其卷起的高温空气的相对运动和扩散，所需的能量主要来自燃油喷射过程中由压力能转化来的油束动能，不强调组织气流运动。

显然，空间雾化混合的实施，要求高的燃油雾化质量，且油束形状要与燃烧室形状相配合，是一种“燃油找空气”的方法。为此，需采用多孔式喷油器以及很高的压力。由于不组织空气运动，燃料在燃烧室中的分布仍有很大的不均匀度，空气利用率低，燃烧需要很大的过量空气系数。但它具有混合气形成过程稳定，对工况变化不敏感的优势，传统上是柴油机组织混合、燃烧的主要方式。

2. 壁面油膜蒸发混合

燃烧室内组织强烈的空气涡流，采用单孔或双孔喷油器，将绝大部分（90% ~95%）燃油沿燃烧室壁面顺着空气涡流方向喷射，在燃烧室壁面上形成一层油膜。另一小部分喷散在燃烧室空间中的燃料，首先完成与空气的混合在近壁面处着火，引燃混合气。油膜受燃烧室壁和空气的加热而蒸发，燃油蒸气被快速卷入涡流中同空气混合，使燃油逐层、分批从燃烧室外缘投入燃烧，并随着燃烧的进展、燃烧室内温度的升高而逐渐加速。

油膜蒸发混合的能量主要来自空气涡流和一定温度的燃烧室壁面，需利用螺旋进气道形成强烈进气涡流，并控制燃烧室壁温。空气涡流强度越大，则混合气形成越快、越均匀，但应以不使油膜遭到破坏为宜。燃烧室壁温不够高时，油膜受热不充分、蒸发缓慢，而当壁温过高时，急剧产生的蒸气将使油膜破碎或与壁面分离，反而影响受热强度。

油膜蒸发混合的方式，具有燃烧柔和、空气利用率高的优点。但对涡流强度、燃烧室壁温、油膜厚度的变化较敏感，冷起动性能及低速、小负荷、怠速工况性能不好，HC 排放高，对增压强化的适应性差，与之匹配的燃烧室结构（球形燃烧室，见 8.5 节）也不太合理。

受上述缺点的限制，单独采用膜蒸发混合的发动机很少，只能看成一种辅助型措施。但它依赖空气运动和壁面温度控制混合气形成的思路，却对改进扩散、混合具有重要的启示。于是出现了介入二者之间的混合气形成方式——空间雾化 - 油膜蒸发复合式。

3. 空间雾化 - 油膜蒸发复合式

综合空间混合与油膜蒸发混合的特点，扬长避短，以空间雾化混合为主、辅以油膜蒸发、组织空气运动形成混合气是复合式混合的特征。

燃油空气的混合依赖燃油喷雾和气流运动的共同作用。要求采用多孔式喷油器以高压喷射，油束形状与燃烧室形状相配合，并使一小部分燃油喷到并撞击燃烧室壁，利用反弹形成二次雾化；采用组织进气涡流和压缩挤流以分散油雾，加快混合气形成速度。这种混合方式的难点在于喷雾、气流、燃烧室匹配的复杂性，难度较大。

8.2.3 空气运动对混合气形成的影响

气流运动形式及其形成已在 7.8 节讨论过。柴油机中气流运动形式主要是进气涡流、压缩挤流和反挤流，空气运动对扩散燃烧混合气的形成主要有三方面的作用。

其一，加快了燃油受热、蒸发、油蒸气扩散速度。

其二，扩大了混合范围。燃油喷入绕气缸轴线旋流的气体中，油束顺着气流方向发生偏转变形并变得更松散。处于油束外围的油滴和油蒸气偏移更多，分散在油束之间的空间中，使相邻的油束几乎相连，如图 8-4 所示。

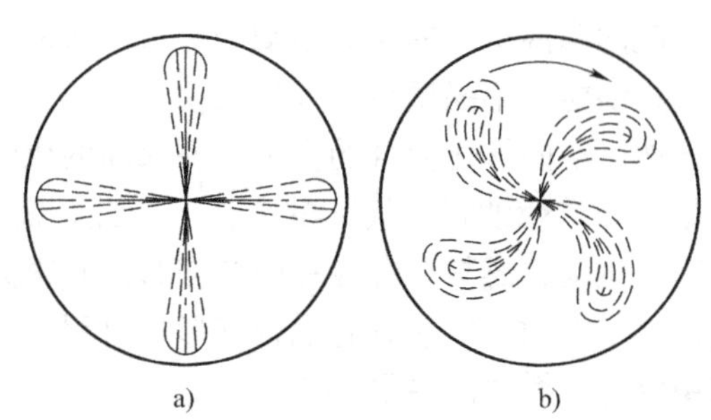

图 8-4　空气运动对多孔喷油器油束的影响
a）静止空气　b）空气做旋转运动

其三，热混合作用。燃烧室中的空气涡流类似于自然界中的漩涡，近乎于势涡流：由涡流中心向外边缘，气流切向速度逐渐减小，压力逐渐增大。涡流中心处的速度最大、压力最小，而在壁面的附近速度最小、压力最大。涡流中质点的运动轨迹取决于其同时受到的离心力和内外压力差的相互作用。由于燃油颗粒或蒸气的密度比空气大，在离心力的主导作用下呈螺旋线向外围的燃烧室壁运动；而密度比空气小的火焰或已燃气体，则在压力差的主导作用下向燃烧室中心运动，并同时将中心处的空气挤向外围。这种涡流使火焰向燃烧室中心运动，促进未燃燃油和空气向外运动、在外围继续快速混合燃烧的现象称为热混合。

热混合现象对空间雾化混合为主的柴油机具有重要意义。因为着火通常首先出现在油束边缘而离喷孔不远处、容易形成适宜浓度的地方，形成“火包油”现象，热混合则促进了燃油与外围空气的混合。同样的原理，空间雾化混合的柴油机中，应避免着火先从燃烧室中心附近开始或燃油过分集中在燃烧室中心附近（如油束射程短时），因为火团或燃油粒子不易从中心区向外围扩散，形成“热锁”现象，使后续喷入的燃油落入火焰中，易发生缺氧下的高温热裂解，形成炭烟，并使燃烧过程拖延。

8.3　柴油机燃烧过程及放热特性

压缩行程末期，喷油器开始将燃油以很高的压力喷入高温（500℃以上）的燃烧室中，燃油经历以下的物理、化学过程，大约持续 50°CA ~ 70°CA 而结束燃烧。

1）喷射雾化成燃油颗粒。

2）燃油颗粒吸热升温并蒸发。

3）燃油蒸气继续升温并向空气中扩散形成一定浓度和温度的混合气。

4）重碳氢化合物分解为轻碳氢化合物。

5）轻碳氢化合物分子发生焰前氧化反应。

6）在空燃比最适宜的一个或几个地方自行着火，开始明显燃烧（预混合燃烧）。

7）继续喷入的燃料边雾化、边蒸发、边扩散混合、边燃烧（扩散燃烧）。

8）部分没有燃烧或完全燃烧的燃料进行补充燃烧。

注意：在有限的燃烧室空间和极短的时间内，上述雾化、蒸发、扩散的物理过程和分解、氧化、火焰传播的化学过程不是独立、分开进行的，而是相继并重叠、交织在一起发生的，每一循环着火地点也不相同，这正是柴油机燃烧过程的复杂性所在。

类似于汽油机燃烧过程的分析，借助于 $p-\varphi$ 示功图，根据柴油机不同时刻燃烧放热速率的差异及气缸缸内压力的变化特征，辅以温度变化曲线，可将柴油机燃烧过程划分为着火延迟期、速燃期、缓燃期和后燃期四个基本阶段。

8.3.1 柴油机燃烧过程诸阶段

图8-5是柴油机$p-\varphi$示功图及燃烧过程四个阶段。图中的实线压力线为气缸内实际燃烧时的压力p变化曲线，虚线为无燃烧时纯压缩膨胀曲线。

从喷油器开始喷油的时刻到活塞行至上止点时曲轴转过的角度，称为喷油提前角，又称为喷油正时，以θ表示。

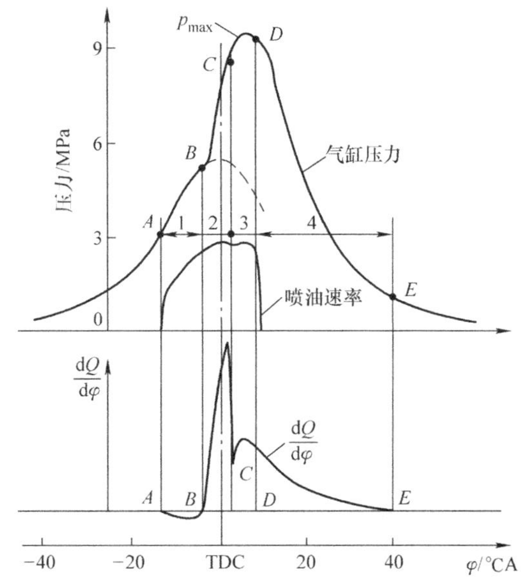

图8-5 柴油机燃烧过程

1—着火延迟期 2—速燃期 3—缓燃期 4—后燃期

$dQ/d\varphi$—燃烧放热速率

1. 第1阶段——着火延迟期（或滞燃期）

在压缩行程末期的A点处喷油器开始喷油，虽然此时气缸内温度已远高于柴油的自燃点，但并不能马上着火，而是经过上述过程中1）~3）的物理准备和4）~5）的化学准备，直到B点才开始着火燃烧，压力开始急剧上升。着火延迟期就是指开始喷油的点A到开始着火燃烧点B的一段时间，又称滞燃期、着火准备期等，其间形成并积累着可燃混合气。

在滞燃期内，由于燃油吸热蒸发，而焰前的氧化放热速率又非常低，所以总放热率为负，实际的燃烧压力曲线应在纯压缩膨胀线的略下方。但由于差别很小，压力测量误差又较大，二者便重叠成一条线，到点B时开始分离。所以，在$p-\varphi$示功图上，滞燃期是从开始喷油时刻到气缸中压力开始急剧升高、燃烧压力曲线脱离纯压缩膨胀曲线处。

柴油机的滞燃期非常短，曲轴转角计量的滞燃期$\varphi_i=8°CA\sim12°CA$，以时间表示的$\tau_i=0.7\sim3ms$。与汽油机不同，柴油机滞燃期的长短对整个燃烧过程乃至发动机的整机性能有相当大的影响。决定滞燃期长短的直接因素除燃料自身性质外，也有影响气缸内燃油蒸发、混合条件的因素，如温度、燃油特性、燃油雾化质量、气流特性等，其他因素都是通过引发上述因素的变化而间接起作用的。只要是改善雾化、蒸发、混合的因素均使滞燃期缩短。

2. 第2阶段——速燃期

速燃期即着火开始后快速燃烧放热的阶段，在$p-\varphi$图上对应于压力急剧上升的BC段。

滞燃期内喷入的燃料经过物理与化学准备形成的非均质混合气，在浓度适宜的区域多点同时着火而开始剧烈燃烧，放热速率瞬间骤增，同时第2阶段喷入而又完成燃烧准备的小部分燃料也相继投入燃烧。因此滞燃期又称为预混合燃烧阶段，是柴油机的第一个主燃烧期，也可称为一期燃烧。由于是在上止点附近、气缸体积小且变化慢的条件下进行，近乎于等容燃烧，所以气缸内压力和温度都急剧升高，结束时缸内压力 p_c 达到或接近于最高燃烧压力 p_{zmax}，但随着燃料的继续燃烧，温度仍然升高。

与汽油机相像，柴油机急燃期内的平均压力升高率 $\Delta p/\Delta\varphi$ 对整机性能有重要影响。$\Delta p/\Delta\varphi$ 越大，表明越多的燃料集中在上止点燃烧，是提高热效率、改善动力性与经济性所期望的。但若 $\Delta p/\Delta\varphi$ 过大，会使曲柄连杆机构受到剧烈的冲击，振动加剧，噪声（敲缸声）明显增大，产生所谓的工作（或燃烧）粗暴，影响运转平稳性。不仅如此，过快的压力增长还会使最高燃烧压力 p_{zmax} 和温度 T_{zmax} 升高，导致可靠性降低、寿命缩短、NO_x 生成量增多。因此，限制压力升高率和最高压力在一定范围内是燃烧过程控制的主要任务之一。

柴油机压力升高率主要取决于滞燃期内形成的可燃混合气数量的多少，而滞燃期的长短及滞燃期内喷入燃油量的多少，则是其主要影响因素。缩短滞燃期或减少滞燃期内喷入的燃油量，均可以减少滞燃期内形成的可燃混合气量，使压力升高率 $\Delta p/\Delta\varphi$ 减小，反之则增高。

一般柴油机在第 2 阶段继续喷油。高速柴油机，大部分油量都在第 1 阶段喷入，具有很大的工作粗暴度。

3. 第 3 阶段——缓燃期

缓燃期是从速燃期结束（*C* 点）到气缸内出现最高温度（*D* 点）。此阶段内，速燃期内喷入的大部分燃料和后续喷入的燃料，在气缸内空气减少而已燃气体增多的条件下，边蒸发、边混合、边燃烧，属燃烧速率较慢的扩散燃烧。虽然温度继续升高，至结束时达到最大，但由于气缸容积已逐渐增大，压力却几乎不变（或略有降低或略有升高），近似于等压燃烧。

有些柴油机大负荷工况时，在缓燃期仍在继续喷油，尤其大功率低速柴油机。由于此时缸内温度高，喷入的燃油蒸发、氧化速度快，滞燃期大为缩短，如果能及时遇到氧气，则随喷随燃，喷油如喷火，出现明显的燃烧放热速率第二峰值——扩散燃烧峰值。但若燃油喷入高温废气区，不能及时遇到氧气，则不仅使燃烧过程拉长，热利用率降低，而且容易裂解生成炭烟。因此，保持燃烧室内有足够多的空气量（过量空气系数必须大于 1），并加强空气运动，是加快混合，保证燃烧完全、及时，减少炭烟排放的重要措施。

缓燃期是柴油机的第二个主燃烧期，也可称为二期燃烧，一般在上止点后 20℃A ~ 35℃处结束，最高温度 T_{max} 达 1700 ~ 2000℃。该阶段内的放热量约占总量的 70%，结束时累计放热率达到 80% ~ 90%。

4. 第 4 阶段——后燃期

后燃期又叫补燃期，是指从缓燃期终点到燃料基本燃烧完毕。由于混合气形成与燃烧的非均质性、短促性和交叠性，总有少量不能及时燃烧的燃料或不完全燃烧产物（CO、HC、炭烟）拖到膨胀过程中继续燃烧。由于此阶段气缸内未被利用的空气量较燃烧初期已经很少，废气却相当多，混合气形成与燃烧条件明显恶化，燃烧进行的很慢，可能在膨胀后期甚至排气过程才结束。一般认为累积放热量达到总放热量的 95% 以上时即为燃烧结束。

与汽油机相同的是，过后燃烧在低膨胀比下进行，所放出的热量利用率低，不仅使发动机动力性、经济性下降，活塞和气缸热负荷增大，而且排温升高，炭烟排放增多。后燃的量越多、结束得越晚，则上述危害越大。

过后燃烧严重往往是开始喷油过晚、缓燃期内喷油量过多或喷油结束太迟、喷油雾化不良甚至滴油、燃油与空气混合速度慢所致。所以，减少过后燃烧应从控制喷油和组织空气运动、改善混合气形成着手。另外，气缸密封不良、燃油品质差也是过后燃烧增加的原因。

与汽油机不同的是，柴油机燃烧过程在很高压力和相当大的平均过量空气系数下进行，不易发生完全燃烧生成物的分解，因而再组合放热对后燃的影响不大。

注意：不管是柴油机还是汽油机，排气温度和排烟是判断发动机燃烧过程质量的重要信号。排气温度偏离正常值升高，甚至排气管烧红，通常都是燃烧恶化、后燃严重所致。

8.3.2 柴油机燃烧过程中有害排放物的形成

柴油机中 CO、HC、炭烟、NO_x的产生机理与汽油机中的相同。柴油机燃烧室内混合气浓度和温度存在极大不均匀度，在过浓的高温区易生成炭烟，接近当量比的高温燃烧区则易生成 NO_x，过稀区和壁面淬熄区则是 CO、HC 的主要来源。这种非均质的扩散燃烧，燃烧过程中会产生大量的 CO、HC 和炭烟，但由于平均过量空气系数较大，CO、HC 在随后的燃烧和膨胀中遇到空气而完全燃烧。同时，柴油机是在极短时间和有限燃烧室空间内，以燃油空间雾化和组织空气运动为主形成混合气，壁面淬熄效应和吸附效应很小，加之燃烧是在很高压力下进行，不易发生 CO_2 和 H_2O 的分解，所以 CO 和 HC 的排放量比汽油机低得多。虽然相当部分的炭烟也在随后的燃烧过程中会继续完全燃烧，但由于需要较高的温度条件，而随着膨胀过程的进行，缸内温度快速降低，仍有一部分炭烟不能继续氧化而排出气缸。所以，柴油机的有害排放物主要是 NO_x和炭烟。

8.3.3 以示功图评价柴油机燃烧过程

从上述分析可知，柴油机燃烧过程的主要问题是燃烧不完全、不适时导致的排气冒黑烟和过高的压力升高率引起的工作粗暴、最高燃烧压力过大等，而这与经济性、动力性及 NO_x 排放之间是相互矛盾的。理想的燃烧过程是既把压力升高率和最高压力限制在一定范围内，又尽可能保持高的热效率、动力性和低的有害物质排放。

示功图上气缸内最高压力值 p_{zmax}及其出现时刻、压力开始快速升高时刻及压力升高率的大小，反映了燃烧过程组织的合理性。类似于汽油机，最大燃烧压力出现在上止点后 10℃A ~15℃A、压力快速升高的始点在上止点前 10℃A ~ 15℃A 时，柴油机具有最大的功率输出和最低的燃油消耗。与汽油机不同的是，柴油机平均压力升高率 $\Delta p/\Delta\varphi$ 更大，一般为 0.4 ~0.6MPa/℃A，这是其振动和噪声较大、舒适性差的原因所在。而高的压力升高率和压缩比，则使最高燃烧压力 p_{zmax}更高，一般为 6 ~9MPa，增压柴油机可高达 15MPa。因此为保证寿命，柴油机必然是尺寸大、质量大。

8.3.4 柴油机放热特性

放热特性又叫放热规律，即燃烧放热速率随曲轴转角的变化关系，它反映并决定了气缸内燃烧压力的变化特征。图 8-6 中自着火始点（上止点前角度 φ_B）至燃烧终点延续 φ_Z 曲轴转角的曲线即为放热特性曲线，放热始点、放热持续期、放热速率曲线形状，是分析、判断燃烧过程合理性的三个基本要素，三者相互关联，决定着柴油机热效率、功率、粗暴度（振动与噪声）、寿命和有害物质排放。

1. 放热始点及放热持续期

放热始点即着火或速燃期始点。若在持续期不变的前提下，它影响压力升高率、最高燃烧压力及最高燃烧放热速率峰值出现时刻、燃烧结束时刻（或过后燃烧的多少），进而影响放热速率曲线形状。喷油提前角和滞燃期是影响放热始点的主要因素。

放热持续期的长短反映了燃烧之速度和适时性，影响燃烧粗暴度、最高压力、热效率和有害物质排放。放热持续期主要取决于喷油持续角（喷油量）的大小，同时受混合气形成速度的控制。

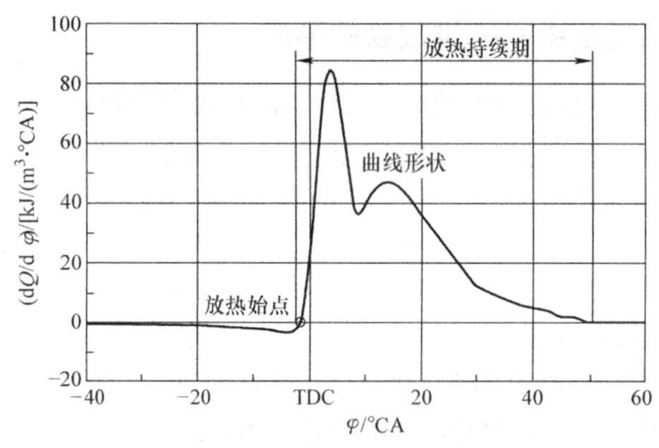

图 8-6　柴油机放热规律

2. 放热速率曲线形状

放热速率曲线形状反映了燃烧过程中放热速率峰值及对应的曲轴转角、不同时期的放热量比例等信息，主要取决于喷油规律、混合气形成方式、机型、燃烧室、活塞运动速度及其配合等因素。柴油机放热过程可分为三个阶段。

第一阶段为预混合燃烧阶段，与燃烧过程速燃期相对应，历时约5℃A～7℃A。虽然放热量约仅占总放热量的20%左右，但主要燃烧的是滞燃期内已形成的可燃混合气，燃烧几乎在处于可燃浓度界限内的混合气区域内同时进行，放热速率却增长迅速，在比汽油机更靠近放热始点的位置出现放热速率第一峰值。

注意：柴油机在到达放热速率最大值之前的阶段内所放出的热量份额，要比汽油机少得多，但放热速率却增长迅速。

第二阶段为扩散燃烧阶段，与缓燃期相对应。随着滞燃期内形成的可燃混合气的燃烧殆尽，放热速率达到峰值后急剧减慢，燃烧进入扩散燃烧阶段，放热速率受控于燃料与空气的扩散混合速度。如果燃油喷射和空气运动利于加速混合，则可在距燃烧始点远一些的时刻出现放热速率第二峰值。此阶段持续约40℃A，期间放热量约占循环总放热量的70%以上。

所以，柴油机具有两个放热速率峰值，尤其是大负荷时或具有燃烧室强烈气体运动的柴油机，具有较明显的第二峰值。

第三阶段为尾部阶段，与后燃期相对应，仍为扩散燃烧。随着燃料与空气的耗尽、废气的增多和活塞的下行，温度、密度降低，放热速率很慢，直至延续至膨胀行程末期而趋于零。放热量约占循环总热量的20%。

3. 理想的燃烧放热特性

柴油机燃烧放热各阶段的比例影响着动力性、经济性、排放和振动噪声。预混合燃烧阶段过高的放热速率是燃烧粗暴、NO_x 浓度高的根本原因；整个扩散燃烧阶段（缓燃期与后燃期）具有高的放热速率，则是获得高的热效率、低炭烟排放的根本保证。所以，组织燃烧过程的原则是：抑制初期燃烧放热、减小放热速率第一峰值，以控制着火后压力升高率、最高燃烧压力和温度在一定范围内，同时加速扩散燃烧放热、增大放热速率第二峰值，减少后燃，保证燃烧放热在上止点附近及时结束，即追求所谓“先缓后急”的放热规律。图 8-7 中，虚线所示为先急后缓的放热规律，实线为先缓后急的放热规律。

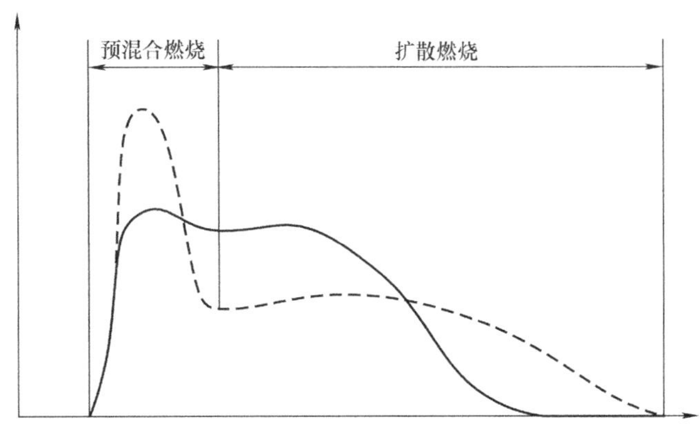

图 8-7　柴油机理想的燃烧放热规律

8.3.5　汽车用汽油机与柴油机的比较

本小节中，我们将总结混合气形成与燃烧的过程，及前几章的相关内容，对比柴油机与汽油机的工作原理及特点，具体见表 8-1。

表 8-1　汽油机与柴油机的比较

比较项目		汽油机	柴油机
压缩比		8~12	12~23
空气与燃油的混合		均匀	不均匀
平均空燃比		12~18	17~31
着火方式		火花塞点火	自燃（压燃）
燃烧	方式	火焰传播燃烧	预混合燃烧+扩散燃烧（主）
	压力升高率	0.17~0.25，工作平稳	0.3~0.6，振动、噪声大
	最高温度/K	2200~2800	1800~2200
	最高压力/MPa	3.0~6.5	6.0~9.0（非增压），9.0~15.0（增压）
	燃烧持续期/℃A	40~60	50~70
	不正常燃烧	爆燃	工作粗暴
	着火延迟期影响	小	大
排气温度/K		700~900	900~1100

（续）

比较项目		汽油机	柴油机
有效热效率		0.25～0.33	0.35～0.40，增压后可达0.45
功率（负荷）调节	原理	改变混合气量	改变喷油量（混合气浓度）
	方法	控制节气门开度	控制供油机构或系统
最大转速/(r/min)		3000～6000/9000	2000～5000
气缸直径/mm		50～110	70～160
冷起动性		好	较差
有害排放物质		CO、HC、NO_x	NO_x、炭烟

8.4 柴油机燃烧过程影响因素

根据柴油机混合气形成和燃烧过程及其特点，燃油喷雾与喷油规律、气流运动、燃烧室热力状态（温度与压力）及滞燃期等，主导着混合气形成速度、均匀度、燃烧温度，是决定燃烧过程品质的直接因素。其他结构因素、调整因素（喷油提前角、循环喷油量）、运转因素（转速、负荷、环境）、技术状况及燃油特性等，均通过引起这些基本因素的变化对燃烧过程产生影响。

8.4.1 压缩温度与压力的影响

压缩终了气缸内温度和压力越高，焰前反应越快，并且高温也加快了燃油的蒸发。所以，在其他条件不变时，随压缩温度、压力的升高，滞燃期缩短，燃烧更柔和、完全、及时，起动也更容易。

压缩比、进气压力和温度、环境温度、冷却液温度的增加，均使压缩终了温度和压力升高，滞燃期缩短。气缸密封性、进气系统的技术状况等变化，也基于此而影响着燃烧过程。

柴油机采用导热系数较小的铸铁气缸盖和活塞，对提高压缩终了的温度、改善工作柔和性有利。

8.4.2 调控因素的影响

1. 喷油压力及喷油规律

喷油压力既影响雾化质量又影响喷雾贯穿力和喷油速率。因此，无论调节开始喷油压力还是整个喷油期间的压力，都可能影响燃烧过程。如8.2.1小节所述，喷油压力越大，雾化质量越好，喷油速率越快，混合气形成速度越快，滞燃期及整个燃烧持续期缩短，可达到迅速而完全的燃烧；开始喷射和结束喷射时，压力升高和降低的速度越快，雾化质量越好。但一味地追求喷油压力的提高，而不能有效控制喷油规律，则会造成滞燃期内的喷油量过多，影响压力升高速率和最高压力，带来工作粗暴的问题。

喷油规律的意义还在于它影响喷油持续期的长短和是否有不正常喷射，严重影响燃烧持续期长短和排烟。

采用高压喷射并提高喷油规律的可控性，一直是组织、改善柴油机燃烧过程的主要手段。对应于“先缓后急”的燃烧放热规律，理想的喷油规律应是“先缓后急，结束迅速，喷油持续期适中"，即在保证雾化质量的前提下，喷油初始以缓慢、少喷为宜，着火后上止点附近快速喷射，既保证了滞燃期内形成适量的可燃混合气、满足燃烧柔和要求，又使燃烧持续期尽可能短，保证尽可能高的等容度和热效率，同时防止生成过多的炭烟。

2. 喷油提前角

柴油机的喷油提前角类似于汽油机的点火提前角，决定着燃烧的适时性，影响着最高压力出现的时刻。对每一工况，柴油机都有一最佳喷油提前角，使动力性、经济性最好，并获得较理想的压力升高率。

喷油提前角过大，则燃油喷入时气缸内的温度、压力相对较低，着火滞后期较长，加之着火后边燃烧边压缩，使 $\Delta p/\Delta\varphi$、最高爆发压力和最高温度增大，导致工作粗暴，NO_x 增多。同时，最高压力出现时刻前移，压缩末期耗功增大，功率下降、燃油消耗率增大，还会导致起动困难，怠速、低速小负荷运转不稳等。

喷油提前角过小，燃油喷入时缸内温度、压力较高，虽然着火滞燃期减小，工作柔和，但燃料不能在上止点附近及时完全燃烧，后燃加重，则导致炭烟排放增多，发动机动力性、经济性下降，排温升高，热负荷增大等。

采用高压喷射，可适当推迟喷油而不使燃油消耗率明显升高，并且可达到兼顾燃烧柔和、降低最高燃烧温度、减少 NO_x 生成之目的。

8.4.3 工况因素的影响

1. 转速

转速升高时，每循环经历的时间缩短，气缸漏气损失和散热损失减小，压缩终了时的温度和压力升高；对传统的机械控制喷射式的柴油机，随转速的升高喷油压力有所升高，雾化质量也提高；同时，转速升高，气体运动增强，利于混合气形成。这些都使得以时间计的着火滞后期缩短，工作柔和。但以曲轴转角计的着火滞后期长度（$\varphi_i=6n\tau_i$）可能增大也可能减小，对不组织空气运动、空间雾化混合的柴油机 φ_i增大，对组织强烈空气运动的柴油机在低速区时 φ_i增大、在高速区时 φ_i减小。可以肯定，随着转速升高，整个燃烧过程所占的曲轴转角增大，后燃增多。

2. 负荷

柴油机负荷变化主要通过循环喷油量调节混合气浓度（过量空气系数）而对燃烧过程产生影响的。当转速一定、负荷增大时，循环供油量增加，过量空气系数减小，燃烧放热量增多，缸内温度、压力升高，滞燃期缩短，工作柔和。但循环供油量的增加，使喷油持续时间增加，燃烧过程延长，加之混合气变浓，后燃和不完全燃烧增多，热效率降低，排烟加重。

3. 喷油提前角与转速、负荷的关系

由上述分析可知，理想的喷油提前角应随转速升高、负荷增大而增大，以保证燃烧在上止点附近及时完成。通过大量的实验，可以获得不同负荷、转速下的最佳喷油提前角，进而得到喷油提前角、转速、负荷的三维关系，如图 8-8 所示。

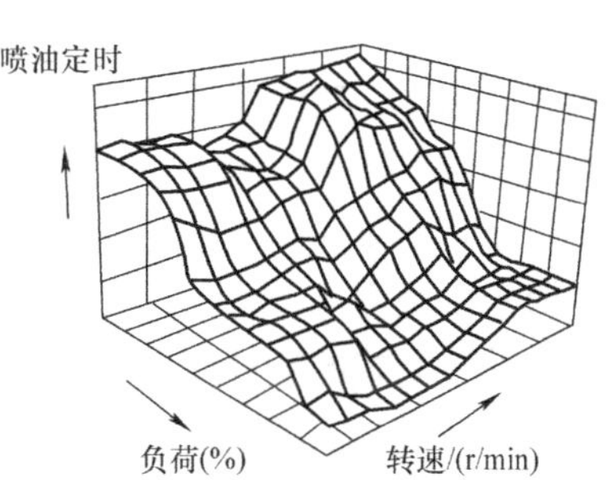

图 8-8 喷油提前角、转速、负荷三维关系图

综合转速与负荷的影响，柴油机冷起动或怠速、低速小负荷运转时，转速低，泄漏损失大，气缸内温度低，加之燃油黏度大、雾化差、气流运动弱等，着火滞燃期长，压力升高率增大，工作粗爆，噪声较明显，并伴有较多炭烟的排放。柴油机在标定工况（如高速公路上满载行驶）附近工作，因负荷较大，过量空气系数较小，烟度比部分负荷大；加速时油门加大，油量增多，烟度较大，甚至比标定工况时还要大；低速大负荷（满载爬坡）时，则因气流运动较弱，烟度也比标定工况时大。

8.4.4 结构因素的影响

1. 增压

增压使每循环进气量增多，进气温度与进气压力升高，压缩终了的温度与压力也升高，着火滞燃期缩短，压力升高率下降，工作柔和，燃烧噪声降低。排气在废气涡轮中继续膨胀，排气噪声也降低。

增压后循环喷油量增多，为避免过多地延长喷油持续时间、减少后燃，需采用更大喷油压力、喷油速率及喷孔直径。

增压后，进气温度、进气压力的升高及循环放热量的增多，使最高燃烧温度与压力明显升高，热负荷与机械负荷增大。适当降低压缩比和提高过量空气系数，既能控制最高温度与压力，又可减少 CO、HC 和炭烟的排放。采用增压中冷措施，高的喷射速率配合适当延迟喷油，NO_x 排放也可明显降低。

2. 燃油喷射系统

前述影响燃烧过程的喷油压力高低及其稳定性、喷油开始及结束时压力升高与降低的速度、喷油正时与喷油量及各缸均匀性的控制精度、喷油规律的可控性等，主要取决于燃油喷射系统的类型与特性。为达到良好的燃烧品质，各种燃油喷射系统应满足以下基本要求：

1）产生足够高而稳定的喷油压力，喷油器应响应迅速，以保证整个喷油持续期内良好而稳定的雾化质量。

2）精确控制喷油量和喷油时刻，并适应转速与负荷的变化。工况不变时保持每循环、各缸的喷油量和喷油压力一致，以保证运转的稳定性。

3）具有良好的喷油规律可控性，以保证合理的燃烧放热规律和良好的综合性能。

柴油机发明初期，限于当时工艺水平，喷油泵的密封性不能直接建立必要的喷油压力，而是采用空气喷射，即将燃油在低压下定量地送入喷油器内储存，在压缩末期由专门的高压气泵将高压空气送往喷油器，同预先存入的燃油混合乳化，随即喷入气缸。当时喷油压力一般为 5～6MPa，柴油机压缩压力约为 3.5MPa。在这样的压差下采用空气喷射，能达到良好的雾化和混合效果。由于空气喷射系统笨重、耗能多，随着工艺水平的进步，1927 年人们就创造了喷油泵－高压油管－喷油器（嘴）高压直接喷射系统，简称泵－管－嘴喷射系统，并一直沿用至今。

机械控制式的喷油泵－高压油管－喷油器系统，通过喷油泵的供油控制喷油器端的油压来控制喷油过程。由于高压油管容积大、泵油机构节流及惯性的影响，喷油器响应慢，喷油提前角、喷油持续期或喷油量、喷油压力等难以精确计量与控制，且均随转速的升高而增大，各缸的均匀性也较差，喷油规律难以控制；喷油压力低且不稳定，开始喷射和结束喷射时压力升高和降低的速度、喷油器开启和关闭的速度均较慢，喷出的油滴颗粒较粗。车用柴油机上只装备有随转速的变化自动调节供油提前角的装置，不能自动适应环境、发动机温度等的变化。

位置式电控喷油泵 - 高压油管 - 喷油器喷射系统，仅仅以电控装置取代了原机械喷射系统中调速器和供油提前器，虽然油量和正时控制精度有所提高，但仍未从本质上改变传统的喷射控制特性，喷油规律难以控制，各缸供油均衡性问题、高压喷射问题、喷油器响应速度慢等未得到解决。

电控时间控制式喷射系统，采用高压油管中的高速强力电磁泄压阀直接控制高压燃油的喷射，喷油泵只承担供油、加压的功能。喷油始点取决于电磁阀关闭时刻，喷油量则取决于电磁阀关闭（通电）的持续时间。虽然喷油器仍为机械式，但实现了各缸喷油正时、喷油量的独立控制，并能自动适应转速、负荷、冷却液温度、环境温度的变化，控制精度较位置控制式有较大提高。但喷油压力仍然与发动机转速和喷油量有关，且具有脉动性，不能保持恒定的高压喷射，在低速、小负荷时喷油压力降低，加之难以控制喷油规律，燃烧的粗暴度没有明显改善。

电控泵喷嘴喷射系统使喷油泵与喷油器合为一体，取消了高压油管，高压容积大为减小。供油规律可受驱动凸轮的直接控制，喷油正时和喷油量（或持续期）由高速电磁阀通电正时和通电时间决定，受转速的影响明显减小，可达到200MPa以上的高压喷射。但仍是时间控制式，存在上述同样的问题。

电控时间 - 压力控制式高压共轨喷射系统中，在电磁喷油器和高压油泵之间设有体积较大的油压稳定共轨管，高压油泵仅负责将高压燃油泵送到共轨管。通过精确控制共轨管内的燃油压力和电磁喷油器的喷油脉宽，实现了柴油喷射的精确控制，能自动适应转速、负荷、温度的变化。喷射压力高达220MPa，几乎不受转速和喷油量的影响，改善了低速与低负荷时的喷雾质量。可灵活、敏捷地进行预喷射、多次喷射，大大提高了喷油规律的可控性，有效地实现了“先缓后急”的放热规律，使柴油机综合性能得以提升，已成为满足越来越严排放及油耗标准的主要技术手段。

3. 废气再循环

柴油机在较大的过量空气系数下燃烧，废气中氧含量远高于汽油机，而 CO_2 含量较低，必须采用较大的EGR率才能有效地降低 NO_x 排放，最大EGR率可达40%～50%。

实施废气再循环后，进气量相应地减少，但喷油量不变，所以混合气变浓，过量空气系数减小，燃烧速度和完全度降低，燃油消耗率和烟度增大，尤其在大中负荷时，而小负荷时影响不大。

柴油中含有质量分数0.2%左右的硫，排气中含有的 SO_2 最终生成硫酸，对EGR管路和阀门及气缸壁、活塞组件形成腐蚀，并使机油劣化。同时排气中的炭粒再流回气缸，附着在气缸壁和活塞环上或混入机油中。这些均加速了气缸及运动机构主要运动零部件的磨损，磨损量甚至是不实施EGR时的4～5倍之多。

8.4.5 技术状况的影响

柴油机燃烧过程恶化或遭到破坏的表现为：排气冒黑烟、排气温度升高或者气缸中极大的压力升高率引起敲缸。燃油供给系统工作状况恶化，或者压缩终了的温度和压力偏低而使过量空气系数减小，都可能是燃烧恶化的原因。

1. 燃油供给系统技术状况

燃油供给异常可能是由于结胶、积炭或磨损而使喷油器喷孔尺寸及形状发生变化，或是喷油器弹簧或喷油泵出油阀弹簧弹性降低，或精密偶件磨损，或喷油器针阀或喷油泵出油阀运动等偏离正常工作状况。这些变化将使燃油雾化变差，喷油时刻、喷油持续期及循环油量发生改变，还会出现二次喷射、滴油、断续喷射、隔次喷射等不正常喷射（图 8-9），尤其传统的喷油泵 – 高压油管 – 喷油器系统更明显。

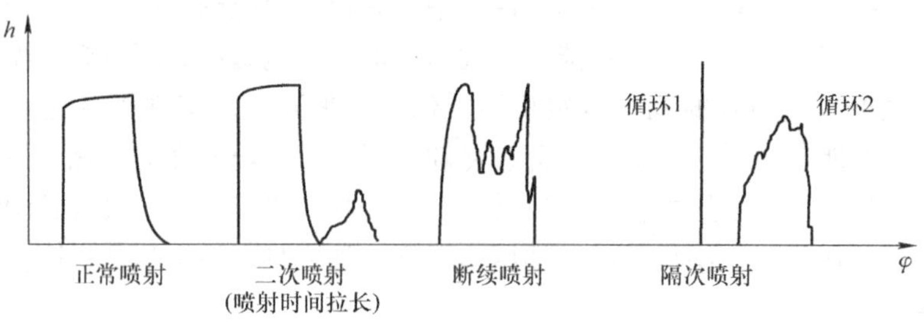

图 8-9　柴油机的不正常喷射

1）二次喷射。即在正常喷射终了喷油器针阀落座后，由于反弹与高压油管中压力波的作用，针阀再次升起而产生喷油的现象。二次喷射延长了喷油持续期、增大了循环油量，并且是在较低压力下喷油，雾化不良，所以后燃及不完全燃烧严重，炭烟增多，并容易形成积炭、堵塞喷油孔，同时油耗增多，排气温度升高、热负荷增大。高速、大负荷工况下易发生二次喷射。

2）滴油。喷射接近终了时或结束后，燃油仍从喷孔缓慢流滴的现象称为滴油。喷射终了时，燃油压力下降太慢，使针阀不能迅速落座，会产生滴油；喷孔磨损、喷油器弹簧预紧力或刚度下降等，使针阀落座密封不严也会产生滴油。滴出的燃油未能雾化，导致冒黑烟严重，易使喷孔因积炭而堵塞，甚至使针阀结胶卡死。

3）断续喷射和隔次喷射。断续喷油是指喷油持续期内，由于喷油泵供油量不足、油压较低，针阀不能完全升起或保持在最大开度，呈往复跳动的状态。此时喷油压力、喷孔流通截面积不断变化，雾化不良，循环油量减少，针阀偶件磨损加速。

隔次喷射是指喷油泵供油量不足、油压低，不能够打开针阀喷油，出现间断爆发。

2. 压缩终了的压力和温度降低

压缩终了的压力和温度主要取决于气缸密封性、进气压力和温度。

气缸密封性下降的原因主要有：气门或气门座积炭、磨损或变形，气门弹簧弹力不足、气门间隙不足等使气门密封不严，活塞环磨损或变形、气缸磨损、拉缸、气缸垫破损等。

进气压力和温度降低可能由于进气系统及配气相位偏离正常状态。空气滤清器堵塞、进气道内壁积垢、气门头部背面结胶、积炭等使进气阻力增大、进气压力降低；在增压情况下还可能由于燃气及空气通道失去密封，涡轮通流部分结胶，机油进入空气中而使供气遭到破坏等；磨损或变形等引起的配气正时不正确等。

8.4.6　柴油性质的影响

1. 十六烷值

2.2.2 小节已阐述，十六烷值表征着其发火性能的好坏。十六烷值越高，自燃性能越好，越易着火，滞燃期越短，压力升高率、最高燃烧压力及温度越低，工作越柔和，NO_x、炭烟、HC、CO 排放量越少，起动性也越好。反之，则起动性差，工作粗暴，有害排放越多。研究表明，十六烷值由 50 增加到 58，低负荷下 NO_x 排放可降低 9%，HC、CO 排放降低 26%。车用柴油机所用柴油的十六烷值一般在 45 ~ 60 之间。十六烷值过高，则燃油来不及与空气混合充分即着火，导致燃烧不完全、冒黑烟、油耗增多等。若必须燃用十六烷值过高的燃油时，可通过适当增大喷油提前角来补偿。

对高速柴油机及技术状况相对较差、长期工作在寒冷地区的柴油机，采用高十六烷值的燃油有利于混合气形成与燃烧。

2. 黏度与蒸发性

燃油黏度影响其雾化性。同样喷油压力下，黏度越大，油束分布范围越小，雾化质量越差，与空气混合越慢、越不均匀，滞燃期越长，工作越粗暴，越不利于完全燃烧和起动，且易冒黑烟。

柴油 50% 馏出温度越低，说明轻馏分含量越多，蒸发性越好，起动性、加速性能越好，暖机越快。但若轻馏分含量过多，蒸发性太好，易导致滞燃期内形成的可燃混合气数量太多，引起工作粗暴。同时，易在输油管道中形成气泡，阻碍燃料的输送，产生“气阻”。尤其对长时间不运行的发动机和长时间高温下工作的发动机，“气阻”是突然熄火、不能起动的主要原因之一，不管是对柴油机还是汽油机均如此。90% 和 95% 馏出温度反映了难以蒸发的重馏分的多少。若柴油重馏分含量过多，直接影响燃烧完全性、及时性，会导致冒黑烟及结焦、积炭等。

随温度的降低燃油黏度增大、蒸发速度降低，混合气形成与燃烧恶化，这是柴油机冷起动困难、振动较明显、易冒黑烟的主要原因之一。

另外，柴油中的硫燃烧时生成 SO_2，遇到水蒸气或水会形成亚硫酸，在机内腐蚀零部件，在排气和大气中形成硫酸盐，对颗粒物生成有明显贡献。同时，硫含量增加，影响后处理装置的转化效率和寿命。

8.5 柴油机燃烧室

如前所述，燃油喷射、气流运动、燃烧室形状的协调配合，是组织混合气形成及燃烧之关键所在，三者不同的配合方式便形成了能够满足不同工作条件、达到必要燃烧效果的燃烧室类型。据此，柴油机燃烧室分为直接喷射式燃烧室和分隔（或分开）式燃烧室二大类。

8.5.1 直接喷射式燃烧室

直接喷射（直喷）式燃烧室是活塞顶面、气缸盖底面、缸壁间形成的统一空间，燃油直接喷入其中，又称统一式燃烧室。燃油与空气的混合主要依赖于喷雾质量、油束形状及其与燃烧室形状的配合，组织适当的进气涡流和活塞顶部形成的挤流，气流强度较小。

四冲程柴油机和气门 - 气孔直流扫气的二冲程柴油机，这类燃烧室主要布置在活塞顶部的凹坑内，气缸盖底面是平的（利于布置进、排气门、喷油器等）。若按活塞顶面凹坑的深浅和口径大小，直喷式燃烧室又分为开式（浅坑形）和半分开式（深坑形）两类。若按气缸内涡流强弱则分为无涡流或弱涡流、中涡流、强涡流式三种，如图 8-10 所示。

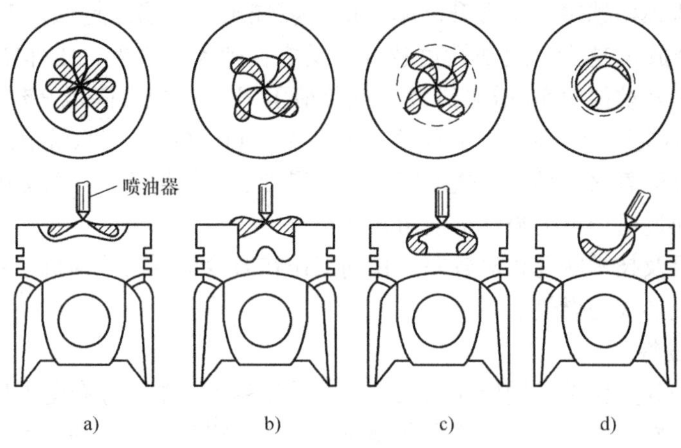

图 8-10　直喷式燃烧室示意图

a）开式－浅坑形无涡流燃烧室　b）、c）深坑形中涡流燃烧室　d）球形强涡流燃烧室

1. 开式燃烧室

开式燃烧室活塞顶具有较浅的凹坑，如浅 ω 形、浅盆形等，凹坑口径与活塞直径之比较大，一般在 0.7 以上，如图 8-10a 所示。

开式燃烧室不组织进气涡流，属无涡流或弱涡流或弱挤流燃烧室，是典型的只依靠燃油喷雾的空间雾化混合燃烧方式。因此，需要采用多孔（6～12 个）式喷油器及很高的喷射压力（传统的机械控制喷射压力约为 20～40MPa，高压共轨喷射可达 100～200MPa），形成雾化良好的油束，且要求喷雾与燃烧室形状相配合、避免与燃烧室壁面碰撞，使燃油尽可能均匀地分布到燃烧室空间中去，以保证与空气快速混合。

这种高压直接喷射系统和燃烧室结构，从柴油机发明的初期就具有强大的生命力。其结构简单、紧凑，面容比小，相对散热面积小，气体流动的能量损失少，在燃油经济性、起动性方面具有优势。

但是，这种“油找气”单方面作用混合方式的燃烧系统，存在燃烧粗暴和排烟的问题。原因在于：高的喷油速率使滞燃期内喷油量多，形成并积累的混合气多，导致燃烧最高压力和压力升高率都很高，噪声、机械负荷大。虽然采用高压和多孔喷射，但仍存在很大的混合气不均匀度，使空气利用率低，需要在较大的过量空气系数（1.6～2.2）下才能保证燃料完全燃烧。所以，传统上开式燃烧室主要用于较大缸径（≥120mm）、低速（≤2000r/min）的大功率柴油机和增压柴油机，而对于小型高速柴油机则具有局限性。

为克服该燃烧系统的上述问题，人们除了适当减小喷孔直径、增加喷孔数，不断提高喷油规律的可控性和喷油压力外，还从组织燃烧室内空气运动来改善混合气形成和燃烧过程这方面来想办法。前者产生了电控高压共轨喷射系统，后者则先后产生了分隔式燃烧室和半开式燃烧室。

2. 半开式燃烧室

相对于开式燃烧室，半开式燃烧室活塞顶的凹坑深度加大、口径减小，凹口直径与活塞直径之比一般在 0.35～0.7 之间。配以切向进气道或螺旋进气道，产生有规则的进气涡流。压缩过程中充量被挤向凹坑时，绕气缸轴线的涡流增强，并且还会产生挤压涡流，属于中涡流燃烧室，如图 8-10b、图 8-10c 和图 8-11 所示。

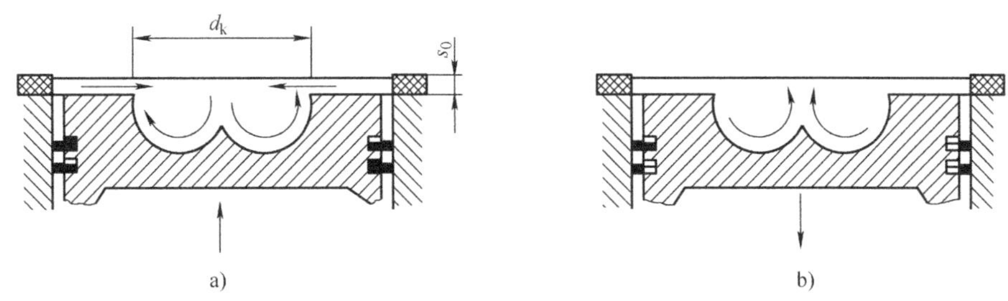

图 8-11 半开式燃烧室挤流与逆挤流
a）挤流 b）逆挤流

活塞顶深ω形凹坑是典型的半开式燃烧室之一，也有做成深盆形的，四角形、花瓣形等非回转体形燃烧室，是在此基础上发展起来的。此类燃烧室混合气形成以空间雾化为主，对燃油喷射的要求仍较高，喷油器喷孔数为 4 ~6 个，传统的机械控制喷射压力约为 17 ~ 20MPa。油束以垂直于进气涡流的方向喷入，随涡流而发生偏转，并将大部分燃油分散在燃烧室空间中，一小部分到达燃烧室壁形成油膜，还会反弹回少量燃油进入壁面周围的气流中，形成所谓的“射壁油束”。

由于燃油喷雾与涡流两方面的作用，促进了混合和燃烧，空气利用率提高，过量空气系数在 1.3 ~1.5 的情况下可实现完全燃烧；对高速和增压也有较好的适应性；结构较紧凑，面容比适中，壁面散热损失和气体流动损失不大，燃油经济性、起动性仍较好。这类燃烧室适用于气缸直径 80 ~150mm 的中小型高速（可达 4500r/min）柴油机，在车用柴油机中得到了广泛应用。

必须注意的是，燃油喷射、涡流强度与燃烧室形状三方面配合得当，才能获得上述良好的混合和燃烧效果。油束的贯穿力随涡流强度的增大而降低，而回转体 ω 形或 U 形的燃烧室中涡流强度则随转速的升高而增大。若涡流强度过大或油束贯穿力不足、锥角偏大时，则着火先从燃烧室中央附近开始，可能会产生“热锁”现象，使燃烧恶化。只有当油束贯穿距离足够长时，加强涡流才会是有益的。由于车用柴油转速范围广，往往低速时涡流强度适当，高速时就过强，反之亦然。所以传统的回转体形半开式燃烧室涡流强度的高、低速矛盾较突出。

希望发动机在低转速时涡流变强，高转速时涡流变弱，以解决高、低速下涡流与喷雾的匹配问题，提高转速适应性。日本五十铃公司突破了燃烧室传统的旋转体造型，开发了非回转体的四角形燃烧室和微涡流燃烧室。图 8-12a 所示为微涡流燃烧室结构及工作原理，凹坑上部入口处为四角形，下部是回转体。

大尺度的主涡流（进气涡流和挤压涡流）经过上部非回转体凸或凹的角部时受到衰减，并产生了微涡流或紊流。衰减作用使上部的涡流（*A* 涡流）与下部涡流（*C* 涡流）出现速度差，又在交界区域产生微涡流或紊流。角部对涡流的衰减作用随涡流的增强而增大，这有效抑制了高转速下的过强涡流，减小高、低速涡流强度的差异。

油束被喷向上下交界区域的边角处。低速时涡流强度弱，油束偏转小、射程长，而喷孔到达角部的距离长，避免了过多的燃油射到壁面。高速时涡流强度大，油束偏转增大，但喷

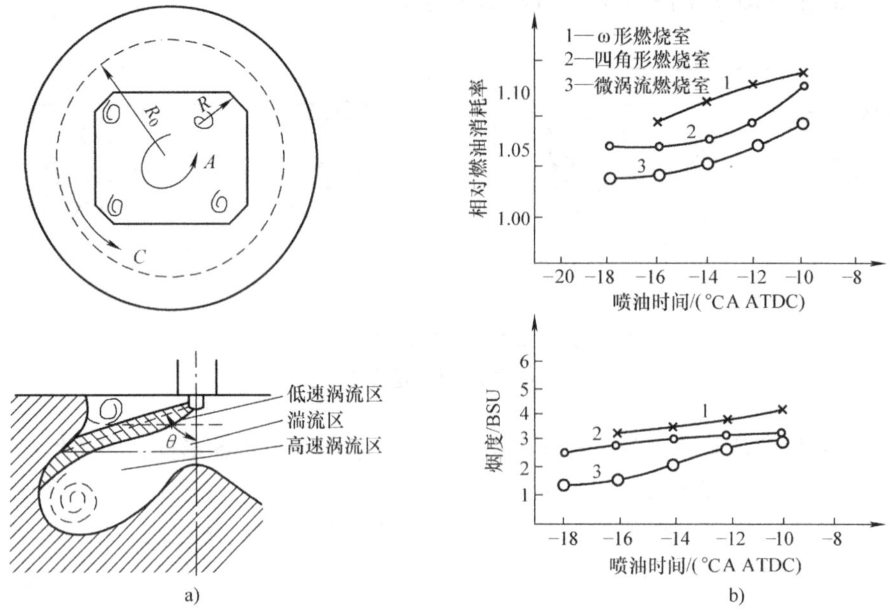

图 8-12　微涡流燃烧室工作原理

a）结构与原理　b）性能对比

孔到达四壁面的距离较近，避免了贯穿力不足。这种涡流或紊流衰减及油束贯穿力随涡流强度而变化的特性，大尺度涡流与微涡流的结合，改善了燃油在燃烧室中的分布，及其与空气的混合，提高了对转速大幅度变化的适应性。与传统的 ω 形燃烧室相比，燃油消耗率和排气烟度均下降，如图 8-12b 所示。

3. 球形燃烧室

球形燃烧室混合气形成以油膜蒸发为主，需要强烈的进气涡流，属于强涡流燃烧室，是 20 世纪 50 年代由德国曼恩公司为解决直喷式燃烧室粗暴燃烧和排烟问题而提出的，也称为 M 型燃烧室。活塞顶的凹坑呈大半个球形，偏置于其口部边缘的单孔或双孔喷油器，将绝大多数燃油以较低的压力（10～12MPa）顺着涡流方向近壁面喷射，在强烈涡流作用下在壁面上形成厚度薄而均匀的油膜，如图 8-13 所示。

如 8.2.2 小节所述，油膜蒸发混合燃烧方式首先在近壁面处着火，涡流的热混合作用使密度小的火焰（已燃气体）向涡流（燃烧室）中心移动，而密度大的新鲜空气向涡流外围、附有油膜的室壁流动，有利于充分混合和燃烧。

球形燃烧室的优点就在于：空气利用率高，过量空气系数在 1.1 左右；由于喷入热空间中的燃油量少，加上燃烧初期壁温较低，着火前以较低速度蒸发，着火落后期内形成的可燃混合气量较少，随着燃烧的进行，缸内温度升高，油膜快速地逐层蒸发、混合并加速，放热规律符合先缓后急的要求；低于 400℃ 的燃烧室壁温，避免了燃油分子燃前的高温裂解，可达到无烟燃烧；对燃油喷射系统要求低，且对燃料的理化性质不敏感，可燃用多种燃料。

但球形燃烧室存在下列问题：对涡流强度、燃烧室壁温、油膜厚度的变化很敏感，对增压强化的适应性差；冷起动、小负荷时燃烧室温度低，低速、怠速工况涡流强度弱，混合气形成及燃烧恶化，排烟加重，HC 排放高；加之燃烧室深度过大，活塞在销孔以上部分的高度太大，结构欠合理，工艺要求又高等问题，这种 M 系统已基本不以单一的方式被采用。但这种混合气形成及燃烧组织方式的思想，已存在于各种利用空气涡流的燃烧室中。

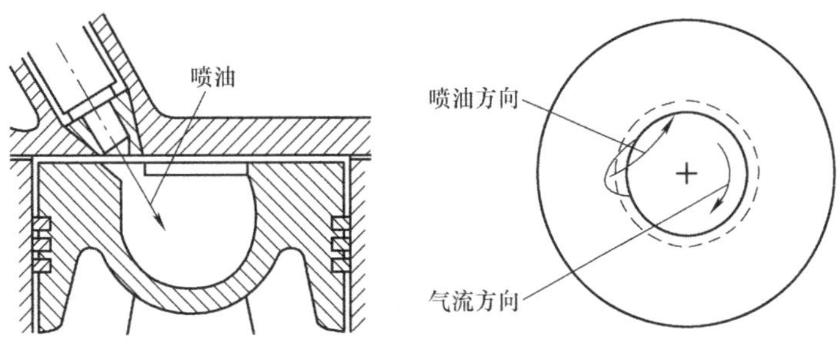

图 8-13 球形燃烧室

8.5.2 分隔式燃烧室

分隔式燃烧室由主燃烧室（活塞顶面上部空间）和副燃烧室（气缸盖内的空腔）两部分组成，二者由一个或几个断面不大的通道连通。燃油不直接喷入主燃烧室，而是在压缩末期以较低压力喷入较高温度的副燃烧室，依靠压缩能量和主、副燃烧室间的通道，在副燃烧室内形成的强烈气体运动与空气快速混合。在副燃烧室内首先着火燃烧后，温度、压力迅速上升，迫使半燃烧状态的气体（未燃的燃料、空气及燃气的混合气）经通道高速喷入主燃烧室，与活塞顶面的导流凹坑或槽配合，产生强烈的二次气体运动，与主燃烧室内的空气进一步混合燃烧（二次混合燃烧），直到燃烧完毕。根据气体运动方式的不同，分隔式燃烧室又分为预燃室式燃烧室和涡流室式燃烧室。

1. 预燃室式燃烧室

副燃烧室称为预燃室，是出现较早并一直沿用至今的一种分隔式燃烧室，如图 8-14 所示。2 气门的发动机，气缸盖内的预燃室可以偏置于气缸的一侧，如图 8-14a 所示。多气门的发动机，预燃室可置于气缸中心线上，如图 8-14b 所示。预燃室容积与燃烧室总容积之比约为 25% ~45%，通道的面积仅为活塞截面积的 0.25% ~0.8%。通道孔对着预燃室中心，压缩过程中气体被挤压入预燃室内形成强烈的压缩紊流，装在预燃室顶部的轴针式喷油器沿着预燃室的中心线向底部喷射。着火燃烧后，预燃室中的气体进入主燃烧室时形成强烈的二次紊流（燃烧紊流），促进混合与燃烧。

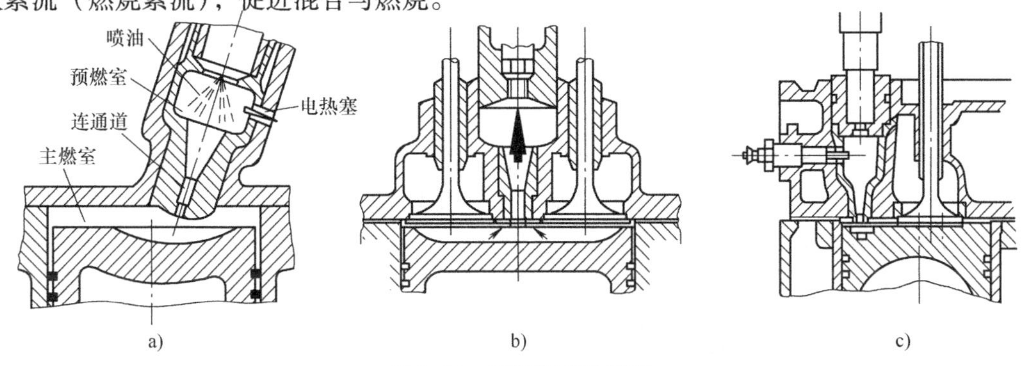

图 8-14 预燃室式燃烧室

a）预燃室倾斜偏置、单通道 b）预燃室中央正置、多通道 c）预燃室侧面正置、单通道

2. 涡流室式燃烧室

副燃烧室称为涡流室，具有回转体形状，如图 8-15 所示。涡流室容积与燃烧室总容积之比约为 50% ~70%，通道的面积为活塞截面积的 1% ~3.5%。主燃烧室与涡流室之间的通道与涡流室相切，压缩过程时在涡流室内形成强烈的、有组织的压缩涡流，燃油顺着涡流方向喷入。着火燃烧后，涡流室的气体经过通道喷入主燃烧室形成强烈的二次涡流（燃烧涡流）。

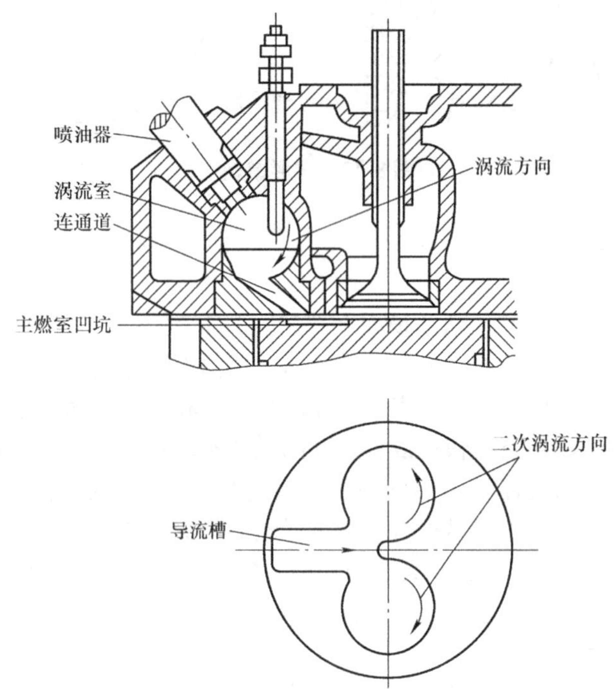

图 8-15 涡流室式燃烧室

与直喷式燃烧室相比，分隔式燃烧室的共同特点是：

1）强烈的压缩和燃烧涡流或紊流，改善了混合气形成，提高了空气利用率，过量空气系数小、可达 1.2，平均有效压力较高，排放污染较轻。

2）过量空气系数小及强烈的气体运动产生的较大能量损失，导致热负荷高，不利于增压强化，不适合大型柴油机。

3）燃烧柔和，压力升高比和最高压力均较低，振动、噪声小。初期燃烧是在副燃烧室内，压力不直接作用于活塞顶，要经过通道的节流；副燃烧室内混合气浓度大，初期燃烧放热速率低；副燃烧室壁温高，滞燃期短。

4）对喷雾质量要求不高，可采用可靠性高、故障少的轴针式喷油器和较低的喷油压力。同时不需要进气涡流，进气道形状简单，充气效率高。对燃料、负荷、转速的变化，甚至不严重的技术状况恶化不敏感。

5）气体运动加快了混合和燃烧过程，且转速越快，气体运动强度越大，混合气形成和燃烧速度越快，适用于高速柴油机。

6）燃烧室面容比大，副燃烧室壁温高，散热损失大，加之气体高速运动的能量损失很大，导致其热效率低，经济性差。

7）散热损失大，喷雾质量较低，冷起动性差。所以分隔式燃烧室柴油机压缩比较大，且往往在分隔室内有电预热塞，以保证顺利起动。

预燃室式燃烧室通道截面积较涡流室式的更小，气流运动更强烈，节流损失更大，经济性更差，起动更困难。但其压力升高率和最高燃烧压力却较低，工作较柔和，在噪声和有害污染物（炭烟和 NO_x）排放方面优于涡流室式，且对燃油喷射系统的要求更低。在高速性和经济性方面涡流室式则较好。

8.5.3 不同燃烧室的对比

各种燃烧室的结构和性能特点见表8-2。

表8-2 各种燃烧室的结构和性能特点比较

结构及性能参数	直喷式燃烧室			分隔式燃烧室	
	开式	半开式	球形	涡流室式	预燃室式
混合气形成方式	空间混合	空间混合为主	油膜蒸发	空间混合为主	空间混合
气流运动	无或弱涡流	中强进气涡流	强进气涡流	强压缩涡流及紊流	强压缩紊流
雾化质量要求	高	较高	一般	较低	低
起喷压力/MPa	高（20~40）	较高（18~28）	较低（17~19）	低（10~14）	最低（8~13）
喷油器/孔数	孔式/6~12	孔式/4~6	孔式/1~2	轴针式	轴针式
过量空气系数	大（1.6~2.2）	较大（1.4~1.7）	小（1.3~1.5）	小（1.3~1.6）	小（1.2~1.6）
热损失与流动损失	最小	小	较小	大	最大
压缩比	小（12~15）	较大（16~18）	较大（17~19）	大（17~22）	大（18~23）
最高燃烧压力	高	较高	较低	较低	低
压力升高率或噪声	高	较高	较低	低	最低
平均有效压力/MPa	0.6~0.8	0.6~0.8	0.7~0.9	0.6~0.8	0.6~0.8
燃油消耗率	最低	低	较低	较高	高
热负荷	小	较小	较高	高	最高
烟度	较大	大	低	低	低
NO_x	多	较多	较少	少	少
起动性	容易	较容易	较难	难	难
对燃料敏感性	大	较大	小	小	小
适用转速/(r/min)	≤1500	1000~4000	1000~2500	1500~5000	1500~4500
适用缸径	≥200	≤150	90~130	≤100	≤100或160~200

传统上直喷式燃烧室主要用于较大缸径的中重型货车用柴油机（缸径100mm以上，转速3000r/min以下）和增压柴油机，小客车用的小型高速柴油机（缸径100mm以下，转速高于4000r/min）则主要采用分开式燃烧室。但随着高压电控喷射技术的发展，燃油喷射可控性的提高，多孔高压喷射与一定的气流运动相结合对降低工作粗暴度、炭烟和 NO_x 排放、改善高低速矛盾都有利，加之其结构简单、冷却散热损失少、起动性好的特点，直喷式燃烧室已向缸径100mm以下的柴油机扩展，在小轿车、轻型车上应用得越来越多。

【思考题与练习题】

1. 柴油机混合气形成与燃烧过程有何特点？
2. 说明柴油机功率的调节方式。
3. 与汽油机相比，柴油机的优势和劣势是什么？
4. 对柴油机燃烧过程的基本要求是什么？

5. 简述改善雾化质量的主要措施。

6. 简述柴油机混合气形成的两个基本方式及其特点。

7. 燃烧室内空气运动对混合气形成与燃烧过程有何作用？空气运动的形式有哪几种？如何产生的？

8. 画出柴油机燃烧过程的 $p-\varphi$ 图，并简述各个时期的划分。

9. 简述影响着火延迟期的各种因素。

10. 何为柴油机工作粗暴？说明其原因。

11. 简要说明改善柴油机工作粗暴的基本思路。

12. 柴油机后燃有何害处？

13. 滞燃期对柴油机燃烧过程、整机性能有何影响？

14. 为何排气温度是表征燃烧过程质量的参数之一？

15. 为何柴油机的主要有害排放物是 NO_x 和炭烟，而没有 CO 和 CH ？

16. 简述着火延迟期对柴油机性能的影响。

17. 如何根据示功图判断燃烧过程的好坏？

18. 为什么柴油机放热规律有“双峰”现象？随负荷、空气运动强度的增大如何变化？

19. 简述喷油规律对发动机性能的影响。何为理想的喷油规律？

20. 柴油机燃烧过程的主要问题是什么？改善的基本措施是什么？

21. 喷油提前角过大、过小对柴油机的动力性、经济性，以及排污和噪声等有何影响？

22. 随转速变化，柴油机最佳喷油提前角应如何变化？

23. 压缩比、增压分别对柴油机燃烧过程有何影响？

24. 为什么柴油机起动时振动、黑烟较明显？

25. 怠速时比正常运行时振动大还是小？为什么？

26. 柴油机燃烧过程遭到破坏的主要表现是什么？主要原因有哪些？

27. 从气缸密封性对燃烧过程的影响解释：随气缸密封性下降，柴油机燃烧粗暴度（振动及噪声）增大的原因。

28. 根据燃烧过程基本知识，简述旧的柴油机动力性及经济性下降、振动噪声大、黑烟增多的主要原因。

29. 简述机械控制喷射系统的主要缺陷。

30. 简要说明泵嘴喷射系统和高压共轨喷射系统的主要特点。

31. 什么是燃油“气阻”？什么条件下容易产生“气阻”？

32. 若只有十六烷值偏高的柴油可用，如何通过调整喷油提前角达到较好的效果？为什么？

33. 从结构、混合气形成与燃烧原理、性能的差异，分析比较直喷式燃烧室、分隔式燃烧室的特点。

34. 为什么球形燃烧室的噪声和废气排放污染较低？为什么现在没有单用油膜蒸发式混合气形成的柴油机？

35. 从混合气形成或燃烧过程的角度，比较分析柴油机与汽油机在动力性、经济性、转速、排放、工作柔和性、机械载荷、热负荷等多方面的差异。

36. 从燃烧室结构、混合气形成与燃烧原理，比较直喷式与涡流式燃烧室柴油机压缩比的不同。

第9章　发动机特性

9.1　概述

如4.3.1小节所述，发动机工况由功率（或转矩）和转速来描述，它随发动机调控装置（汽油机节气门、柴油机油量调控系统）及所驱动的负载（机具）状况的变化而改变。

发动机运行特性是指发动机主要性能指标随工况参数（转速和负荷）而变化的关系，表示这些变化关系的曲线称为发动机特性曲线。特性曲线是在发动机试验台架上按规定的试验方法测得相关数据，经过计算整理获得的。

发动机运行特性中最常用的速度特性、负荷特性、万有特性和调整特性，是评价发动机变工况下或不同工况范围内性能，汽车等配套机具合理选用、匹配和有效使用发动机的主要依据，也是调整或改进发动机、开发新节能动力技术的重要理论依据和鉴定依据。本章将综合运用前述各章的相关内容，讨论常用性能特性及其曲线变化和应用。

式（4-29）~式（4-35）表示了发动机动力性和经济性指标参数，与诸多工作过程参数之间的关系，是分析性能随工况变化的基础。由于发动机实际运行时，式中的许多参数为常数，将其简化后得到下列分析式

$$p_{me} = K_1\rho_s\eta_{it}\eta_m g_b = K_2\frac{\rho_s\phi_c}{\phi_\alpha}\eta_{it}\eta_m \tag{9-1}$$

$$P_e = K_3\rho_s\eta_{it}\eta_m g_b = K_4\frac{\rho_s\phi_c}{\phi_\alpha}\eta_{it}\eta_m n \tag{9-2}$$

$$T_{tq} = K_5\rho_s\eta_{it}\eta_m g_b = K_6\frac{\rho_s\phi_c}{\phi_\alpha}\eta_{it}\eta_m \tag{9-3}$$

$$b_e = \frac{K_7}{\eta_{it}\eta_m} \tag{9-4}$$

式中　$K_1 \sim K_7$——均为常数。

其中各式的第一等式适合于质调节的柴油机特性的分析，第二等式则对量调节的汽油机更方便；对非增压发动机，进气管内密度ρ_s可视为常数；若令$\eta_m=1$，则各式就分别变为指示指标的表达式。

9.2　速度特性

当发动机油门（涉及加速踏板、汽油机之节气门、柴油机之油量调节机构）位置保持不变时，主要性能指标（功率P_e、转矩T_{tq}、燃油消耗率b_e、排温t_r等）随转速的变化关系称为速度特性，表示此关系的曲线称为速度特性曲线。当汽车沿阻力变化的道路行驶（如上坡、下坡）时，而加速踏板的位置保持不变，发动机转速会因路况而变化（上坡时速度下降，下坡时速度增加），这时发动机即按速度特性工作。

根据油门位置的不同，速度特性分全负荷速度特性、部分负荷速度特性。全负荷速度特性是指汽油机节气门全开或柴油机循环供油量限定在标定功率位置时的速度特性，又称外特性。油门在部分开启位置时的速度特性称为部分负荷速度特性，简称部分特性。图9-1为柴油机和汽油机的速度特性曲线。显然，外特性曲线只有一条，部分特性曲线则有多条，功率和转矩曲线均处于外特性曲线之下。

根据测试条件的不同，外特性又分试验外特性、使用外特性和烟界外特性。试验外特性是试验时不装风扇、空气滤清器、消声器、压气泵等附件测得的外特性，又叫绝对外特性；使用外特性是试验时装备全部附件测出的外特性；柴油机在冒黑烟供油量时的特性为烟界特性。没有特殊强调时，外特性均指使用外特性。

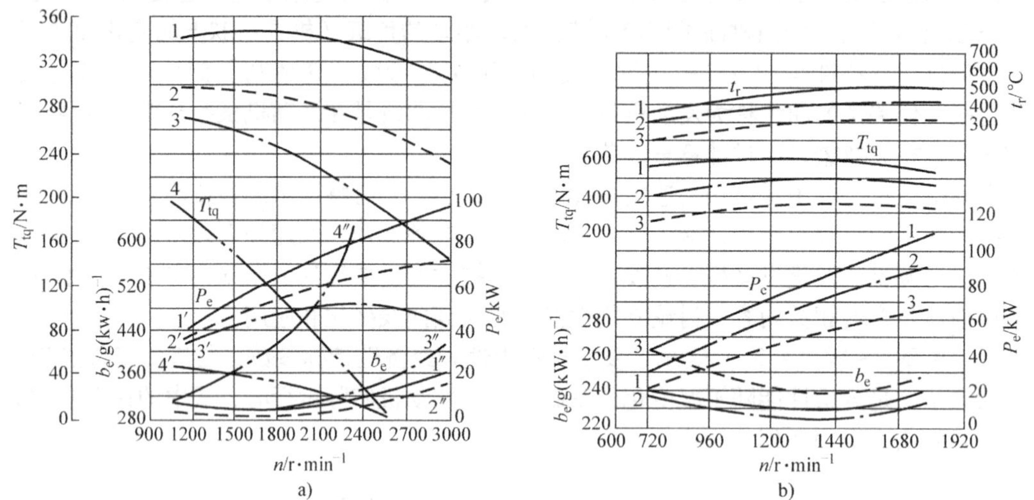

图9-1　发动机速度特性曲线

a）汽油机速度特性曲线　b）柴油机速度特性曲线

1—外特性　2—中等负荷（经济工况）部分特性　3、4—部分特性

9.2.1　汽油机速度特性

由式（9-1）~式（9-4）可知，发动机之转矩、功率、燃油消耗率等性能指标参数随转速的变化关系，取决于η_{it}、η_m、ϕ_c、ϕ_a随转速变化规律（图9-2）的综合影响。

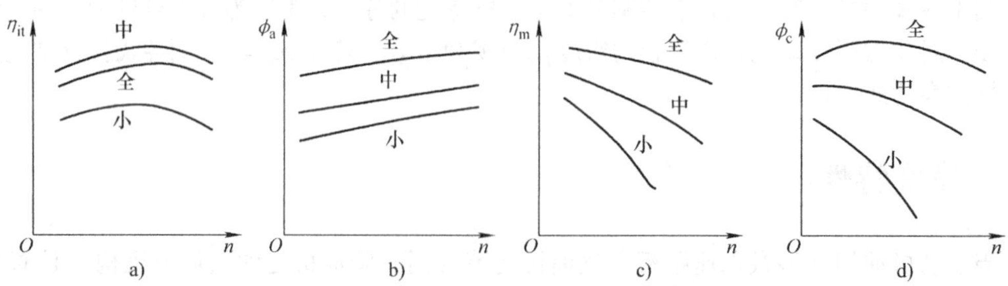

图9-2　汽油机不同负荷下工作过程参数速度特性

a）指示效率　b）过量空气系数　c）机械效率　d）充气系数

1. 工作过程参数之速度特性

（1）指示热效率 η_{it}和过量空气系数 ϕ_a 之速度特性

汽油机按速度特性运行时，指示热效率 η_{it}变化曲线较平缓，中间某一转速时略为凸起，如图 9-2a 所示。低转速时，随着转速的升高，气缸内气体扰动增强，火焰传播速度加快，散热及漏气损失减少，使 η_{it}增大，至中间某一转速下达到峰值。转速进一步升高至高速区后，随转速的升高燃烧所占的曲轴转角增大，后燃增多，使 η_{it}减小。负荷越小，节气门开度越小，上述影响及残余废气的影响加大，η_{it}曲线更低、稍陡。

在节气门开度一定时，过量空气系数 ϕ_a 几乎不随转速的变化而改变，仅随转速的升高略有缓慢增加，如图 9-2b 所示。对混合气浓度开环控制的汽油机，中等负荷使用 $\phi_a=1.05\sim1.15$的经济混合气，小负荷下随负荷的减小逐渐加浓，大负荷下加浓为 $\phi_a=0.85\sim0.95$ 的功率混合气；对混合气浓度闭环控制的汽油机，除了在大负荷、急加速工况下需加浓外，其他负荷工况都保持在 $\phi_a=1.0$ 的理论混合气浓度。

（2）机械效率 η_m 之速度特性

机械效率 η_m 总是随转速的升高而降低，这在 5.2.2 小节中已做了分析，主要原因是随转速的上升，各运动副的摩擦损失、驱动附件损失及泵气损失增大。负荷越小，节气门开度越小，指示功率降低的同时，泵气损失增大，随转速的上升机械效率下降更快。如图 9-2c 所示。

（3）充气效率 ϕ_c 之速度特性

如6.4.2 小节中所分析，当汽油机按速度特性工作时，充气系数 ϕ_c 随转速的升高而减小。随着负荷的减小，节气门开度减小，进气阻力明显增大，ϕ_c 随转速的升高而下降越快。如图 9-2d 所示。

2. 性能特性曲线

综合 η_{it}、η_m、ϕ_c、ϕ_a 随转速变化的规律，可知转矩 T_{tq}、功率 P_e、燃油消耗率 b_e 等的变化趋势和特点。

（1）转矩 T_{tq}曲线

汽油机按外特性工作时，在中间某一转速有一峰值。当转速由低转速开始上升时，ϕ_c 和 η_{it}同时增大的影响大于 η_m 缓慢降低的影响，使转矩 T_{tq}平缓增大，到达某一转速时 T_{tq}达到峰值；转速继续升高，η_{it}、η_m、ϕ_c 均下降，致 T_{tq}下降较快，曲线变化较陡。

按部分负荷特性工作时，T_{tq}特性曲线变化更陡。负荷越小，η_m、ϕ_c 随转速的升高下降越快，T_{tq}曲线越陡，且随转速的升高最大转矩点向低速区偏移。

（2）功率 P_e 特性曲线

根据 $P_e \propto T_{tq}\cdot n$ 的关系，低速时，由于转速 n 升高的同时转矩 T_{tq}增大，功率 P_e 快速增长，直至 T_{tqmax}对应的转速。转速继续升高，由于 T_{tq}下降，功率 P_e 增长趋缓，在最高转速附近 P_e 达到最大值 P_{emax}。转速再升高，T_{tq}下降较快，功率反而下降。

每一条部分负荷功率 P_e 特性曲线上，也都有一最大功率值，且最大功率点对应的转速随节气门开度的减小明显降低。

（3）燃油消耗率 b_e 特性曲线

按外特性工作时，某一中间转速时具有最低值 b_{emin}，两端略有上翘。随着转速的升高，在开始阶段 η_{it}升高比 η_m 的下降更快，燃油消耗率 b_e 略有减小，在某一中间转速时达到最

低值 b_{emin}。之后，转速升高时 η_{it} 和 η_m 同时下降，b_e 升高。对混合气浓度开环控制的汽油机，按中等偏大的部分负荷（经济负荷）特性工作时，热效率最高，燃油消耗率曲线最低。随节气门开度的减小，燃油消耗率增大，曲线弯曲度也增大。

9.2.2 柴油机速度特性

1. 工作过程参数之速度特性

(1) 循环油量 g_b 随转速的变化

如图 9-3 所示，对于位置控制式的喷射系统，当油量调节机构位置一定时，由于柱塞式喷油泵进、回油孔的节流和燃油泄漏的影响，循环油量 g_b 随转速的升高而增加，随负荷的减小，g_b 上升更快。

对于电控高压共轨喷射系统，循环喷油量 g_b 独立控制，不受喷油泵供油特性的影响。

(2) 指示热效率 η_{it} 和过量空气系数 ϕ_a 随转速的变化

如图 9-3 所示，柴油机按速度特性运行时，指示热效率 η_{it} 在中间某一转速时有一不显著的峰值。这样的变化主要与过量空气系数 ϕ_a 和燃烧过程质量有关。较高转速下，喷油及燃烧持续的曲轴转角增大，加之 ϕ_c 下降、g_b 增加，混合气变浓（ϕ_a 减小），过后燃烧和不完全燃烧增多，使 η_{it} 减小。较低转速时，缸内气体运动较弱，燃油喷射压力低，混合气形成与燃烧不良，传热、漏气损失增多，使 η_{it} 减小。

(3) 机械效率 η_m 随转速的变化

如图 9-4 所示，由于没有节气门的节流损失，柴油机机械效率 η_m 随转速的升高而下降的趋势较汽油机的平缓，且各负荷下 η_m 曲线的变化趋势（形状）基本相同，只是数值的差异。

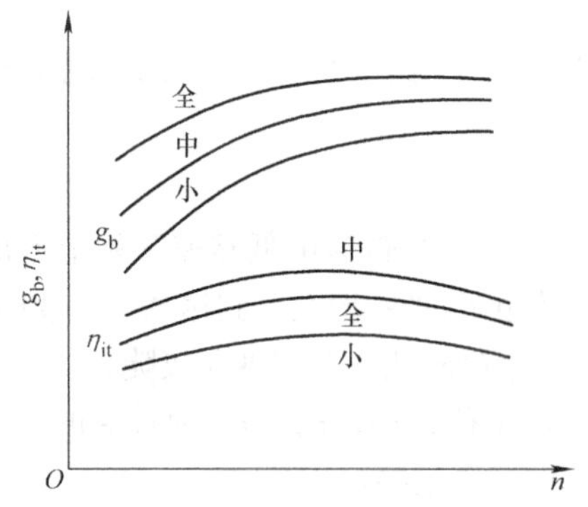

图 9-3 柴油机不同负荷下 η_{it} 和 ϕ_a 速度特性

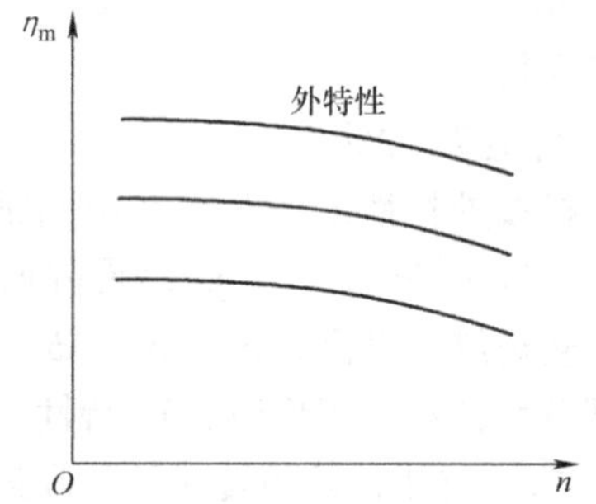

图 9-4 柴油机不同负荷下 η_m 速度特性

2. 性能特性曲线

叠加合成 η_{it}、η_m、g_b 之速度特性，便可得到 T_{tq}、P_e、b_e 等速度特性曲线。

(1) 转矩 T_{tq} 曲线

对质调节的柴油机，循环喷油量 g_b 对转矩的影响很大。由于 g_b 随转速的变化趋势与 η_m 的相反，所以按外特性工作时，转矩曲线变化较平缓，在中间某一转速有一不显著的峰值。

按部分负荷特性工作时，在低转速区 T_{tq} 随转速的升高增长稍快，高转速区则更趋平缓。

且负荷越小，低转速区 T_{tq} 曲线越陡，高转速区越趋平缓。

（2）功率 P_e 特性曲线

功率 P_e 随转速 n 的升高近乎直线增大。因为转矩变化较平缓，在相当宽的转速范围内功率几乎与转速成正比增加，最大功率点在远离标定转速时才出现。所以，柴油机空载时的最高转速远高于标定转速，为防止飞车（超速），必须限制最高转速的喷油量。

按部分负荷特性工作时，循环喷油量少，机械效率和指示热效率降低，P_e 曲线随转速升高而增大的趋势变缓。

（3）燃油消耗率 b_e 特性曲线

整个转速范围内，燃油消耗率随转速的变化不大，在某一中间转速时具有最低值 b_{emin}，两端略有上翘。在低转速区，随着转速的升高，η_{it} 升高的影响大于 η_m 下降的影响，燃油消耗率 b_e 略有减小，在某一中间转速时达到最低值 b_{emin}。之后，转速升高时 η_{it} 和 η_m 同时下降，b_e 略有升高。

柴油机在按最经济的部分负荷速度特性工作时，循环油量比标定工况值减少得不多，燃油消耗率会低于按外特性工作时的值。

9.2.3 速度特性的用途

对车用发动机而言，速度特性是主要特性。尤其是外特性，代表着发动机的最高使用动力性能及对负荷变化的适应性，是评价发动机工况稳定性及使用动力性的主要依据。

1. 发动机工况的稳定性及评价

稳定运行的发动机，发出的转矩与配套机具的阻力矩是相等的。当阻力矩变化（如汽车上坡、下坡，路面粗糙度、松软度变化等）时，在不变换档位或油门位置、发动机按速度特性工作的情况下，以最小的转速变化使输出转矩与阻力矩重新达到平衡的能力，即为工况稳定性或动力适应性。在负荷力矩变化时，发动机转速改变越小，则工作稳定性越好，就越少动用控制机构来维持一定的转速。如果阻力矩少量变化，转速有较大的改变才能达到新的稳定状态，则为工况稳定性差，需要变换档位、油门位置来保持一定的转速，易导致驾驶人疲劳。

（1）转矩适应性

图9-5所示为具有相同标定点 a 的两台车用发动机外特性转矩曲线Ⅰ和Ⅱ，其所承受的阻力矩特性可描述为 $T_C \propto f_C \cdot n^2$。当带动阻力矩为 T_C 的负载工作时，两发动机的稳定工况点是 a，转速为 n_a。若因某种因素阻力矩增大到 T'_C 时，两台发动机之转速分别降低 Δn_1 和 Δn_2，重新稳定在转速 n_1 和 n_2 工作。如果阻力矩减小又回到 T'_C，则两台发动机都出现转矩过剩，转速将升高直至到达 n_a。显然，转矩特性曲线越陡（曲线Ⅰ）的发动机，达到新的稳定工况点更快，转速的变化更小，工作的稳定性更好。

为评价发动机按外特性工作时的稳定性，引入转矩适应系数 K_T 和转矩储备系数 μ_T。

转矩适应系数即转矩外特性曲线上的最大转矩 T_{tqmax} 与标定工况下的转矩 T_{tqn} 之比

$$K_T = \frac{T_{tqmax}}{T_{tqn}} \tag{9-5}$$

转矩储备系数即最大转矩与标定工况下转矩之差与标定工况下转矩之比

$$\mu_T = \frac{T_{tqmax} - T_{tqn}}{T_{tqn}} = K_T - 1 \tag{9-6}$$

K_T 和 μ_T 都表示不换档情况下发动机克服外界阻力变化能力。K_T 和 μ_T 越大，转矩曲线越陡，当外界阻力变化时（如短期超负荷、爬坡等），转速产生较小的变化便可达到新的稳定工况点，运转稳定性越好。

（2）转速适应系数

图 9-6 所示为具有相同标定点、相同转矩适应系数、而最大转矩时转速不同的 A、B 两台车用发动机外特性转矩曲线。当阻力矩由 R_1 增加到 R_2 时，A 发动机可在转速 n_A 下稳定工作，B 发动机则可在转速 n_B 下稳定工作。当阻力矩进一步增加至 R_3 时，A 发动机将在转速 n_A' 下稳定工作，而 B 发动机在工作转速范围内的转矩小于阻力矩，将不再有稳定工况，会降低转速直至停止运转（熄火）。此时，为使 B 发动机能够带动阻力矩为 R_3 的负载工作，必须换档。所以，发动机出现最大转矩时的转速越低，稳定工作的转速范围越宽，在不换档的情况下克服阻力的能力越强，稳定性越好。

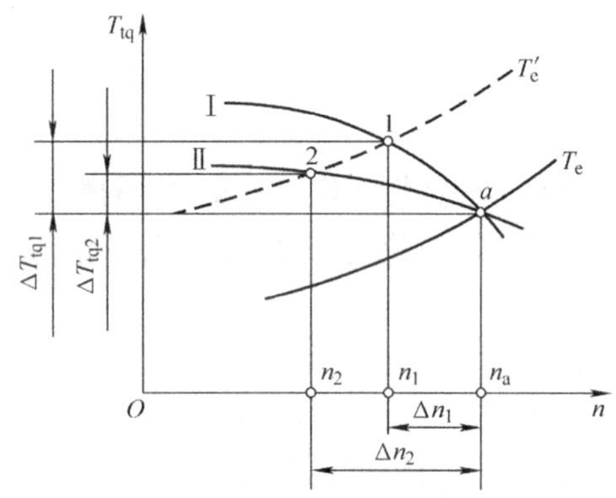

图 9-5　发动机工况稳定性与转矩特性的关系

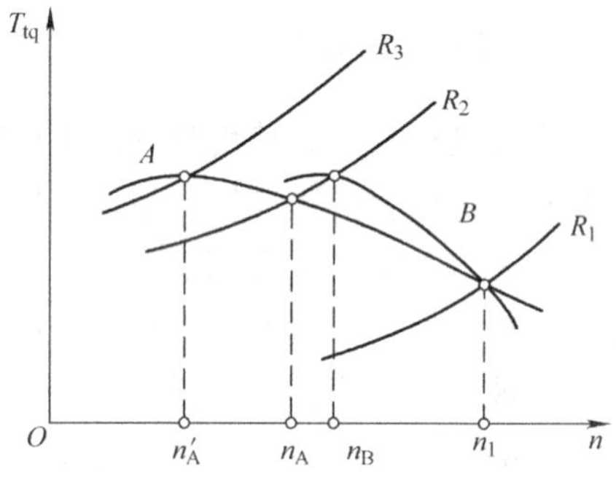

图 9-6　转速适应系数

发动机稳定工作转速范围的大小用转矩适应系数 K_n 来评价，它等于标定工况时的转速与外特性曲线上最大转矩时的转速之比。即

$$K_n = n_n / n_{tqmax} \tag{9-7}$$

K_n 越大，即最大转矩时的转速越低，在不换档情况下，克服阻力增加的潜力越强。

2. 发动机速度特性比较

1）外特性曲线代表了发动机每一转速下可能发出的最大功率和最大转矩，限定着发动机的极限工况区。发动机铭牌上或技术参数中标明的功率、转矩及相应转速，就是外特性曲线上标定工况点的功率值与相应转速、最大转矩值与相应转速。

注意：标定工况点的转速和功率都不一定是最大功率和最高转速，但肯定在最大功率点附近。

外特性曲线上最大功率及其相应的转速值越高、最大转矩越大且相应的转速值越低，则发动机动力性越好。

最低稳定转速与对应的转矩，则说明了起步转矩的大小、加速能力的强弱。

2）各种负荷下，汽油机转矩速度特性曲线都较柴油机陡，其动力适应性更好，工作稳定性更强。

按外特性工作时，柴油机的转矩特性曲线较平坦。一般汽油机的转矩适应系数 $K_T=1.25\sim1.35$、转速适应系数 $K_n=1.6\sim2.5$，柴油机的 $K_T=1.05\sim1.15$、$K_n=1.4\sim2.0$。

按部分特性工作时，随负荷的减小，汽油机转矩特性曲线变陡，工况稳定性提高，而柴油机几乎保持不变，甚至随转速升高而增大。

3）在各种负荷下柴油机燃油消耗率曲线均较平坦，仅在两端略有翘起，最经济区的转速范围很宽；汽油机燃油耗曲线的翘曲度随节气门开度减小而剧烈增大，相应最经济区的转速范围越来越窄。

4）增压发动机按速度特性工作时，虽然充气效率比非增压的高，但增压压力和进气密度随转速的升高而增大（详见 10.2 节），加之柴油机循环油量和过量空气系数随转速的升高而增大。所以，相对于原型非增压发动机，增压发动机的转矩曲线变化更平坦，工作稳定性变差，稳定工作转速范围变窄。但随着涡轮增压器效率改进，一般转矩适应性系数 K_T 在 1.07～1.15 之间，已与非增压机大致相当。

9.2.4 发动机转矩特性的改善

对汽车、拖拉机用发动机，应能在足够宽的转速变化范围内稳定工作，即要求按速度特性工作时，在很大的转速变化区间内，随转速的降低转矩增大，或功率应保持为常数。根据式（9-1）～式（9-3），在汽油机中，单位气缸工作容积充气量 $\phi_c\rho_s$ 是决定着汽油机特性变化的主要因素。在柴油机中，影响着特性变化的主要因素是循环油量 g_b。因此，只要改善换气过程、增大充气效率、改善柴油机供油特性、调节进气歧管内压力的举措，均可改善发动机的速度特性。

（1）可变配气相位

如 6.5.2 小节中所阐述，发动机每一转速下都有一最佳的配气相位，使充气效率最大，功率达到最大值。传统上固定配气相位的发动机，在变速工况下工作时，只可能在中间某一转速具有最佳的充气效果，外特性曲线上只有一个转矩峰值。根据发动机的工作条件，要么按低转速来确定最合适的配气相位，称之为低速调整；要么根据接近于标定转速工况来确定最合适的配气相位，称之为高速调整，如图 6-5 所示。显然，低速调整的发动机比高速调整的发动机具有更高的适应性系数，但是它高速下的最大功率较小。

先进的发动机较多地采用了可变配气技术，使得充气效果可在多个转速下或较宽的转速范围内达到最佳。若配气相位分级或连续可变，外特性曲线则具有 2 个、3 个峰值，或具有多个峰值，在较大转速范围内保持高的转矩值，具体可参见图 6-11、图 6-12、图 9-7、图 9-8。

（2）可变进气歧管

如 6.5.3 小节中所述，可以通过可变进、排气歧管技术充分利用进排气系统中的气体动力效应来改善换气，以在所希望的转速范围内获得高的充气效率和较低的泵气损失，增大发动机的适应性系数。具体可参见图 6-14～图 6-16。

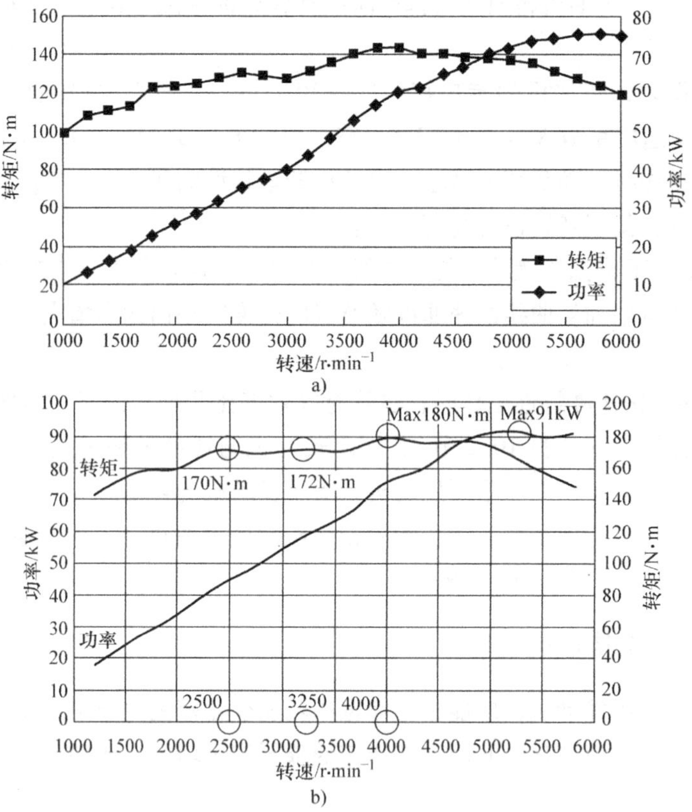

图 9-7　配气相位多级或连续可变发动机外特性曲线

a）BM15L 发动机外特性曲线　b）别克君威 2.0T 发动机特性

（3）循环油量校正

对于采用位置控制式喷射系统的柴油机，由于柱塞式喷油泵之“随转速的降低循环供油量减少”的供油特性，导致随转速降低气缸中的空气充量利用率降低，转矩曲线平坦，适应性系数较小。为使柴油机特性更适应于汽车等运输工具的需要，应对喷油泵供油特性进行校正，使 g_b 随转速的增加基本保持不变或略为下降。常用的方法是出油阀校正、调速器内加装校正弹簧或将最大油量限位螺钉改为弹性触指等。图 9-9 所示为校正前后的特性对比，其中曲线 1 为校正后特性，曲线 1′为校正前特性，曲线 2 为烟界特性。非增压柴油机转矩特性经过校正后，适应系数 K_T 可达 1.15 ~ 1.25。

对采用电控压力 - 时间控制式的喷射系统的柴油机，由于其每一加速踏板位置和速度工况下的喷油量均可精准控制，不存在外特性曲线的校正和调速问题。

（4）废气涡轮增压调节

废气涡轮增压发动机，随转速的降低，排气流量及能量减小，增压器转速及增压压力降低，转矩降低，适应性较差。若采用涡轮增压调节措施，实现可变增压，则可得到较理想的转矩特性，转矩适应系数 K_T 可达 1.3 ~ 1.5。关于涡轮增压调节措施详见 10.2 节。

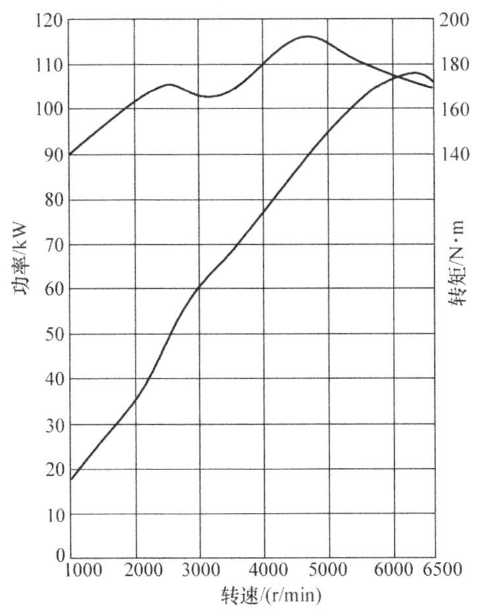

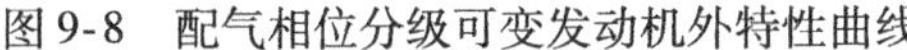
图 9-8 配气相位分级可变发动机外特性曲线

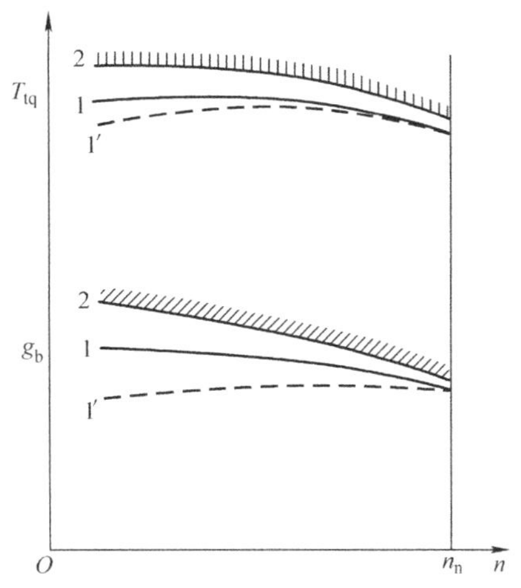

图 9-9 柴油机外特性校正

1—校正后特性 1′—校正前特性 2—烟界特性

9.3 负荷特性

发动机保持转速不变时，其主要性能指标随负荷而变化的规律为负荷特性。当汽车不换档，沿阻力变化的道路等速行驶时，即按负荷特性工作。此时，必须改变发动机的油门，以调整有效转矩或功率，适应外界阻力的变化，来保持发动机转速不变。

负荷特性曲线图上，横坐标是表示负荷的参数之一。如4.3.1小节所述，负荷参数可以是功率P_e、转矩T_{tq}或平均有效压力p_{me}。量调节的汽油机可以是进气流量G_a、节气门开度ϑ_{ta}、进气歧管压力p_s。质调节的柴油机则可以是循环油量g_b、过量空气系数ϕ_a。纵坐标主要是燃油消耗率b_e，还可以是小时耗油量B、排气温度t_r、排放指标等。

负荷特性曲线是通过发动机台架试验测得的。预先将汽油机点火提前角、柴油机喷油提前角调整到最佳值，使冷却液温度、机油温度达到并保持在正常范围内，通过调节节气门开度（汽油机）或油量调节机构位置（柴油机）和测功器负载，保持发动机转速稳定在试验转速下。所以，根据稳定运行转速的不同，每台发动机可以测得若干条负荷特性曲线。

图9-10、图9-11为发动机负荷特性曲线。不管是柴油机还是汽油机，在其负荷范围内都在中等偏大的负荷时出现燃油消耗率的最小值。排气温度、小时耗油量均随负荷的增大而升高。

9.3.1 汽油机负荷特性

按负荷特性运行时，汽油机是以改变节气门开度、控制每循环进入气缸的混合气量来实现调节的。每循环进气量是引起工作过程发生变化，进而导致性能指标变化的主要因素。

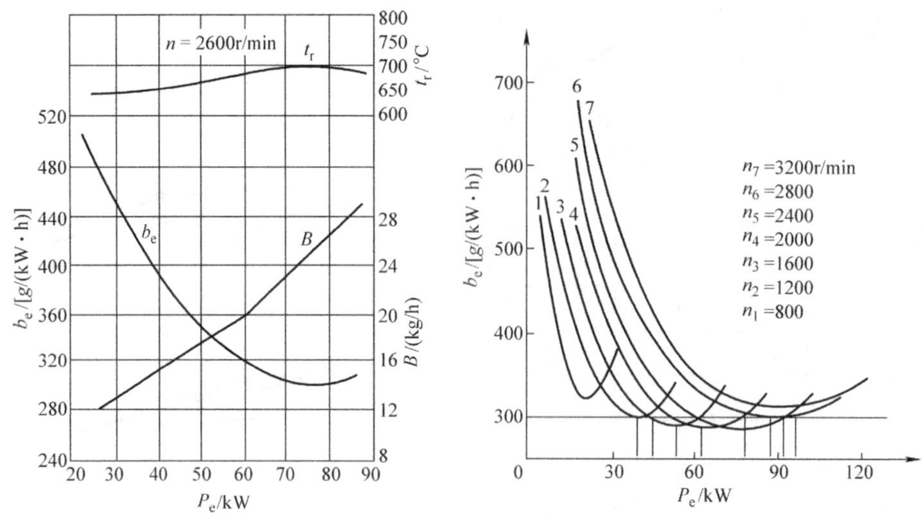

图 9-10 汽油机负荷特性

根据式（9-4），$b_e \propto 1/(\eta_{it} \cdot \eta_m)$，所以，有效燃油消耗率 b_e 的负荷特性取决于 η_{it} 和 η_m 随负荷的变化规律。

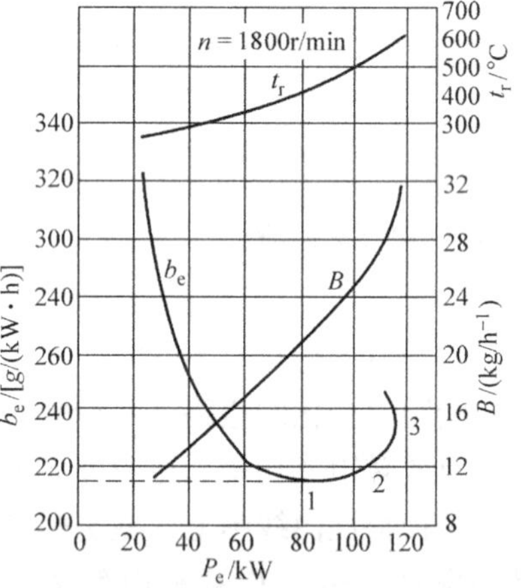

图 9-11 柴油机负荷特性

1. 机械效率 η_m 之负荷特性

如 5.2.2 小节所述，在转速不变的情况下，随负荷的增大输出功率增大，无论是柴油机还是汽油机，机械效率总是提高的。只是在大负荷区，由于机械载荷增大，摩擦损失增多，机械效率的增长缓慢。怠速运转时，负荷为零，由于 $P_e = 0$，$\eta_m = 0$。

2. 指示热效率 η_{it} 之负荷特性

汽油机混合气浓度变化范围较小，在大部分负荷范围内指示热效率 η_{it} 变化不大。随着负荷的增大，节气门开度增大，进气量增多，残余废气系数减小，燃烧速度加快，指示热效率 η_{it} 升高。在大负荷和接近全负荷时，节气门开度达到 80% ~85% 以上时，由于动力输出的要求，混合气加浓至 $\phi_a = 0.85 \sim 0.95$ 的功率混合气，燃烧不完全又导致了指示热效率 η_{it} 降低。

对开环控制的汽油机，中小负荷时，随节气门开度的减小，除了残余废气系数增大而使燃烧速度降低外，还由于加浓混合气、过量空气系数 ϕ_a 变小，不完全燃烧增多，使 η_{it} 比闭环控制混合气浓度的汽油机更低。

3. 燃油消耗率 b_e 负荷特性

怠速时，由于 $\eta_m = 0$，$b_e = \infty$。随着负荷增大，机械效率 η_m 和指示热效率 η_{it} 同时增大，燃油消耗率 b_e 快速降低。当负荷增大到 80% 左右负荷率时，$\eta_{it} \cdot \eta_m$ 达到最大值，燃油消耗率 b_e 达到最低值 b_{emin}。负荷再继续增大时，由于指示热效率 η_{it} 下降大于机械效率 η_m 上升的影响，燃油消耗率 b_e 又上升，曲线上翘。

4. 排气温度 t_r

排气温度主要取决于最高燃烧温度、过量空气系数、膨胀比。由于汽油机为均质混合气燃烧，过量空气系数在 1 附近且变化不大。随负荷的增大，节气门开度增大，残余废气系数减小、混合气量增多，最高温度升高和排气温度升高，但排气温度上升幅度不大。

9.3.2 柴油机负荷特性

柴油机机械效率随负荷而变化的规律与汽油机的相同，但其指示热效率 η_{it}随负荷变化的规律却相反。

柴油机按负荷特性工作时，是以改变循环喷油量来适应负荷变化的。怠速时，$\eta_m=0$，$b_e=\infty$。随负荷的增大，喷油量增多，过量空气系数 ϕ_a 减小，燃烧不完全度增大。所以，随负荷的增大，指示热效率 η_{it}总体上呈减小趋势，而排气温度则较快升高。不过在负荷较小时，随负荷的增大虽然过量空气系数 ϕ_a 减小，但平均过量空气系数仍较大，指示热效率 η_{it}只有缓慢而不明显的降低。所以，其有效燃油消耗率 b_e 随负荷的增大降低得更快一些。

当负荷增大到 80% ~90% 时，$\eta_{it}\cdot\eta_m$ 达到最大值，燃油消耗率 b_e 出现最低值 b_{emin}。之后，负荷再继续增大时，由于喷油量已增加较多，混合气浓度已很大，且喷油持续时间较长，不完全燃烧和后燃增多，指示热效率 η_{it}明显降低，超过了机械效率 η_m 上升的影响，燃油消耗率 b_e 又上升。当负荷、喷油量继续增加，至 2 点时（图 9-11），由于过量空气系数 ϕ_a 进一步减小，燃烧加重恶化，开始有明显的黑烟排出，故 2 点为烟界点。若再增大供油量，燃烧更加恶化，b_e 加速上升，直至 3 点出现最大功率 P_{emax}。若还增大喷油量，严重过浓的混合气和恶化的燃烧，使 P_e 反而降低。

废气涡轮增压柴油机的负荷特性与非增压的类似。但由于随负荷增大，排气温度提高，增压器转速升高，增压压力提高，进气量增多。所以大负荷时 ϕ_a 和 η_{it}降低得不多，而 η_m 继续增加，有效燃油消耗率曲线则较平坦，排气烟度也不增大。增压柴油机限制负荷进一步增大的因素不是过量空气系数和烟度，而是机械负荷和热负荷。

9.3.3 负荷特性的用途

负荷特性反映了发动机在不同负荷下运行的经济性，是评价和探讨发动机运行经济性及其改进措施的重要依据，也是发动机选用、匹配的重要依据。

1. 评价发动机的经济性

负荷特性曲线中的燃油消耗率曲线形态及最低值 b_{emin}，直观反映了发动机经济性的好坏。同一转速下，最低燃油消耗率 b_{emin}越低，则经济性越好。同时，b_{emin}点附近的燃油消耗率曲线越平坦，则表明发动机在较宽的负荷范围内具有好的经济性，对负荷变化的适应性较好。

在发动机及汽车之检修、认证、鉴定，以及技术改进、发动机调试等实际工作中，通过测得的负荷特性曲线能够直观地评价发动机的经济性。

将标定功率和转速相近的柴油机负荷特性曲线与汽油机的进行对比，如图 9-12 所示，可以看出：

1）柴油机的 b_{emin}比汽油机的一般低 15% ~30%，且 b_{emin}附近的曲线变化较平坦。这表明柴油机可以在大负荷和在较宽的负荷变化范围内保持较好的燃油经济性。

2）中、小负荷区，汽油机燃油消耗率与柴油机的差值，明显比大负荷和全负荷区大，且随负荷的降低此差值增大。

上述差别主要是由于柴油机的压缩比和过量空气系数较大等，使其指示热效率较大，而汽油机量调节方式的泵气损失较大等所致，且随负荷的减小，二者指示热效率和泵气损失的差值增大。

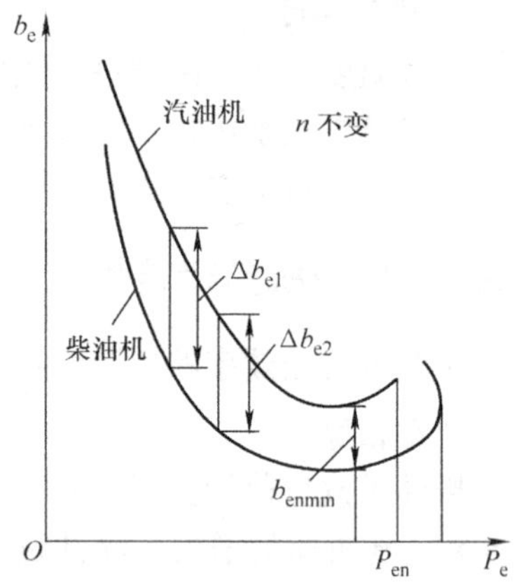

图 9-12　汽油机与柴油机负荷特性曲线比较

2. 确定柴油机标定功率和标定循环油量

柴油机在明显冒黑烟下工作是不被允许的，即烟度是限制柴油机功率标定的主要因素。车用柴油机经常在部分负荷下工作，仅在短时间内需要发出最大功率，其标定功率一般在烟界点2（图 9-11，后同）。拖拉机用和工程机械用柴油机常在大负荷或接近全负荷下工作，其标定功率点要在最低耗油率点 1 和冒烟界限 2 点之间。

3. 发动机选用和节能技术的理论依据

柴油机和汽油机均存在一个燃油消耗率最低的负荷，称为经济负荷，一般在 80% ~ 90% 负荷率区。负荷率过高或过低，发动机燃油消耗率都升高。汽车发动机大部分时间处在高燃油消耗率的中小负荷工况下运行，尤其是城市内运行的汽车。所以，提高发动机的负荷率，使其工作在最经济的负荷率区，是改善发动机经济性的有效途径。

1）根据运输任务或配套机构合理选用汽车、发动机，或在组织运输任务时选择合适的装载量、减少空载率等，使汽车、发动机尽可能多地运行在最经济负荷附近，以达到节油的目的。任何“大马拉小车”或“小马拉大车”的现象都不利于节油。

2）变排量技术，即根据发动机的负荷工况，通过改变排量使负荷率保持在经济区，以达到节油目的。断缸（或停缸）技术是变排量技术之一，即对多缸发动机，当负荷较大时全部气缸参与工作，处于经济负荷率区；当负荷较小时，使部分气缸停止工作，其余几个继续工作的气缸的负荷率则提高至经济负荷率区。变排量技术将在 10. 3. 2 小节进一步介绍。

3）停止怠速技术，根据节气门信号和车速信号判断车辆处于怠速状态时，自动停止发动机怠速，减少了空转，提高燃油经济性，减少有害物质排放。

4）油电混合动力技术，通常是指由内燃机与电动机联合工作的动力系统驱动汽车的技术。根据汽车运行工况的变化，或内燃机单独工作驱动汽车，或电动机单独工作驱动汽车，或二者同时工作而驱动汽车，或内燃机单独驱动并充电。混合动力技术汽车的优势就在于：内燃机总是工作在经济负荷工况区附近，节油效果明显，有害气体排放减少。

关于混合动力技术更多的讨论见 10. 4 节。

9. 4　万有特性

负荷特性曲线或速度特性曲线只表示了转速不变或油门位置不变时性能指标参数随负荷或转速的变化规律，仅仅是两个参数之间的关系。但发动机是在较大的转速或负荷变化范围内工作的，且不同转速下的负荷特性曲线特征，或不同油门位置的速度特性曲线特征都有所差异。要全面而直观地反映发动机主要性能参数与转速、负荷之间的相互关系，需要万有特性或多参数特性。

常用的万有特性曲线是在以转速 n 为横坐标、平均有效压力 p_{me} 或转矩 T_{tq} 为纵坐标的坐标平面中，绘制出第 3 参数的等值曲线簇。使用最广泛的第 3 参数的等值线是等有效燃油消耗率曲线和等有效功率曲线，也可以是等有害排放物曲线和等排气温度曲线等。

9.4.1 等油耗和等功率万有特性曲线

燃油消耗率万有特性曲线如图 9-13 中实线所示，虚线为等功率曲线。

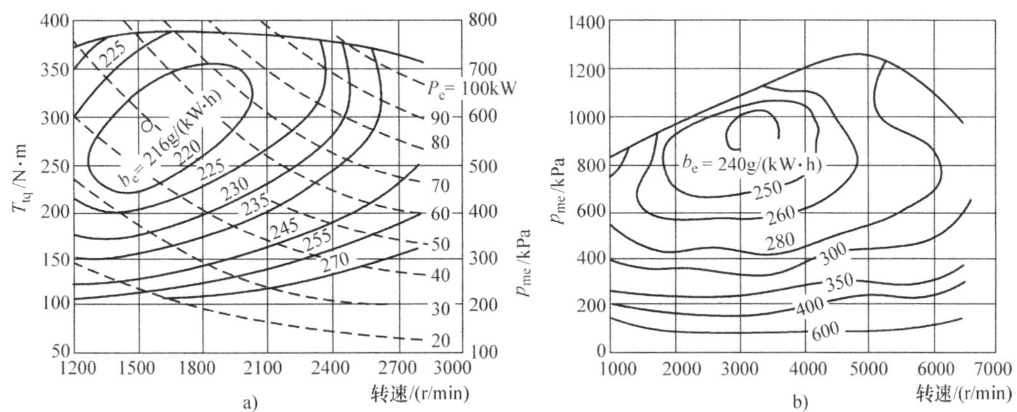

图 9-13 发动机万有特性曲线

a）柴油机 b）汽油机

1. 万有特性曲线的制取

燃油消耗率万有特性曲线可由不同转速下的负荷特性曲线簇，或不同油门位置的速度特性曲线簇转化得到。由于负荷特性曲线更容易测得，传统上常用绘图法将负荷特性曲线簇转化为等燃油消耗率特性曲线簇，转换过程如图 9-14 所示。

负荷特性曲线图的 p_{me}坐标与万有特性曲线图上的 p_{me}坐标取相同的比例尺，使万有特性曲线图上的 n 坐标与负荷特性曲线图上的 b_e 坐标置于同一直线上；在负荷特性曲线图上画一等油效率直线，它与各转速下的 b_e 曲线有 1 ~ 2 个交（切）点；由每个交（切）点分别做 p_{me}坐标的垂线，与 $n-p_{me}$坐标图对应的等转速直线相交，得到 $n-p_{me}$坐标中的等油耗率的各点；将这些点相连即得到等油耗率曲线；以此类推，可做出一系列等油耗率曲线。

等功率曲线也可由同样方法做出，但更为便捷的方法是，根据式（4-11）得到 $P_e = k \cdot p_{me} \cdot n$的关系做出，等功率线是一簇双曲线。

再将外特性中的转矩曲线或平均有效压力曲线画在万有特性图上，就构成发动机运行的上边界线。

计算机技术的发展，为实验数据的处理带来了极大方便。先进的发动机性能测试系统，实现了数据自动测录和处理，通过 MATLAB 或 ORIING 软件可将负荷特性数据自动转换为万有特性曲线。

2. 万有特性曲线特点

1）万有特性曲线图中，以 b_{emin}为中心，等燃油消耗率曲线最内层的区域为最经济工况

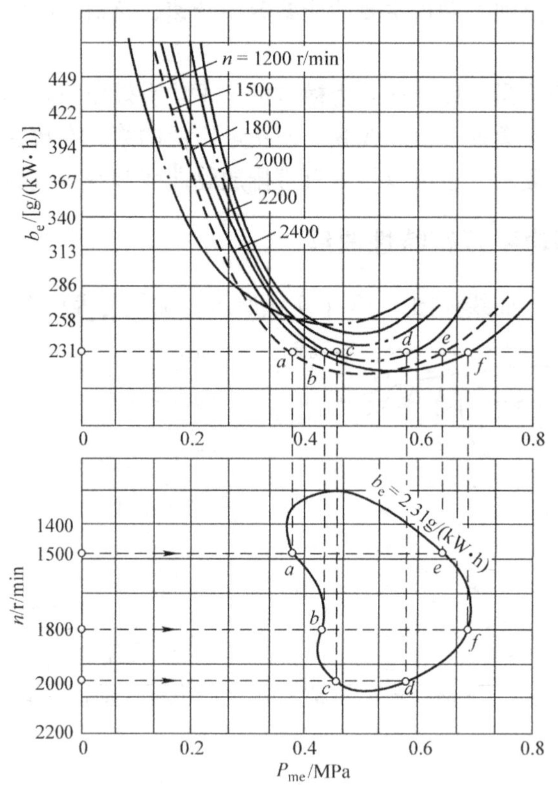

图 9-14 绘图法获得万有特性曲线

区；等燃油消耗率曲线越向外层，燃油消耗率越大，经济性越差。

2）若等燃油消耗率曲线横向较长，表明发动机在负荷变化不大、转速变化较大的范围内燃油消耗率较小，经济性较好。

3）若等燃油消耗率曲线纵向较长，则表明发动机在负荷变化较大而转速变化较小的工况范围内的燃油消耗率较小，经济性较好。

4）等功率曲线随转速的升高斜穿过等油耗曲线，转速越高燃油经济性越差。

5）负荷率越低，燃油经济性越差。

6）汽油机与柴油机万有特性曲线比较，具有如下特征：汽油机的最低燃油消耗率之区域偏上（偏向大负荷区），在低速、低负荷时油耗率随负荷的减小急剧增大，而柴油机的比较适中；汽油机的燃油消耗率值较柴油机高，其经济区偏小，且低速、低负荷工作时燃油消耗率较高；汽油机等功率线向高速延伸时变化更陡，油耗率增加更快。

9.4.2 万有特性曲线的应用

发动机性能的好坏，直接影响其配套机具或汽车性能。但需要指出的是，发动机性能好，不等于汽车或其他配套机具的性能一定就好，如果选用不当或性能匹配不佳，则不可能发挥出发动机性能的优势。万有特性曲线反映了发动机所有工况下的综合性能特征，是发动机选用及其与配套机具性能匹配的重要依据。

使发动机与汽车或其他配套机具达到性能良好匹配的基本途径有两种。其一，根据已确定的汽车动力传动系统或其他配套机具的特点，选用万有特性与之相适应的发动机。例如，对常在中等负荷、中等转速工况的车用发动机，希望其最经济区处于万有特性的中部，且等燃油消耗率曲线沿横坐标轴方向越长越好，可以在较宽的转速范围内获得较好的经济性。对工程机械用发动机，其负荷变化范围较大而转速变化范围较小，希望其最经济区在标定转速附近，且等燃油消耗率曲线沿纵坐标轴方向长一些，以获得较好的经济性。其二，通过正确选用底盘参数，使汽车常用行驶工况落在发动机万有特性曲线上的经济区和低排放区。

将汽油机与柴油机的万有特性曲线相比较，汽油机最经济区偏上，而柴油机则比较居中。汽油机燃油消耗率值比柴油机高得多，且在低负荷率下工作时，其燃油消耗率增长更快。而且，恰恰车用汽油机又常在低负荷率下工作，尤其是在城区内运行时，所以汽油机的使用经济性较差。

9.4.3 排放特性曲线

图9-15、图9-16所示为汽油机与柴油机有害物质排放万有特性曲线。

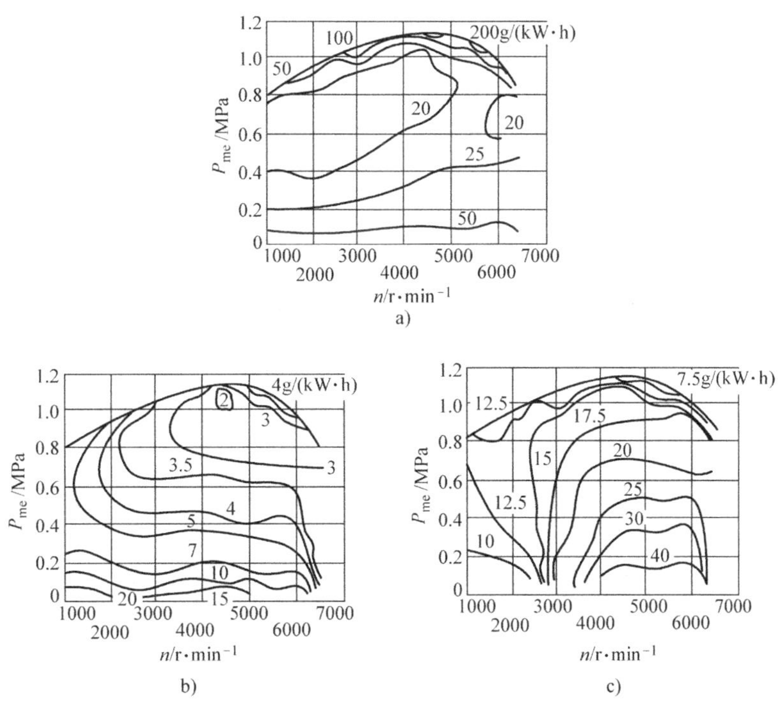

图9-15 汽油机排放万有特性曲线

a）CO排放特性 b）HC排放特性 c）NO_x排放特性

1. CO排放特性

在整个工况范围内，柴油机的CO排放一般很低，绝大多数工况下小于5g/(kW·h)；汽油机的CO排放一般为20～100g/(kW·h)，比柴油机大10～20倍。

开环控制的汽油机，怠速时CO很高，小负荷时因加浓也较高，中等速度、中等负荷工况CO最少；接近全负荷时，因使用加浓的动力混合气，造成CO排放量急剧增大。

当柴油机转速很低时，由于燃烧室内气流运动过弱，混合气形成不均，不完全燃烧产物

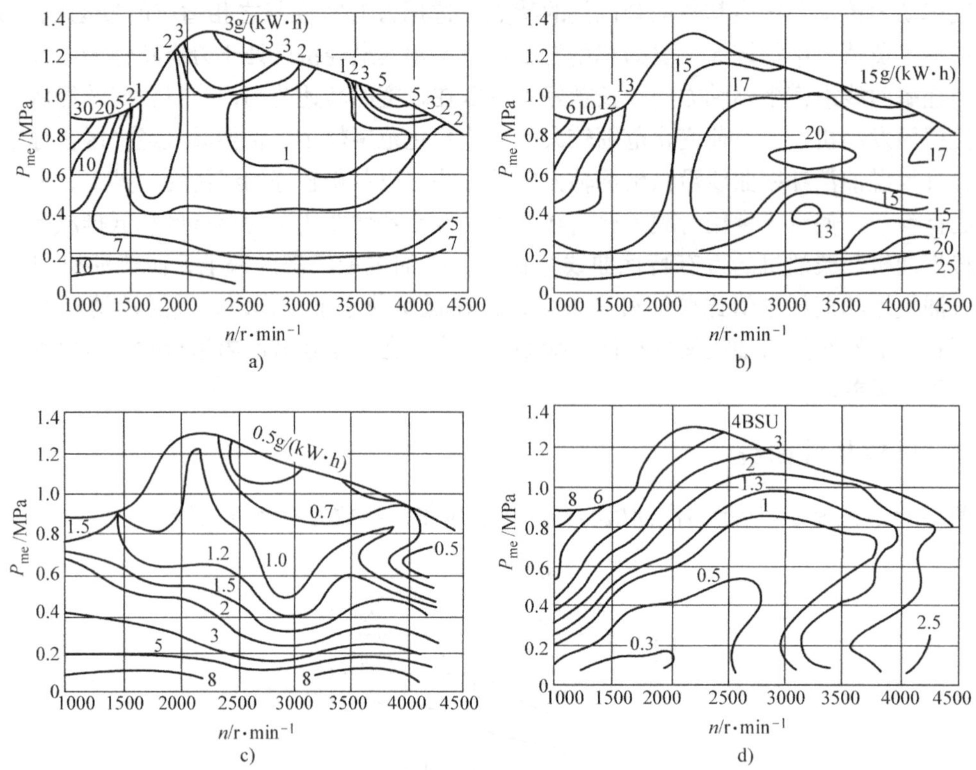

图 9-16　柴油机排放万有特性曲线

a）CO 排放特性　b）NO_x 排放特性　c）HC 排放特性　d）烟度排放特性

CO 较多。

柴油机负荷很小时，燃烧温度低，不完全燃烧增多，CO 排放量增大。

2. HC 排放特性

柴油机的 HC 排放比汽油机低得多，平均来说汽油机的 HC 排放量约为柴油机的 2～4 倍。

HC 比排放基本上随负荷的增大而下降，而绝对排放量大致不变。当负荷不变而转速变化时，HC 比排放变化不大。

汽油机怠速时 HC 很高，中等速度、中等负荷工况 HC 最少，减速时 HC 最高。

3. NO_x 排放特性

汽油机 NO_x 排放略低于柴油机。汽油机怠速时 NO_x 很少；中等速度、中等负荷工况 NO_x 很多；在中等转速以上、转速一定时，NO_x 排放随负荷增大而下降，而且当接近全负荷时下降更快；加速及高负荷时 NO_x 最高。当负荷一定时，NO_x 的排放随转速升高而增多。

柴油机在中等偏大负荷时 NO_x 排放量最大，负荷再加大，则混合气变浓，含氧相对减少，NO_x 排放量不再增加甚至略有减少。在中等负荷区，当负荷不变而转速提高到中高转速时，NO_x 比排放不断增大。在小负荷区域，NO_x 比排放大致不随转速变化，绝对排放量基本上与转速成正比。

4. 烟度排放特性

柴油机烟度的高低主要取决于过量空气系数及混合气形成质量。

当转速不变时，随负荷提高混合气浓度增大，烟度值增大。

当负荷不变时，烟度值在某一转速达到最小值，这时对应燃烧过程的最优化，而偏离这一转速均会使烟度值上升。

在低速大负荷工况，由于空气相对不足，气流运动减弱，常导致烟度值急剧上升，冒烟严重；高转速区，随转速的升高，后燃加重，烟度增大；在标定工况（高速、满载）附近时，因过量空气系数小，冒烟较严重。

加速时油门加大，油量增多，烟度较大。

9.5 发动机台架试验

9.5.1 试验目的与分类

在发动机产品研发、试制、制造及使用维修等实际生产中，通过试验测定其相关性能指标、参数及特性曲线，是判断、分析发动机性能优劣的重要手段。根据目的、要求的不同，发动机试验大致分三类。

1. 检查试验

对批量生产的发动机做定期抽查试验，以检查其制造工艺的稳定情况；在整机产品出厂前，逐台进行试验，检查产品质量是否达标；对大修过的发动机，进行试验，检查相关指标或参数是否回复到规定的范围。试验内容包括几种主要的性能测试，如怠速、外特性、负荷特性、试验等。

2. 鉴定试验

凡是新产品或经过改进、变型及转厂生产的发动机，应进行全面性能测定，检查发动机性能指标及其零部件的可靠性和寿命是否达到设计或改进要求。试验主要包括全套性能试验、台架可靠耐久性试验、装车可靠性试验及整车性能试验等。

3. 专题试验

为了设计、生产、使用或科研中某一专门目的而进行的研究性试验。这类试验需确定专门的试验方法、并配备特殊的测试装置和仪器。

9.5.2 试验台的组成

为准确测定发动机的各项性能参数，试验需在专门的发动机试验台上进行。图 9-17 为典型的发动机试验台组成及布置图，它由三部分组成。

1. 试验台架

试验台架坚实、防振，用以固定发动机和通过联轴器与其相连的测功器。台架由铸铁底板和固定它的防振钢筋混凝土基础组成。试验时基础的最大振幅不得大于 0.1mm。基础四周应有排水沟和减振沟。铸铁底板上加工有多条 T 形槽，它与高度可调的发动机安装支架相配合，以保证发动机安装在精确的位置上。

2. 辅助系统

试验台设有冷却液外循环系统，以保持发动机工作温度稳定在规定范围内。燃油由专用油箱通过油量测量装置供给发动机的燃油系。为排除试验室内排气污染及降低排气噪声，设

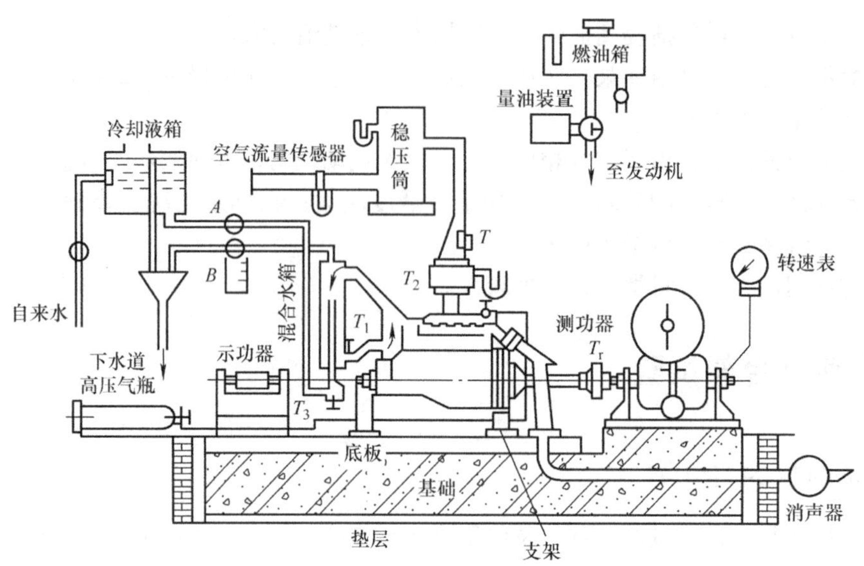

图 9-17　发动机试验台架简图

有专用的排气系统通风和消声装置等。

3. 测量、操纵系统

根据试验内容和目的的不同，所需的测量设备、仪器有所差别，但基本的测量设备有测功器、油耗仪、转速表、排放测试设备等。

现代的发动机试验台架已实现了自动控制、自动数据采集和处理，测试精度高、速度快，能同时测量多个参数，储存大量数据，并进行快速处理。

9.5.3　主要设备及测量参数

发动机试验过程中，需要测试的参数很多，在此仅介绍转矩和燃油消耗量等最基本的参数的测量装置。

1. 测功器

测功器用来测定转矩 T_{tq} 和转速 n，然后根据公式 $P_e = T_{tq}n/9550$ 求得有效功率。

测功器由制动仪/器、测矩仪/机构和调控装置组成。制动器即产生阻力矩的机构，它与调控装置协同工作，模拟发动机负载的变化。测转矩机构在内燃机与制动器之间，可直接测定转矩。根据测功器产生阻力矩原理的不同，常用的有水力测功器、直流电力或交流电力测功器和电涡流测功器三种，其特点见表 9-1。

表 9-1　不同类型测功器对比

测功器类型	水力测功器	直流电力测功器	电涡流测功器
特点	结构简单、体积小 精度一般 调整负荷时过渡时间较长 自动控制较难 不能反拖发动机 能量不能回收 价格低廉	装置复杂 精度较高 较易于自动控制 可反拖发动机 可回收电能 价格贵	结构简单 精度较高 运转平稳、适于高转速 易于自动控制 不能反拖发动机 能量不能回收 价格较廉

早期的发动机试验台上，水力测功器曾得到广泛应用，但随着试验系统自动化程度及测量精度要求的不断提高，它已逐渐被直流电力测功器和电涡流测功器所取代。

2. 燃油消耗的测量

燃油消耗的测量是指测定发动机某一工况（功率 P_e 和转速 n）下运行一定时间 t（s）内所消耗的燃油质量 m_f（g）或体积 V_f（mL）。按测量原理，燃油消耗的测量方法分为质量法、容积法，如图 9-18、图 9-19 所示。

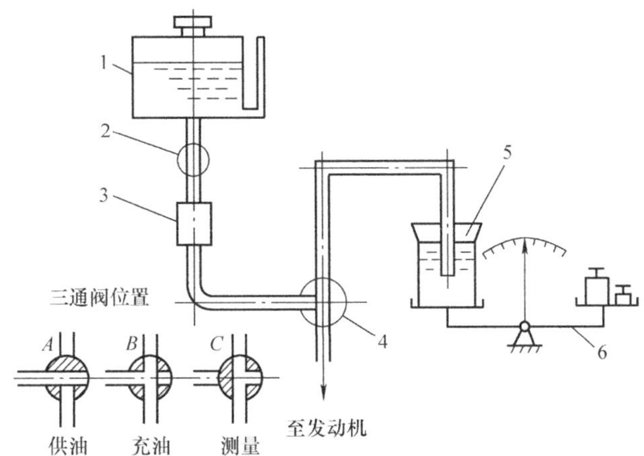

图 9-18 质量法测量燃油消耗量

1—油箱 2—开关 3—滤清器 4—三通阀 5—量杯 6—天平

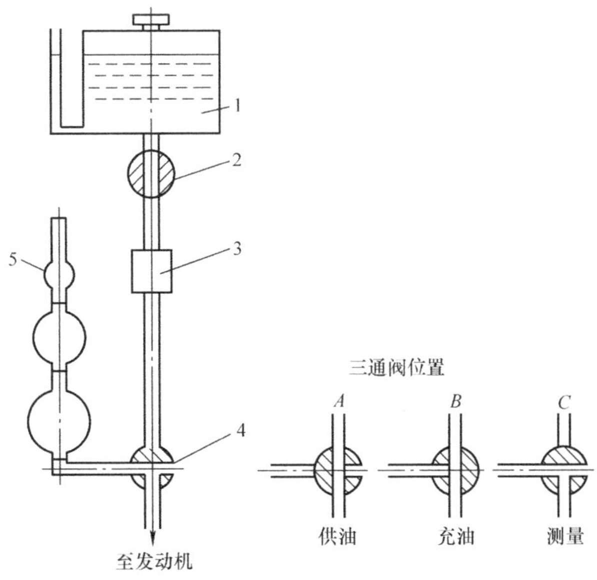

图 9-19 容积法测量燃油消耗量

1—油箱 2—开关 3—滤清器 4—三通阀 5—量瓶

只要测得 P_e、t、m_f 或 V_f 和燃油的密度 ρ_f（g/mL），即可由下式计算出小时耗油量 B(kg/h)和燃油消耗率 b_e。

$$B = \frac{3.6m_f}{t} = \frac{3.6V_f\rho_f}{t}, \qquad b_e = \frac{B}{P_e} \times 1000$$

为保证测量精度，每次测量时间应不少于30s。数字显示的自动油耗仪的精度可达到0.2%。

9.5.4 大气修正

试验时环境状况（温度 T、压力 p、湿度 ϕ）的不同，影响被测发动机的工作过程和性能指标。为使产品质量的检验具有统一标准，也确保试验结果的可信度及具有可比性，需要规定标准大气状况，并将测试结果换算为标准大气状况下的值。需要修正的指标参数有油门全开时的实测转矩、有效功率、气缸压力和柴油机燃油消耗率。若试验室是全封闭、环境可控的，则可免去大气修正。

国家标准规定的发动机试验标准大气状况是：大气压力 $p_0=100\text{kPa}$，环境温度及中冷器冷却介质进口温度 $t_0=25℃$ 或 $T_0=298\text{K}$，相对湿度 $\phi_0=30\%$。

在非标准大气状况下进行发动机试验时，其有效功率及燃油消耗率可修正到标准环境状况下，也可由标准环境状况修正到现场环境状况。修正方法有可调油量法和等油量法。可调油量法即功率受过量空气系数或热力因素的限制，燃油量随现场环境状况调整。适用于标定工况及超负荷功率工况的有效功率及燃油消耗率的修正；等油量法是指燃油量固定不变，不随现场环境状况的改变而调整。适用于标定工况（不具有超负荷功率的发动机）或超负荷功率工况的有效功率及燃油消耗率的修正。在此介绍等油量法。

1. 有效功率的修正

试验现场环境状况下实测有效功率为 P_e，修正至标准环境下的有效功率为 P_{e0}，则

$$P_{e0}=\alpha_d \cdot P_e$$

式中 α_d——等油量法功率换算系数。

对汽油机

$$\alpha_d=\left(\frac{99}{p_s}\right)\left(\frac{T}{298}\right)^{0.6} \tag{9-8}$$

式中 T——试验现场环境温度（K）；

p_s——现场环境下干空气的分压力（kPa）。

对柴油机

$$\alpha_d=f_a^{f_m} \tag{9-9}$$

式中 f_a——大气因数；

f_m——柴油机特性指数。

自然吸气和机械增压柴油机

$$f_a=\left(\frac{99}{p_s}\right)\left(\frac{T}{298}\right)^{0.7}$$

对涡轮增压柴油机

$$f_a=\left(\frac{99}{p_s}\right)^{0.7}\left(\frac{T}{298}\right)^{1.5}$$

柴油机特性指数

$$f_m=0.036\frac{q_c}{\pi_b}-1.14 \tag{9-10}$$

$$q_c=\frac{B}{30nV_{st}}\times10^6$$

式中 q_c——单位排量循环供油量［mg/(L. 循环)］；

π_b——增压比（非增压柴油机 $\pi_b=1$）；

n——转速（r/min）；

V_{st}——排量（L）；

B——标定工况下或超负荷功率工况的小时耗油量。

注意：式（9-9）的适用条件是 $0.9\leqslant\alpha_d\leqslant1.1$、$283K\leqslant T\leqslant313K$、$80kPa\leqslant p_s\leqslant110kPa$，否则应说明试验现场环境情况；式（9-10）仅当 $q_c/\pi_b=40\sim65mg/(L.$ 循环）时才适用。当 $q_c/\pi_b\geqslant65$ 时，取 $f_m=1.2$；若 $q_c/\pi\leqslant40$，则取 $f_m=0.3$。

2. 柴油机燃油消耗率的修正

对汽油机燃油消耗率不进行大气修正。对柴油机按下式修正

$$b_{e0}=\frac{b_e}{\alpha_d}$$

式中 b_e——试验现场环境状况下实测有效燃油消耗率；

b_{e0}——修正至标准环境下的有效燃油消耗率。

【思考题与练习题】

1. 何为发动机速度特性?

2. 何为外特性？有何意义？画出汽油机外特性曲线。

3. 何为发动机负荷特性？有何意义？画出发动机负荷特性曲线?

4. 在外特性中，为什么柴油机的转矩曲线比汽油机的平坦些？这对实际使用有何影响?

5. 试述转矩储备系数和适应性系数的定义。

6. 试根据发动机转矩曲线和外界阻力矩曲线，说明发动机工作的稳定性。

7. 柴油机与汽油机相比，其工作稳定性如何？为什么?

8. 画出柴油机的负荷特性曲线，并标明和解释各参数。

9. 简述柴油机比汽油机经济性好的主要原因。为什么在部分负荷运转时，经济性差别更大?

10. 何为断缸技术？根据负荷特性曲线解释断缸技术的节油原理。

11. 混合动力系统为何经济性好?

12. 柴油机随着负荷的增大，指示燃料消耗率增大，而有效燃料消耗率先降后升。为什么同为经济性指标，指示燃料消耗率和有效燃料消耗率随负荷的变化却如此不同?

13. 汽车和拖拉机是分别根据有效燃料消耗率曲线上哪一点作为标定功率界限的，为什么?

14. 负荷特性能够评价发动机的经济性，为什么车用发动机还要进行万有特性分析?

15. 试述万有特性曲线的测取方法。

16. 各类车型对万有特性曲线的要求有何不同?

17. 为什么在高原、热带和潮湿地区，发动机的功率会有所降低?

18. 在实验室测出某四冲程发动机在转速 $n=3000r/min$ 时，输出的有效转矩 $Me=190N\cdot m$，问有效功率是多少千瓦？若此工况下发动机运行30s消耗燃油60g。问发动机小时耗油量是多少？有效燃油消耗率是多少?

第 10 章　发动机节油与减排技术

随着能源短缺、环境污染问题的日益严峻，汽车发动机必须达到更高效、更节能、更环保的要求已提到了空前高度，各种新技术层出不穷。本章将综合运用与拓展前述各章相关基本知识，对之前尚未展开讨论的汽车发动机节能、减排新技术做简要分析。

10.1　概述

1. 传统发动机之弊端

预混合均质混合气点火燃烧的汽油机，主要问题是热效率低，CO、HC 和 NO_x 的排放均较高。其主要原因在于：受爆振限制，压缩比小；各工况下稳定而快速燃烧的混合气浓度范围比较窄，过量空气系数 ϕ_a 在 0.6～1.2（空燃比 12.6～17）之间，而常用的是 ϕ_a 接近 1 或 $\phi_a<1$ 的偏浓混合气，等熵指数偏低；功率输出以节气门－量调节的方式进行，进气阻力大，泵气损失大；循环波动大。

传统的压燃式柴油机，压缩比大，热效率高。但由于其缸内混合气温度、浓度的分布非常不均匀，扩散燃烧持续期长、较高的微粒（或炭烟）和 NO_x 排放成为其主要症结。

另外，传统的柴油机与汽油机均属于高温燃烧，不仅 NO_x 生成量多，而且使散热损失也增多。

2. 发动机效率改善之方向

发动机效率的提高不外乎降低三大主要损失，即冷却散热损失、排气损失和机械损失。根据传统发动机的主要症结，可得到降低这些损失、提高热效率的诸多方法，见表 10-1。

随着控制技术的快速发展，表 10-1 给出的获得高效率发动机的诸多新技术或方法中，有些已经广泛用于量产发动机上，如废气涡轮增压技术、可变配气技术等。有些则在部分发动机或车型上得到应用，并受到极大关注，如可变排量技术、超膨胀比循环（如米勒循环）发动机、混合动力技术及以稀薄混合气燃烧为代表的低温燃烧技术。可变压缩比发动机也将来到我们身边。以均质充量压燃为代表的急速燃烧技术，已成为当前内燃机燃烧技术的热点。天然气、醇类等代用燃料发动机也逐渐有了部分市场，氢燃料发动机等也在研发。这些技术或方法不仅可有效提高发动机热效率，而且大幅度减少了有害物质排放。

表 10-1 改善发动机效率的方向

<table>
<tr><th colspan="2">效率改善</th><th>方向</th><th colspan="2">方法</th></tr>
<tr><td rowspan="8">热效率改善</td><td rowspan="6">指示热效率改善</td><td rowspan="2">减少散热损失</td><td>低温燃烧</td><td>稀混合气燃烧</td></tr>
<tr><td>低散热发动机</td><td>隔热（陶瓷）发动机</td></tr>
<tr><td rowspan="4">降低排气损失</td><td>废气能量利用</td><td>废气涡轮增压
废气动力涡轮
气波增压
废气预热空气或水</td></tr>
<tr><td>提高压缩比</td><td>可变压缩比</td></tr>
<tr><td>超膨胀比循环</td><td>米勒循环</td></tr>
<tr><td>急速燃烧</td><td>均值混合气压燃</td></tr>
<tr><td rowspan="2">机械效率改善</td><td>降低机械阻力损失</td><td rowspan="2">提高负荷率
小排量化</td><td rowspan="2">可变排量
混合动力
增压
汽油机质调节</td></tr>
<tr><td>降低泵气损失</td></tr>
</table>

10.2 废气能量的利用与增压技术

排气带走的能量约占燃料总能量的25% ~50%。高温、较高压、高速的废气具有相当高的做功能力，可以功或热的形式用于汽车和发动机。

发动机排气能量的利用方式有两种：一是借助于排出气体的动力效应（6.5.3 小节），改善发动机换气过程，以增加新鲜充量，减少换气损失功；二是通过附加装置：热交换器、压力波交换器和废气涡轮，获得功或热。

利用热交换器可获得热空气，以供进气预热或取暖用。排气能量在废气涡轮中转化为功，既可带动压气机工作，实现废气涡轮增压，又可传给输出轴作为动力输出。利用压力波交换器，可实现气波增压。大型的船用内燃机则可利用废气锅炉获得蒸汽或热水。

废气涡轮增压技术，由于利用了废气能量，既能提高发动机升功率、达到小排量输出大功率的目的，又能满足降低排放并提高燃油经济性的要求，目前已成为车用发动机流行的技术之一。

10.2.1 废气涡轮增压方式

废气周期性地从排气门流入排气管，再被引入涡轮。排气管中气流的不稳定性，压力、速度波动很大，是造成在涡轮中能量损失的主要原因。所以，从尽可能将各缸排气稳定地或均匀地引入涡轮出发，出现了排气能量利用的两种方式：一是尽可能的使废气进入涡轮前时的压力趋于稳定，即所谓的定压（恒压）增压方式；另一种是使每个气缸的排气均匀间隔地进入涡轮，即所谓的脉冲（动压）增压方式。两种增压方式主要取决于排气管的结构，如图 10-1 所示。

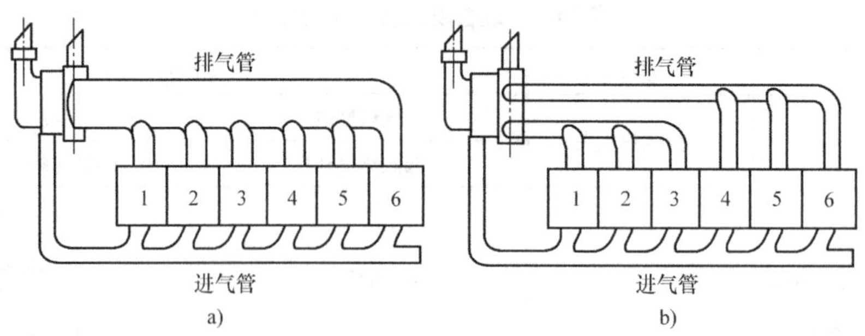

图 10-1　涡轮增压系统示意图

a）定压式　b）脉冲式

1. 定压涡轮增压系统

在定压增压系统中，发动机有一个横截面积和容积足够大的排气总管（稳压箱或集气管）与涡轮进气口相连。各缸排气或一列气缸的排气通过各自排气歧管进入排气总管，在其中膨胀、减速，压力趋于稳定后再进入涡轮，涡轮只有一个进气口。此种方式，涡轮在较稳定的进气压力条件下工作，所以称之为定压增压系统。

2. 脉冲涡轮增压系统

在定压增压系统中，各缸排气脉冲能量损失掉了。脉冲增压为了充分利用排气的脉冲能量，尽可能将气缸中的排气按着火顺序直接而迅速地送到涡轮中去。为此，涡轮必须尽量靠近气缸，排气歧管短而细，歧管的通道面积几乎与排气门通道截面相等。为减少各缸排气压力波在到达涡轮前相互干扰，需要对排气管进行分支，每一根排气管所连的各缸的排气相位必须互不重叠或重叠很小。每一根排气管分别与涡轮的某一进气口相连，且涡轮每个进气口之间的涡壳以隔板隔开，以防止压力波在涡壳中发生干扰。

例如，对发火顺序为 1－5－3－6－2－4 的六缸四冲程发动机，可将 1、2、3 缸连在一根排气管上，4、5、6 缸连接在另一根排气管上。对发火顺序为 1－3－4－2 的四缸四冲程发动机，1、4 缸共用一根排气管，2、3 缸共用一根排气管。当某一气缸排气时，由于排气管容积小，管中压力迅速升高，随着排气进入涡轮，管内压力又迅速下降。紧接着另一缸排气，排气管内压力又再次迅速升高和降低。这样就形成了排气管内压力的周期性波动，涡轮便在进口压力波动较大的条件下工作，故称之为脉冲增压系统。

3. 定压式和脉冲式增压系统的比较

定压式增压系统和脉冲式增压系统，从结构、能量利用到对发动机性能影响等多方面，均有所不同。

1）在结构上，定压增压的排气管结构和制造都简单，尽管一根排气总管横截面尺寸很大，但总体尺寸较之脉冲式增压采用的截面积不大的几根排气管要小。脉冲式增压排气管结构则较复杂，而且脉冲系统中排气门开启初期的瞬时最大流量比定压系统更大，脉冲涡轮的尺寸也较大。

2）排气能量损失。定压增压系统中，由排气歧管进入总管的气流突然膨胀、形成涡流，加之气流在总管中的叠加、混合等，使脉冲能量几乎都损失掉，且排气流在排气门处的节流损失也较大。这些损失的能量仅有一小部分转化成热能加热废气而在涡轮中回收。脉冲增压系统中，排气管体积小，排气脉冲能量利用得好。但随增压比的增大，排气管内压力升高，脉冲能量在排气能量中的比例减小，当增压比大于2.5时，脉冲增压的能量利用优势就不明显了。

3）涡轮效率。定压增压系统中，由于涡轮进口压力、温度较稳定，而且是全周进气，废气以一定的速度流入涡轮，能量转换稳定，涡轮效率高。脉冲增压系统中，废气周期性地流入涡轮，且每个排气脉冲内，涡轮进口处压力、气流速度及方向变化很大，使脉冲涡轮的效率较低。

4）换气过程。气门重叠期间，脉冲增压系统的排气管压力正处于波谷，有利于组织扫气，以提高充气效率、降低燃烧室高温零件温度及排气温度，同时对保护废气涡轮不被过高温度的废气烧损有重要作用。

5）加速性能。脉冲增压系统的排气管容积小，对发动机工况的变化响应较快，所以脉冲增压发动机加速性能较好。定压增压系统则响应慢，加速性能较差。

6）低速转矩特性。低速运行时，废气流量小，输入涡轮的能量减少，增压压力低，导致转矩较小。而定压增压相对于脉冲增压，排气管内压力较高，且随转速的升高而增大。所以，低速时脉冲增压系统对排气能量的节流损失较小，低速转矩特性比定压增压系统的好。

可见，低压增压发动机宜采用脉冲增压系统，高增压发动机则采用定压增压系统更有利。车用发动机增压压力较低，由于其转速、负荷范围大，对加速性和低速转矩特性要求高，多采用脉冲增压系统。

10.2.2 涡轮增压主要问题

废气涡轮增压回收利用了排气能量，不仅提高了发动机的有效功率、升功率，而且提高了发动机指示热效率和机械效率，降低了排气噪声。但同时涡轮增压也存在以下问题。

1）增压后，发动机的机械负荷、热负荷增大，汽油机的爆振倾向增大。而汽油机过量空气系数小，膨胀比又小，最高温度和排气温度都高。同时为避免气门重叠期内新鲜充量的流失，气门重叠角较小。所以，增压汽油机热负荷问题比增压柴油机更严重。

2）加速响应性差。当发动机转速、负荷突然变化时，由于气流响应需要一定时间，加之增压器自身的惯性，使进气压力的建立相对滞后，导致气缸进气量不足，混合气过浓，影响了加速响应性及过程中的排放和经济性，这一现象在增压汽油机上更突出。

3）转矩特性差（低速转矩不足）。因为增压器由排气能量驱动，随发动机转速的降低，排气流量减小，增压器转速和增压压力随之降低，导致低速时供气量不足，不能保证较大的转矩。甚至当发动机转速较低时，排气无法驱动增压器，而且增压器还形成了进排气阻力。

4）起动困难，制动力不足。柴油机起动时，因涡轮增压器无法工作，还增大了进排气阻力，而增压后为限制机械负荷和热负荷又采用了较低的压缩比，所以起动着火困难。

汽车下长坡时常采用不脱档的发动机制动，其制动力与发动机排量成正比。但增压发动机升功率高，在满足动力需求的前提下排量有所减小，使发动机制动力不足。

涡轮增压发动机的问题与解决措施见表10-2。

10.2.3 涡轮增压发动机特性的改善

转矩特性差、加速响应差是废气涡轮增压发动机的固有缺陷，是进一步改进增压效果的关键。增压压力调控技术、双涡轮复合增压技术等则使涡轮增压发动机的特性得到很大改善。

表 10-2　涡轮增压发动机问题及采取措施

问题	措施
机械负荷大 热负荷大	降低压缩比、可变压缩比 增压中冷 电控燃油喷射及燃烧控制 增大过量空气系数
加速响应差	增压器小型化 脉冲增压 增压压力调节（可变增压） 向压气机喷射空气（由车上的高压气源）
转矩特性差 （低速转矩不足）	脉冲增压 增压压力调节（可变几何截面涡轮增压） 双涡轮增压、两级涡轮增压
降低排气污染	增压中冷 燃油喷射控制 废气再循环 降低压缩比、增大过量空气系数

1. 排气旁通

在涡轮进气侧设置排气旁通阀（通常与涡轮壳制成一体），当转速升高、负荷增大，增压压力达到一定值时，旁通阀开启，将部分排气直接放入大气而不进入涡轮，以保持增压器转速稳定，增压压力在一定转速范围内基本不变。

显然，排气旁通损失掉了部分排气能量，对经济性不利。小客车转速范围宽，但很少在标定工况下工作，采用排气旁通法较合适。

2. 可变几何截面涡轮增压

目前，新型发动机较多地采用可变几何截面的增压器技术（Variable geometry turbocharger，VGT）。图 10-2a 所示的是将涡轮前的喷嘴环叶片设计成可动的，由专门的电控叶片调整机构，控制可变喷嘴环式的调节方法。通过改变喷嘴环叶片的角度，同时改变喷嘴环出口截面积（速度）和排气流入涡轮的角度，来控制增压器转速。在发动机低速运转时，调小喷嘴环出口截面积，废气流入涡轮的速度加快、流入叶轮的角度增大，作用于涡轮的冲量增大，涡轮转速加快；发动机高速运转时，喷嘴环出口面积调大，废气流入速度降低、流入叶轮角度减小，减缓涡轮转速。如此一来，变几何截面的增压器，较好地利用了废气能量，让发动机在宽广的转速范围内维持较稳定的增压压力，不仅具有出色的高速动力，而且经济性、低速转矩有了很大改善。图 10-2b 所示的为利用可摆动舌片，调节废气涡轮入口的流通截面积，控制进入涡轮废气流速的调节方式。此法调节方便，易实现自动控制，但流动损失较大，调节范围有一定限制，增压器总效率低。

3. 双涡轮增压

1）双涡轮并联增压。即两个较小尺寸的涡轮增压器并联为发动机提供增压空气，每个增压器负责半数气缸。如 6 缸发动机，根据进、排气互不干涉的原则，1、2、3 缸的排气驱

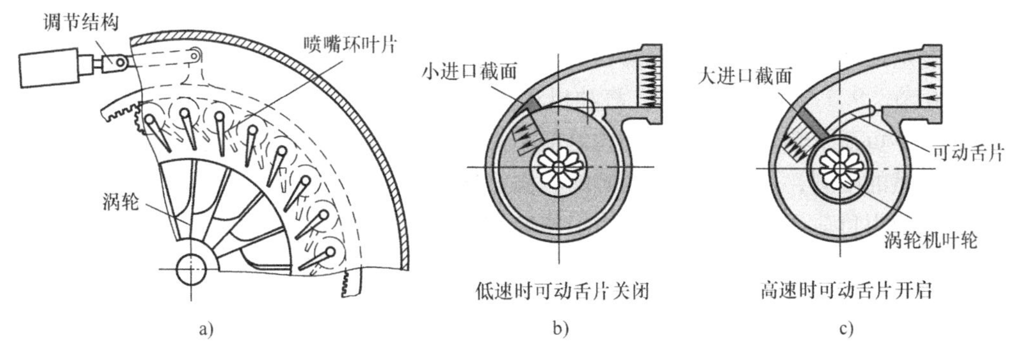

图10-2 可变几何截面示意图
a）可变喷嘴环式 b）可转动舌片式

动1个涡轮增压器，4、5、6缸的排气驱动另1个涡轮增压器。由于小型增压器响应速度快，动力性和加速响应性优势突出。但低速转矩特性的劣势仍然存在，只是涡轮增压器开始工作时更平顺了。

2）两级涡轮增压。两个不同尺寸的增压器串联为发动机供气。较小尺寸的为高压级增压器，较大尺寸的为低压级增压器。发动机排气先进入高压级涡轮，然后再进入低压级涡轮。发动机低转速时，尺寸较小的增压器工作，减轻涡轮迟滞，保证良好的瞬间响应特性和低速转矩特性。中高速时，大尺寸的增压器开始与小增压器同时工作，保证发动机功率稳定增加。

3）双增压系统。同一台发动机上同时采用机械增压与废气涡轮增压。机械增压器与曲轴同步转动，具有良好的响应性，没有迟滞现象。尤其是容积式压气机（如广泛使用的罗茨泵式），增压效果受转速的影响较小，在低速下即可获得增压，具有良好的低速转矩特性。

装备双增压系统的发动机，机械增压与废气涡轮增压形成了优势互补。在低转速时，机械增压器保证了增压效果；高转速时，则由废气涡轮增压全面提升发动机性能。

不管是两级涡轮增压还是双增压系统，都存在结构及控制复杂、成本高、体积大的问题，只在个别车型上有应用。

10.3 发动机可变技术

关于可变气门正时及升程技术、可变进气歧管技术等已在6.5节中讨论，本节将对可变压缩比和可变排量技术进行讨论。

10.3.1 压缩比可变技术

根据热力学原理，发动机压缩比越大，热效率越高，燃油消耗率越低，且动力性提高。点燃式均质混合气燃烧的汽油机，受爆燃的限制，现阶段的压缩比不超过12。

对均质混合气点燃式汽油机，第7章已阐述，提高压缩比的主要方向是：采用紧凑型高紊流燃烧室（提高火焰传播速度、缩短火焰传播距离）、采用双火花塞（缩短火焰传播距离)、提高各缸工作的一致性(电控多点喷射供油技术和点火技术，可提高各缸混合气及点火时刻和能量的均匀性)及燃料抗爆性等。

由7.6节、9.3节的分析可知，汽油机在大负荷工况下热效率高、经济性好，但容易发生爆燃；在小负荷下热效率低、经济性差却不易发生爆燃。传统的压缩比不可变汽油机，受大负荷下爆燃的限制，不得不采用较低的、固定压缩比，这对增压汽油机尤为突出。这使不易发生爆燃的小负荷工况、增压器开始工作前和增压压力较低工况时的热效率降低。

所谓可变压缩比，即在不易产生爆燃的工况采用较高的压缩比，以获得高的经济性；而在易发生爆燃的大功率和大转矩的工况下，则转换为采用较低压缩比。这样既避免了爆燃，又满足了动力性，提高了综合经济性。同时，可通过调整压缩比，适应不同标号燃料的使用。另外，可变压缩比发动机，可在冷起动暖机时适当降低压缩比，提高排气温度，迅速加热三元催化转化器，缩短暖机时间，降低起动暖机阶段的排放。

压缩比的改变是通过调节燃烧室的体积而实现的。改变燃烧室体积的方法有较多种，基本可分为三类。其一，改变活塞上止点位置如图10-3中的a、b、c、d、e、g；其二，改变气缸盖与活塞顶的相对位置，如图10-3f；其三，改变气缸盖底部的形状，如图10-3h。其中，图10-3中的a、b、c方案的可变机构复杂，实施困难大，且高速往复运动件质量增大，不适于高速。在此介绍多连杆方案和气缸盖摆动方案。

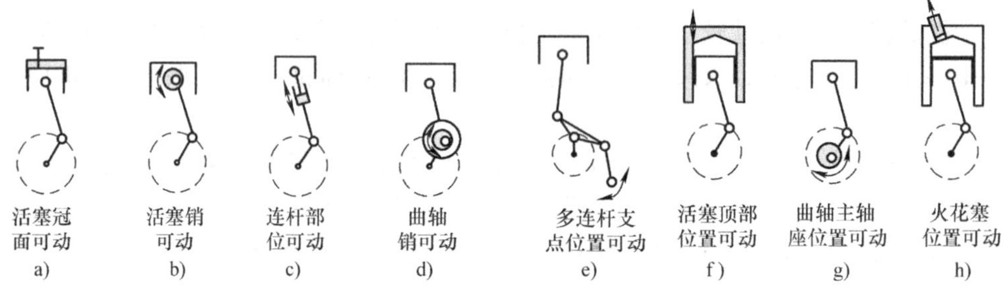

图10-3 改变压缩比方案示意图

1. 多连杆位置可动式可变压缩比机构

日产公司利用多连杆位置可动式可变压缩比机构，可将压缩比在8∶1到20∶1之间变化，如图10-4所示。这种可变机构是在原连杆与曲柄销之间增设一套中间多连杆系、一个偏心控制轴，以及带有独特谐波减速齿轮的驱动电动机，同时原曲轴的曲柄长度缩短。当驱动电动机旋转时，驱动器连杆带动偏心控制轴旋转，改变控制连杆位置，从而带动L形连杆的位置(与连杆夹角)变化，最终导致活塞的上止点位置的变化，实现发动机压缩比在8∶1到20∶1之间变化。

由于曲轴上的曲柄长度缩短，减少活塞的摆动幅度，进而减少了活塞与气缸壁之间的摩擦。也因为多连杆结构的特殊性，使发动机惯性振动大大减弱，可无需平衡轴。但是可变机构较复杂，增加转速迟缓。

2. 气缸盖可动式可变压缩比机构

萨博公司将发动机分为上下两部分，上部为做成一体的气缸盖和气缸筒，下部由曲轴、活塞、连杆、机体组成，两部分通过橡胶密封件密封连接并与曲轴箱隔开，可以在一定程度上实现相对运动。气缸筒下端一侧铰接于气缸体，另一侧以偏心轴与气缸体连接。缸盖与缸体通过液压控制构件连接在一起（而不是螺栓），在缸体与缸盖之间安装楔形滑块，缸体可以沿滑块的斜面运动。工作时，气缸体位置相对不变，电脑控制偏心轴柔性左、右转动，气缸盖和活塞部分借助液压机构的推力，以曲轴为中心偏转一定角度，改变了燃烧室的容积，从而改变了发动机的压缩比，如图 10-5 所示。

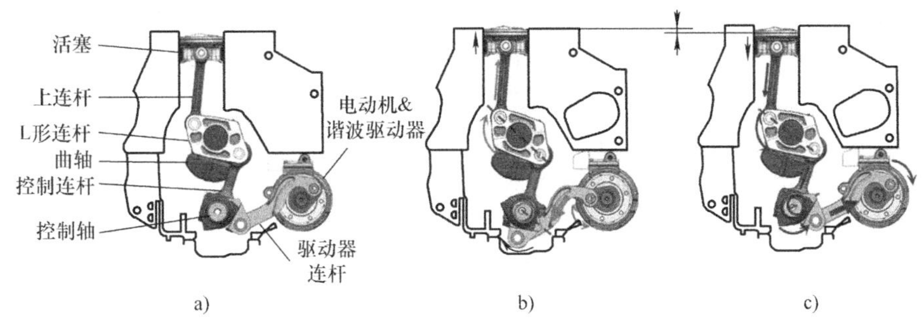

图 10-4 多连杆位置可动式可变压缩比机构

a）机构组成 b）高压缩比时 c）低压缩比时

萨博的这套系统，缸盖与缸体铰接且能够摇动，工作时铰接处和压缩比控制部件需要承受巨大的交变应力，这要求缸体强度必须很大，且驱动电动机必须有很大功率，使得发动机的体积和质量大大增加。此外，还需要对气缸盖上的凸轮轴进行补偿，以及采用柔性连接的进、排气管等，这一切都会导致这套技术方案的结构异常复杂。

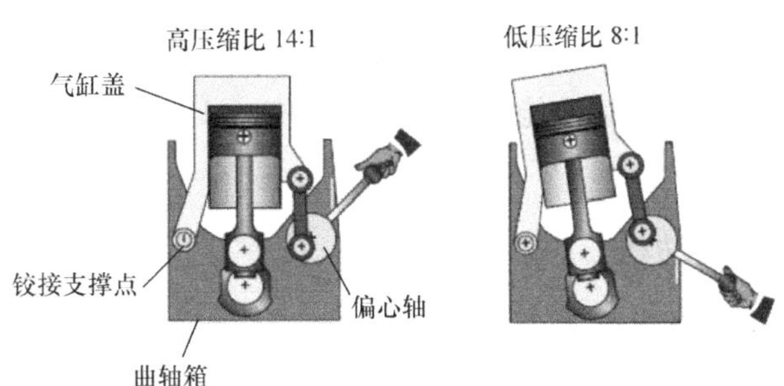

图 10-5 气缸盖可动式可变压缩比机构

10.3.2 可变排量技术

如 9.3 节所述，发动机燃油消耗率随负荷率的减小而明显增大，在中等偏大负荷下经济性最好。若使发动机减少空载和小负荷工况、常运行在经济区附近，对汽、柴油机都有明显降低油耗和减少排放的效果，量调节的汽油机效果更佳。

1. 变排量技术

变排量技术就是根据汽车动力的需求，来实时决定发动机的有效排量，使工作中的气缸总是处于较高负荷率状态，从而达到节能环保的目的。

自 20 世纪 50 年代，人们开始研究发动机变排量节油技术。最直接的变排量方法是 2 台发动机并联工作，即两台直列小排量发动机并排安置（或双曲轴发动机），输出轴间设置专门的耦合齿轮箱。齿轮箱有两个输入轴，分别与两台发动机接合，一个输出轴负责综合动力输出。需要大功率输出时，两台发动机同时工作。需要小功率输出时，其中一台发动机工作，另一台退出耦合装置，并同时停止工作。这种变排量技术中，非工作气缸及其相关的机构和附件完全停止运动，没有消耗功及磨损的问题，耗油量较同排量的单台发动机降低40%，缺点是自重和体积都大。

单台多缸发动机，汽车负荷率低时，关停部分气缸的工作，使相同转速、相同功率输出下工作气缸的负荷率提高，工作点落于经济区内；当负荷较大、需要输出大功率时，则让全部气缸参与工作。如此，既保证了发动机的动力性，又增加经济负荷区工况运行的比例，可达到改善车辆经济性和排放性的目的。如本田公司把 V6 发动机改造成可以停止 2 个气缸，也可以停止 3 个气缸。停止工作的气缸断电、断油、断气，气缸只是起到配重的作用。为了减少停缸后的抖动感，工程师在室内安装了自动发声系统。发声系统的声频，正好抵消机舱传来的抖动声频。所以，室内乘员根本感觉不到变缸过程。

2. 怠速起停技术

发动机怠速运转时，有效功率为 0，机械效率为 0，燃油消耗率为无穷大。对城市中运行的汽车，怠速频繁且时间长，不仅造成不必要的燃料耗费，而且产生了较重的排气污染。据统计，车辆在城市道路上行驶时，其怠速时间约占总运行时间的 1/3，其间的燃油消耗量约占总耗油量的 30%。怠速期间排放的 CO 和 HC 量通常占总排放量的 70% 左右。

自 20 世纪 80 年代初期，人们开始开发怠速停止与起动技术，现在已推向市场并迅速得到了推广。怠速起停技术的原理是，当遇到红灯或堵车时，车速低于某一值，发动机将进入怠速运行时即自动熄火、停止工作；当驾驶人重新踏下离合器踏板、加速踏板或松抬制动踏板的瞬间，起动机将快速自动起动发动机。使用该技术，在综合工况下可节油 5% ~10%、减少 CO 排放 5%，在拥堵的市区节能效果能达到 10% ~15%，还能减少 CO 排放、噪声污染，以及发动机积炭。

10.3.3 超膨胀循环发动机

1. 超膨胀发动机理论循环

根据 4.1 节，传统的发动机循环均是等容放热模式，压缩比与膨胀比相同。如果能将等容放热改为等压放热，即将图 10-6 中的绝热膨胀线 zb 延为 zb'，再按 $b'a$ 进行等压放热回到压缩始点 a，这种循环叫阿特金森（Atkinson）循环，其膨胀比大于压缩比，是一种超膨胀发动机循环，使循环净功或热量增加了图 10-6 中 $bb'ab$ 面积的大小，提高了热效率。

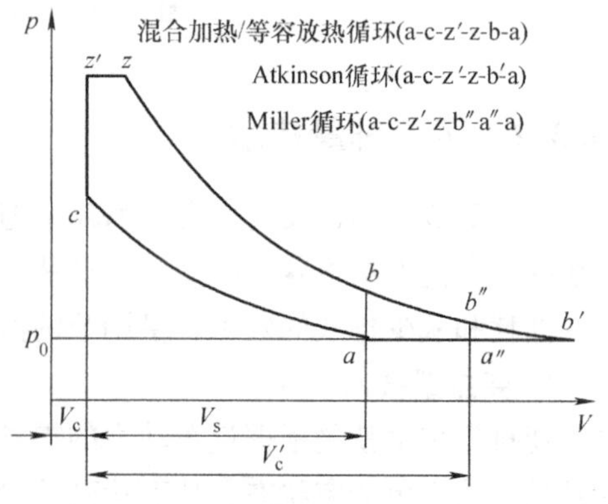

图 10-6　超膨胀理论循环示功图

由于 Atkinson 循环的膨胀行程增加过大，很难实现。于是，人们开发了另一种超膨胀循环——米勒（Miller）循环，如图 10-6 所示，即将绝热膨胀线适当延长到 b''，按 $b''a''$进行等容放热，再按 $a''a$ 进行等压放热回到压缩始点 a。显然，Miller 循环获得的循环净功或热量增多的面积 $bb''a''ab$ 小于 Atkinson 循环的 $bb'ab$，热效率提高幅度也小于 Atkinson 循环的。

在实用上，Miller 循环通常不通过增加活塞行程这一难度大的举措来实现，而是根据运行工况，灵活控制进气门关闭时刻，减少泵气损失，并改变有效压缩比而实现超膨胀循环的功效。

2. 汽油机 Miller 循环

Miller 循环指导思想是：保持节气门在很大的开度或取消节气门，使进气阻力减小、进气压力提高，若维持进气量与传统循环同工况的相同，则只需在进气行程结束前就提前关闭进气门，或在进气行程结束后延迟关闭进气门、让进入气缸气体的一部分返流回进气管，以此既达到可变有效压缩比或膨胀比大于压缩比的效果，又减少了泵气损失。

Miller 循环可以在各种工况下实现较高的热效率，尤其是对节气门开度小、泵气损失所占比例大的中、低负荷工况改善效果明显，若与增压技术配合，则效果更佳。气门可变技术（见 6.5.2 小节）和可变压缩比技术为 Miller 循环的实现提供了技术保障，已有多家企业开发了 Miller 循环发动机，并已投入市场，获得显著效果。

3. 柴油机 Miller 循环

Miller 循环的增压中冷柴油机，若将增压比提高，则在与原增压比时相同的进气量条件下，进气门必须提前至进气行程结束前的某一时刻关闭。由于进气压力的提高，使泵气正功增加，泵气损失相应减少。又由于进气门提前关闭，气缸内的气体在进气行程末期膨胀、降温，使进气温度进一步降低，相当于加强了中冷的效果，从而可以再增大进气量。美国 Nordberg 公司开发的应用 Miller 循环的增压中冷柴油机，将增压比由 1.4 提高到 2.0，功率增加了 15%，燃料消耗也因增压中冷及 Miller 循环等综合影响而进一步降低。

10.4 混合动力技术

混合动力技术是指车辆采用两种或更多动力源联合协调驱动的技术。通常，混合动力是指由燃料（汽油、柴油）化学能和电能的混合，简称油电混合，即内燃机与电机联合驱动的系统，主要由发动机、发电机、驱动电机、蓄电池等组成。

10.4.1 混合动力系统的性能优势

传统汽车由单一动力源发动机驱动，在最高车速、最大爬坡度和极限加速度时要求的发动机功率，比平常行驶工况需要功率高出较多，导致发动机大部分时间是以轻载低负荷工作，出现“大马拉小车”现象，造成了高的燃油消耗率和有害物质排放。纯电动汽车则由于蓄电池比能量、比功率的问题，影响续驶里程、最高车速、加速性及爬坡能力。

由发动机和电机组成的混合动力系统，两种动力源相互补充，克服了上述缺陷，从以下几个方面体现了其优势所在。

1）选择较小的发动机来满足平常大多数情况下的驱动功率需求，提高其负荷率。而在较少的需求大功率的工况时由蓄电池 - 电机协助驱动。

2）控制发动机始终工作在最佳区域，不受或较少受到运行工况的影响。负荷小时，发动机富余的功率不断驱动发电机给蓄电池充电。

3）蓄电池 - 电机驱动系统的协助，减少或避免了发动机高油耗、高有害排放的起动、怠速、小负荷等工况。

4）对制动能量进行回收。制动减速时，汽车带动发电机工作为蓄电池充电，使部分能量得以回收。

5）内燃机方便地解决耗能大的空调、取暖、除霜等纯电动汽车遇到的难题。

6）可保持蓄电池在良好工作状态，不发生过充、过放，延长其使用寿命，降低成本。在目前的技术水平和应用条件下，混合动力汽车最具有产业化和市场化前景，它既有燃料发动机动力性好、反应快和工作时间长的优点，又有电机无污染和低噪声的好处，达到了发动机和电机的最佳匹配，具有良好的经济性和排放性，且可只加油、不需外接电源充电，不存在基础设施条件问题。

10.4.2　混合动力系统的传动方式

混合动力系统按动力传输路线或混合方式，可分为串联式、并联式和混联式等三种。

1. 串联式混合动力系统

串联式混合动力的汽车，由内燃机带动发电机发电，产生的电能传到蓄电池或驱动电机，再由电机驱动车轮，发动机只是用来发电并给蓄电池充电，如图10-7所示。系统中的蓄电池对发电机发出能量和电机需要能量之间进行调节，以保证各种工况下的功率需求。当发电机发出功率大于电机需要功率时，发电机向蓄电池充电；反之，当发电机发出功率小于电机需要功率时，蓄电池则向电机提供额外的电能。

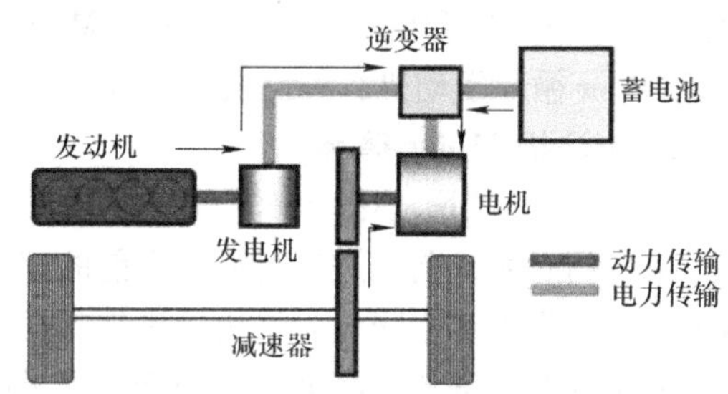

图10-7　串联式混合动力系统示意图

（1）串联混合动力系统驱动模式

1）电池驱动模式。当蓄电池剩余电量充足，车辆在起动、倒车、低速小负荷时，只由电机从蓄电池获得能量来驱动，发动机不工作。

2）发动机－蓄电池联合驱动模式。当车辆处于加速、爬坡等大负荷工况，且电机需求功率大于发电机功率时，发动机－发电机组和蓄电池共同向电机提供能量。

3）发动机驱动和电池充电驱动模式：当车辆在低速、小负荷工况、怠速工况，电机需求功率小于发电机功率时，发动机－发电机组提供驱动能量的同时，多余的能量为蓄电池充电。

4）纯发动机驱动模式：当车辆在中速、高速行驶工况时，发动机－发电机驱动。

5）制动能量回收充电模式。当车辆进行制动时，发动机停止工作，电机工作在发电模式，将车辆动能转换为电能，并储存于蓄电池中。

6）停车充电模式。当车辆临时停车，蓄电池剩余电量不足时，系统工作在停车充电模式。

（2）串联混合动力的特点

1）串联式混合动力系统中，发动机始终工作在最佳区域内，且不受或较少受到运行工况的影响，避免了高油耗、高有害排放的起动、怠速、小负荷、转速突变等工况，具有良好的燃油经济性和低排放的性能。

2）结构简单，动力传输由传统的机械传动变为电输送，使整车布置的自由度较大。

3）因发动机发电，可根据条件只外接电源充电、不加油，或只加油、不需外接电源充电。

4）发动机既可采用四冲程内燃机、二冲程内燃机，也可用转子发动机和燃气轮机等。

5）由于热能－机械能－电能－机械能的多次能量转换，总效率低于内燃机汽车，在负荷持续较高的高速路工况，油耗反而偏高。

6）由于驱动功率完全由电机提供，同时发动机功率必须由发电机完全吸收，要求发动机、发电机和驱动电机的功率都要等于或接近于最大驱动功率，还有庞大的蓄电池组，使整车体积较大、重量大、成本较高，在中小型汽车上布置困难较大，一般多用于城市公交汽车上，轿车上很少使用。

2. 并联式混合动力系统

并联式混合动力系统有发动机与电机两套驱动系统，根据工况的变化，既可单独地输出动力驱动车辆，也可共同叠加输出动力驱动车辆，如图10-8所示。并联式混合动力系统以发动机为主动力，电机为辅助动力，没有发电机，不能由发动机给电池直接充电。

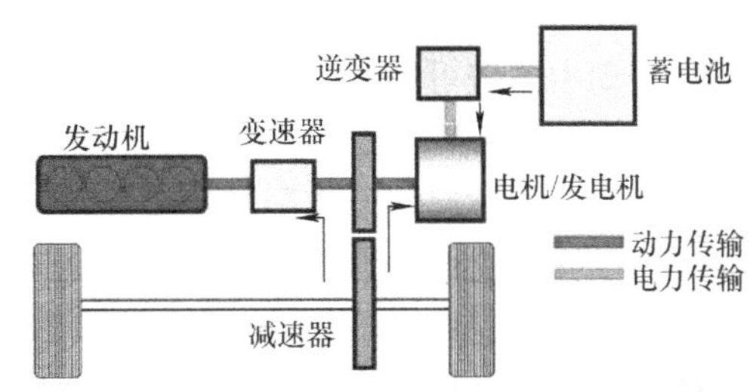

图10-8 并联式混合动力系统示意图

（1）并联式混合动力系统工作模式

1）纯电池驱动模式。蓄电池电量充足，且汽车在起动、小负荷和下坡行驶或通过严格限制排放的地区时，只有蓄电池－电机组提供动力驱动车轮。

2）发动机单独驱动模式。汽车在正常路面上中低速行驶或慢加速时，只由内燃机来驱动。

3）发动机－电机联合驱动模式。当汽车在起步加速、急加速、爬坡、高速等大功率需求工况时，电机和发动机同时提供驱动力。

4）制动能量回收充电模式。当汽车在下坡、减速制动时，发动机停止工作，电机工作在发电模式，由汽车驱动电机并为蓄电池充电，使部分制动能量得以回收。

（2）并联式混合动力系统特点

1）综合效率高。电机和发动机分别直接驱动车轮，能量转换的耗损少；二者同时驱动时，叠加输出动力，发动机的功率可以选择得较小，负荷率较高，也提高了燃油经济性。

2）汽车加速、爬坡性能优良，且适用于多种不同的行驶工况，尤其适用于复杂的路况。

3）具有传统和电动两套动力系统，系统结构、控制均较复杂。且发动机受路况影响不能保证一直在最佳区域工作。

4）因为只有一台电机、没有发电机，不能同时发电和驱动车轮，所以发动机与电机共同驱动的工况会因蓄电池能量的消耗而不能持久。当蓄电池电量不足时，不能利用内燃机对其随车充电，只能采用外电源充电。

3. 混联式混合动力系统

混联式是串联式和并联式的综合，如图10-9所示。能够根据工况条件以串联和并联方式工作，可以实现前述的纯电动模式、联合工作模式、制动能量回收模式、停车充电模式等。虽然系统结构复杂，成本高，总重量较大，但具有超低油耗、排放及良好的起步、加速性能，且使用方便，不受充电条件的影响。

汽车在正常的中低速行驶或慢加速时，发动机输出的动力一路直接驱动车轮，另一路驱动发电机为蓄电池充电，两路之间的动力分配由计算机控制；起动和小负荷工况时，加速、爬坡、高速行驶时及减速制动时的工作模式，类似于并联式对应的模式。

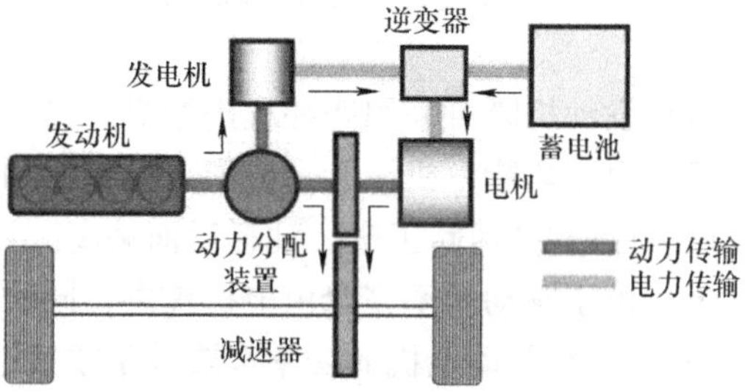

图 10-9　混联式混合动力系统示意图

10.4.3　混合度

混合度即蓄电池－电机的提供功率占整个混合动力系统总功率的比例。据混合度的不同，混合动力系统可以分为以下四类：

1）微混合系统。汽车驱动力主要由发动机提供，蓄电池－电机提供的能量比例很小，主要协助发动机的起停及有限的制动能量的回收，不能为汽车行驶提供动力。所以，微混合系统不是严格意义上的混合动力系统。

2）轻混合系统。蓄电池－电机除了能够控制发动机的起停、回收在减速和制动工况下部分能量外，发动机产生的能量可以在车轮的驱动需求和发电机的充电需求之间进行调节。

3）全混合动力系统。蓄电池－电机可以单独驱动车辆行驶，也能够在汽车处于加速或者大负荷工况时提供电能助力，混合程度较高，是混合动力技术的主要发展方向。

4）插电式混合系统。属于重混合动力系统，其驱动原理、驱动单元与全混合动力汽车相同，但在车上有充电插头，可外接电源给蓄电池充电，并能以电能行驶较长距离，当蓄电池电量耗尽时还可以起动内燃机驱动车辆行驶。

5）增程式混合系统。属串联式混合系统，即用发动机进行发电，电机驱动车辆。当蓄电池组电量充足时采用纯电动模式行驶，当电量不足时，发动机起动带动发电机为蓄电池充电，提供电机运行的电力。

10.5　汽油机稀薄混合气燃烧技术

10.5.1　分层稀薄混合气燃烧的特征

为解决预制均匀混合气点火燃烧汽油机的压缩比、比热比低，泵气损失大，燃烧温度高的问题，人们提出了稀薄混合气（即汽油机在 $\phi_a > 1$ 条件下工作）燃烧的概念。

从热力循环理论上讲，混合气越稀，等熵指数越大，热效率越高。但就燃烧而言，通常情况下稀薄混合气可燃性差，燃烧速度慢，且容易出现熄火现象，燃烧稳定性差，致使燃烧持续期延长、气缸壁面散热损失增加、燃烧循环波动率增大及未燃的 HC 排放增多、动力性下降。所以，如何保证稀薄条件下的“可靠着火和稳定、快速燃烧”是稀薄混合气燃烧的关键问题。

稀薄混合气燃烧有均质稀薄燃烧和分层稀薄燃烧之分。但均质稀薄混合气燃烧，即便通过高能点火、燃烧室改进、加强缸内气体运动、提高压缩比等措施，也仅能使中低负荷下混合气空燃比达到 17 左右，再继续扩大混合气稀限则因难以点燃、燃烧速度显著减慢、燃烧不稳等，无法正常工作；分层稀薄混合气燃烧则突破了汽油机原来预制均质混合气燃烧的模式，借鉴柴油机质调节的方法，具有良好的前景，特别是由于近几十年来燃料供给及控制技术的进步，得到了快速发展。

分层稀薄燃烧方式就是通过燃油喷雾与燃烧室形状、气缸内的气流运动相配合等技术措施，在燃烧室中形成不均匀的混合气分布。火花塞附近的局部区域形成适宜点火的较浓混合气（空燃比为12~14），其余大部分区域为空燃比在20以上的过稀混合气。火花塞首先点燃其附近的较浓混合气，燃烧着的较浓混合气依次引燃外层的稀混合气，并在强烈扰流的作用下迅速传遍稀混合气区域。最后燃烧的混合气空燃比可达50以上。分层稀薄燃烧的优势就在于：

1）NO_x、CO和HC生成量减少。点火后火焰由浓混合气区扩展到整个燃烧室，浓混合气区缺氧、稀混合气区火焰温度低，均不利于NO_x的生成；而浓混合气区生成的CO和HC却可在稀区富氧环境中进一步完全燃烧。

2）不易爆燃，压缩比提高，循环热效率提高。稀薄燃烧降低了燃烧温度，终燃区域又是过稀的混合气，大大降低了爆振倾向，适于采用高压缩比、且不要求高抗爆性的燃料。

3）稀混合气的等熵指数较大，使循环热效率进一步提高。

4）燃烧温度降低，高温分解热损失和燃烧室壁面散热损失减少。

5）对缸内喷射分层燃烧还具有以下优势。其一，燃油在气缸内吸热蒸发，具有降温效果，使爆燃倾向进一步降低、压缩比可进一步提高；其二，部分负荷时无需节气门对进气节流，功率输出实施质调节，大大降低泵气损失；其三，进气中只有新鲜空气、不含燃油蒸气，加之无节气门，提高了充气效率；其四，没有燃油在进气道壁或进气门上的附着，混合气浓度变化响应快，加减速灵敏且圆滑，冷起动的HC排放容易控制；其五，便于采用多次喷射、后喷射等调节排气温度及能量，保证三效催化所需要的温度，并提高增压器的快速响应性能。

实现分层燃烧的方法有多种。早期采用气缸盖内设置湍流发生室（副燃烧室）或设置副进气道和辅助进气门，现在则多采用在活塞顶上设计有不同形状的凹坑或凸起的燃烧室，配合气流运动、燃油喷射形成分层效果。若按照燃油喷射位置或时刻可分为进气道喷射式和缸内直喷式，按缸内气流运动的主导形态可分为涡流式和滚流式等。

10.5.2 进气道喷射式分层燃烧

根据气缸内混合气浓度分层分布的不同，进气道喷射式分层燃烧又分为轴向分层稀薄燃烧和径向分层稀薄燃烧。

1. 轴向分层稀薄燃烧

轴向（或纵向）分层稀薄燃烧是指缸内混合气浓度沿轴向分层分布，由喷油时刻与进气涡流的巧妙配合实现，如图10-10所示。

进气过程早期只有空气进入气缸，并在进气门导气屏的作用下形成强烈的进气涡流；进气过程后期气门开启接近最大升程时，安装在进气道上的喷油器将燃料对准进气门喷入；在进气涡流的作用下，燃料沿气缸轴向呈上浓下稀的分层分布。压缩过程中，虽然缸内涡流强度有所衰减，但仍维持这种分布直至压缩行程末期，在火花塞附近形成一层较浓的混合气。这种燃烧系统的总的空燃比可达22，与均质混合气燃烧方式相比，部分燃油消耗率降低约12%。

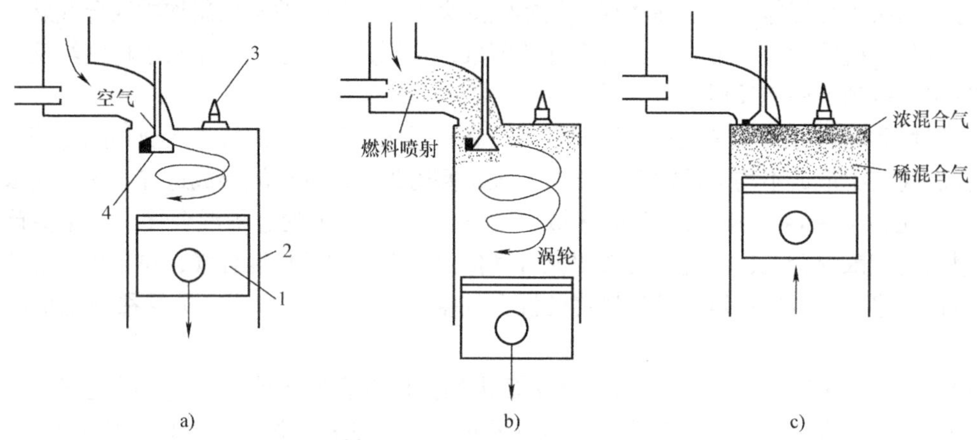

图 10-10　轴向分层工作原理

a）进气过程早期　b）进气过程后期　c）压缩过程

1—活塞　2—气缸　3—火花塞　4—导气屏进气门

2. 径向分层稀薄燃烧

径向（或横向）分层稀薄燃烧是指缸内混合气浓度在气缸横截面上沿径向分层分布的燃烧方式。在四气门汽油机上，利用内部设置两块薄隔板的滚流式进气道，与活塞顶的形状相配合，在气缸内形成三股独立的进气滚流。喷油器对着两个进气门中间喷油，中间的一股滚流是浓混合气，外侧的二股滚流是纯空气，在气缸横截面上形成了从中央向两边缘混合气浓度逐渐变稀的梯度分布，保证了布置在燃烧室中央的火花塞附近是易点燃的较浓混合气，如图 10-11 所示。这种燃烧方式能保证空燃比在 23 ~25 时稳定燃烧，经济性比普通的汽油机提高 6% ~8%，NO_x 排放降低 80%。

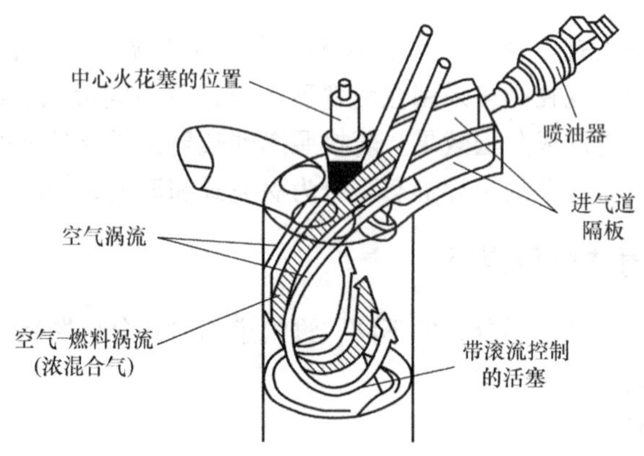

图 10-11　横向分层稀燃原理

10.5.3　缸内喷射分层燃烧

进气道喷射分层燃烧的空燃比稀限一般不超过 27，且仍以节气门对功率输出进行量调节。缸内喷射分层燃烧则进一步使稀燃范围扩大，空燃比可达到 50 以上，并可实现功率输出的质调节。

1. 分层混合气形成方法

对于缸内喷射汽油机，在燃烧室中形成分层混合气的方法通常有两种。

第一种是在压缩行程后期一次喷射式，利用特殊设计的活塞顶部形状、缸内气流运动形态、喷射的油束的合理配合形成分层混合气。于是，又有了壁面引导、气流引导和喷雾引导三种方式，如图10-12所示。

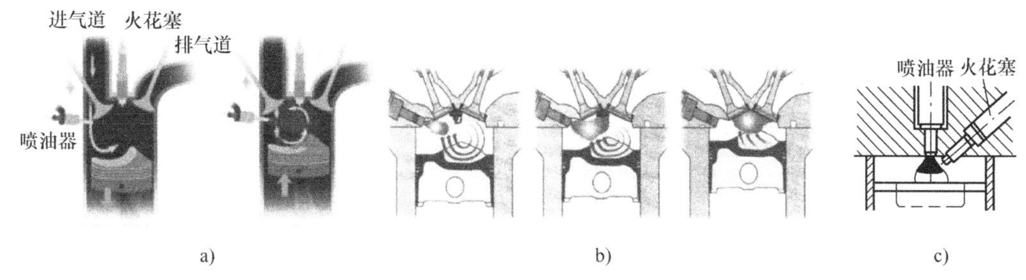

图10-12　分层混合气形成方式

a）壁面引导　b）气流引导　c）喷雾引导

1）壁面引导式是以特殊设计的活塞顶凹面形状引导为主，辅以与之匹配的喷雾和强烈的进气滚流或涡流形成分层混合气。燃油喷入活塞顶凹坑中、在壁面上形成油膜，气流将油膜处的较浓混合气送至火花塞附近。

2）气流引导即以组织强烈的进气滚流为主导，具有特殊凹坑形状的活塞顶和喷射时刻、油雾形态与气流运动与之相匹配，形成分层混合气。燃油恰好喷向火花塞下方离火花塞较近的区域，但不与火花塞和活塞顶面直接接触。与壁面引导燃烧方式相比，气流引导燃烧方式喷油器与火花塞之间的路程明显较短，反映到喷油和着火之间的时间间隔也明显短很多。

由于气流运动强度随转速的上升或下降明显变强或变弱，为使油束和气流处于最佳状态，保证在火花塞附近形成浓混合气，喷油压力和滚流强度需随转速而改变。

3）喷雾引导式则是燃油喷雾特性在混合气形成中起主导作用，活塞顶上的凹坑形状与之配合，通过合理布置火花塞及喷油器喷射的相对位置、喷射时刻实现分层燃烧，缸内气流运动无需特殊要求。喷油器设在燃烧室中央，火花塞在其下方附近，燃油喷射偏向火花塞方向，以形成可燃混合气团。

第二种是多次喷射方式，如图10-13所示。在进气行程进行第一次少量喷油，使气缸内形成稀薄混合气。压缩行程中进行第二次喷油，使燃烧室中央区域混合气加浓；活塞临近上

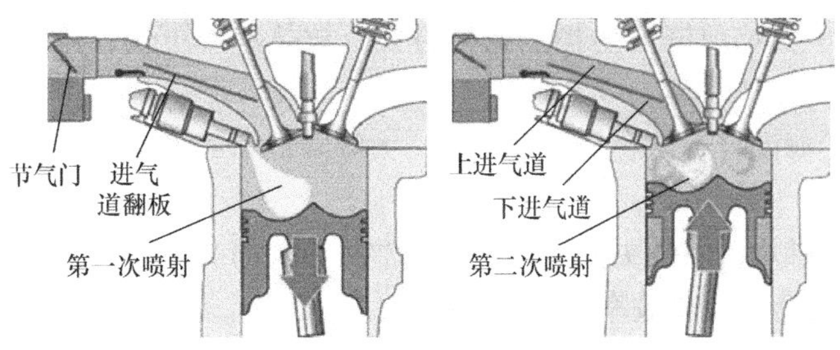

图10-13　多次喷射方式分层燃烧

止点时，进行第三次喷油，在火花塞周围形成浓混合气区，实现了混合气分层分布，而且活塞头部也无需特殊设计，这是当前采用较多的方法。

2. 缸内喷射分层稀薄混合气的控制

稀薄混合气燃烧的汽油机并不是在所有运转条件下都采用分层稀燃模式。为了保证怠速、冷起动和暖机等特殊工况下的稳定燃烧，使节气门部分开启，使用较浓的混合气；中、低速工况和中、低负荷工况时，采用分层稀薄混合气燃烧模式；大负荷、高速工况时，采用均质混合气燃烧，过量空气系数 $\phi_a \approx 1.0$。燃油在进气行程中喷入或采用多次喷射，并减弱气流运动，以保证高的充气效率。

3. 缸内喷射分层稀薄燃烧存在的问题

1）组织分层稀薄燃烧的难度大，需要全工况范围内"燃烧室（活塞顶部的结构形状）、气流特性、喷雾特性（时刻、方位、形态）"保持良好配合，才能实现预期的混合气分层分布，否则燃烧不稳定。

2）压缩行程末期喷入的燃油，因时间太短，若稍有燃烧室－气流－喷雾配合不良，燃油即不能充分汽化，易导致 HC 及炭烟排放增加。

3）要求理论空燃比的三元催化转化器不能应用，而稀薄燃烧催化转化器的开发技术难度大，尚不成熟，所以高负荷时 NO_x 的排放量较多。

4）喷油器在高温燃烧室内易因积炭、结焦堵塞，且无自洁作用，影响喷雾特性。

10.6 均质稀混合气压燃技术

均质混合气点燃的汽油机压缩比小，热效率低，CO、CH 和 NO_x 排放高；而非均质混合气压燃的柴油机，燃烧持续期长，NO_x 和炭烟排放高；分层稀薄混合气点燃的汽油机虽在一定程度上提高了压缩比，实现了低温燃烧，但存在燃烧速度慢、动力性弱的缺点，对降低整个工况平均油耗的作用有限。均质混合气压燃（homogeneous charge compression ignition，HCCI）则是另一种全新的燃烧模式，能同时克服传统燃烧模式存在的问题，已成为开发高效、清洁内燃机的技术热点，受到了广泛关注。

10.6.1 HCCI 燃烧的特性

HCCI 燃烧是理想的预混合燃烧，均质混合气瞬间同时着火燃烧，整个燃烧空间中浓度、温度、成分等分布均匀一致，其优势在于：

1）采用高压缩比，燃烧室内全部混合气同时被压燃着火，没有明显的火焰传播过程，较传统的火花点燃、火焰前锋面传播的燃烧方式，放热速率更快，等容度更高，循环波动小，热效率明显提高。

2）可以采用稀薄混合气，燃烧温度不高，大幅降低了 NO_x 的生成，且均质混合气燃烧理论上不生成炭烟。

3）稀薄混合气燃烧，燃烧更完全，加之汽油机节气门节流损失减少（或不需节气门），进一步提高了部分负荷时的热效率。

4）可以使用汽油、柴油和大多数替代燃料。

所以，HCCI 燃烧同时解决其他三种燃烧模式发动机存在的主要问题。HCCI 汽油机可以获得比拟于柴油机的热效率，HCCI 柴油机能获得比拟于汽油机的燃烧速度，同时又具有稀薄混合气低温燃烧的效果，使燃油消耗率和 NO_x 及炭烟排放均大幅降低。

HCCI 燃烧存在的主要问题是：

1）冷起动困难。燃烧室壁面温度低，压缩终了的混合气温度降低，难以自燃。

2）着火时刻难以控制。不像点燃式汽油机和压燃式柴油机分别由火花塞跳火时刻和喷油时刻控制，HCCI 燃烧主要通过温度、压力、混合气成分等间接控制，极不稳定。

3）燃烧放热速度控制困难，稳定工况范围小。随负荷增大，混合气浓度增大，燃烧放热速率加快，导致峰值温度、压力升高，热负荷、机械载荷增大，工作粗暴、磨损加剧，NO_x 增多。高负荷下严重恶化，限制了最大功率输出。

4）CO、HC 排放较高。缝隙及壁面淬熄效应造成大量 HC，稀混合气和高 EGR 率下的低温燃烧，生成大量的 CO、HC，尤其在低负荷时。

其中，实施 HCCI 燃烧的关键问题是着火时刻、燃烧放热速率随发动机工况变化的控制和冷起动难。

10.6.2 HCCI 汽油机燃烧过程控制

在传统点燃式和压燃式发动机上，着火时刻以点火时刻或燃油喷射控制，燃烧放热速率以火焰传播速度和燃烧室结构或混合气形成速度来控制。但 HCCI 燃烧过程主要受控于混合气自身的化学反应速度，其着火时刻与燃烧放热速率主要取决于混合气温度、浓度、成分、燃料自燃特性等因素，只能通过控制进气加热、变压缩比、废气再循环、增压、可变配气相位、使用添加剂等手段进行间接控制。而车用发动机运行工况范围宽，输出功率和转速的改变，都要求混合气浓度、反应速度、着火时刻与之相适应的改变。上述因素及工况参数之间往往不是互相孤立的，而是相互关联的，这使得控制问题变得更加困难。

（1）提高进气温度

进气温度是影响 HCCI 燃烧之着火时刻和放热速率的重要参数。随进气温度的提高，着火提前，燃烧速率提高，CO 和 HC 排放降低。

废气或冷却液加热是应用较多的方法。进气被分成两股，一股流经换热器被冷却液和排气加热，另一股不经过换热器直接流入进气道。进气温度的控制是通过调节两股气流的比例来实现的。冷、热气流的比例可采用气流控制阀来调节。这种进气系统设计极大地减少了进气系统的热惯性对温度调节的不利影响，可进行快速温度调节，进气温度调节速度取决于气流控制阀流通截面改变的速度。

进气管喷水可降低混合气温度，能够推迟着火、降低放热速率和峰值压力，可增大大负荷运转工况范围，但会导致 CO 和 HC 排放的增多，对 NO_x 的作用很小，其应用受到局限。

（2）废气再循环

废气再循环在汽油 HCCI 燃烧中主要有两方面的作用：提高充量温度、促进自燃着火；废气稀释了混合气，能有效减缓燃烧放热速率。不过，前者的温度效应大于后者混合气稀释效应。因此，通过调节残余废气系数，可以控制 HCCI 燃烧的着火时刻和放热速率。残余废气量越多，充量温度越高，越易着火，但燃烧放热速率则越慢。

外部废气再循环，因废气温度较低，降低了放热速率和缸内峰值压力，但对充量温度及着火时刻的影响有限。

以可变气门升程和相位实现的内部废气再循环，废气温度高，可以大幅度提高缸内温度（又称为高温废气再循环）。让排气门在上止点前就提前关闭，使一定量的废气不排出气缸，并随活塞的继续上行受到压缩而再次升温。为避免进气门打开时缸内废气突然膨胀，造成能量损失，进气门被推迟到上止点后缸内压力降至大气压时打开。这样进、排气门打开的时间不再重叠，反而有相当大的间隔，称为“负气门重叠”。在不同工况下运行时，通过对排气门早关、进气门晚开的时刻来调节残余废气系数和混合气温度来控制燃烧。

（3）变压缩比

压缩比增大，可以提高压缩终了的温度、压力，利于混合气自燃。汽油机若实现低负荷时均质混合气压燃，一般需要将压缩比提高到 15 ~18 以上，但高负荷时过快的燃烧放热会导致过高的缸内压力、温度，易造成过大的机械负荷和热负荷及 NO_x 排放增多。所以，理想的压缩比应随负荷的增大而减小。随着压缩比的增大，稳定 HCCI 燃烧的高温 EGR 率应降低。但若压缩比不可变，则 HCCI 燃烧的汽油机的压缩比，一般与点燃式汽油机相同或略高（约 11 ~12），同时引入高温 EGR 来控制燃烧。

（4）混合气浓度控制

燃料与空气的混合气在化学计量比附近时最容易着火、反应速度最快。可以用缸内直喷系统进行两段或多段喷油，以形成浓度分层均匀（即每个分区内均质）的混合气。压缩终了时，浓混合气区域首先着火，使缸内温度、压力升高，进而引起稀混合气区域着火。

（5）火花塞点火辅助及双燃烧模式

火花塞点火是一种控制 HCCI 燃烧汽油机的有效手段。保留了火花塞点火能够使得 HCCI 燃烧过程能避免失火现象，燃烧更稳定，循环波动减小，而且还能够控制点火时刻，冷起动也得到了保障。

火花塞点火还使得燃烧出现两阶段放热：第一阶段放热速率比较平缓，由火花塞点火和一定范围内的火焰传播造成的；第二阶段放热速率很快，是由剩余混合气同时燃烧造成的。这有利于更好地控制最高放热速率。

火花塞点火辅助与混合气浓度分层控制相结合，则可实现 HCCI 燃烧模式与传统燃烧模式之间的转换：起动和大负荷时，切断废气再循环，以传统的火花塞点燃模式工作；在中低负荷和怠速时转换为 HCCI 燃烧模式。

10.6.3 HCCI 柴油机燃烧过程控制

相比于汽油机，柴油机实现 HCCI 燃烧更加困难。其问题除了着火时刻和燃烧放热速率控制困难外，还在于柴油蒸发性差，均质混合气的形成困难。

柴油机上实现 HCCI 燃烧的主要方法有：采用喷雾范围大、雾化颗粒细的喷射方法，如丰田采用特殊喷油器，10 ~20 个小直径喷孔呈多层布置，形成贯穿距离小、颗粒细、范围大的喷雾，均匀分布在整个燃烧室空间内；增加着火前蒸发混合的时间，如进气道喷油；延长着火延迟期。

（1）进气道喷射

将燃油喷入进气道，利用进气涡流（较高的进气温度或进气加热）来强化混合气的形成。燃料在进气道与空气开始混合形成均匀的混合气，着火时刻过早，又由于柴油挥发性较差以及壁面撞击，此法将导致较高的 HC 和 CO 排放以及燃油消耗。以降低压缩比、十六烷值，采用 EGR 或燃料添加剂推迟着火时刻，同时以二次喷油控制降低燃烧放热速率，向大负荷工况扩展。

（2）缸内提前喷射

丰田公司开发的 UNIBUS（uniform bulky combustion system）燃烧系统，利用喷油器前端设置了碰撞壁的轴针式喷油器形成中空锥形短穿距的喷雾，进行短喷油持续期的早、晚二次喷油。第一次喷油时刻大幅度提前至上止点前 50℃A，在较长的着火延迟期内蒸发、混合，形成均匀的稀混合气，第二次喷油在上止点后 13℃A，以控制燃烧放热速率和燃烧温度，以扩大负荷范围。采用 EGR 和燃料特性控制着火时刻，但对 NO_x 和炭烟影响较小。

与进气道喷射的柴油 HCCI 相比，早喷柴油 HCCI 具有以下两个优点：压缩行程气缸内的温度和压力高于进气管内的温度和压力，有助于柴油的雾化和混合；降低了对进气温度的要求，减少了混合气工作粗暴的倾向。

（3）延迟喷油

在接近上止点或在上止点之后，把柴油喷入气缸，同时采用大的 EGR 率、加强涡流和降低压缩比等措施控制着火延迟、燃烧速率和燃烧温度。尽管缸内晚喷形成的油气均匀度不如进气道喷射和缸内早喷均匀，但 NO_x 和 PM 排放仍然大大低于传统柴油机。缸内晚喷 HCCI 燃烧的典型代表是日本日产公司的 MK 系统，其 EGR 率高达 45%，在其负荷范围内 NO_x 可降低 90% 以上，烟度低于 1 个波许单位。

10.6.4 双燃料 HCCI 燃烧过程控制

单一燃料 HCCI 燃烧稳定工作范围较窄，且着火时刻难以控制。如果同时采用易挥发而不易着火（高辛烷值）和较容易着火（高十六烷值）的两种燃料，将前者喷入进气道形成均匀混合气，将后者压缩终了直接喷入气缸着火后引进气道喷射所形成的均匀混合气，则得到另一种低温预混合燃烧，又称反应活性控制压燃（Reactivity Controlled Compression Ignition，RCCI）或均质混合气引燃（homogeneous charge induced ignition，HCII）。

高辛烷值燃料可以是汽油、甲醇、乙醇及天然气等，高十六烷值燃料可以是柴油、二甲醚等，汽油和柴油则是目前最容易实现的搭配。这种 HCCI 燃烧需要两套燃油系统，如图 10-14 所示。一套是现有的汽油机低压进气道喷射系统，将汽油喷入进气道与空气混合并进入气缸当中。另外一套是缸内直喷燃油系统，先将一小部分柴油在进气行程喷入气缸预先与汽油混合气进行混合。由于空燃比较大，混合气很难压燃，此时柴油喷油器再次将少量柴油喷入，实现气缸内混合气的压燃着火。不同工况下，通过调整汽油与柴油的比例，就调节了缸内燃料的十六烷值，从而实现控制燃烧放热规律的目的。

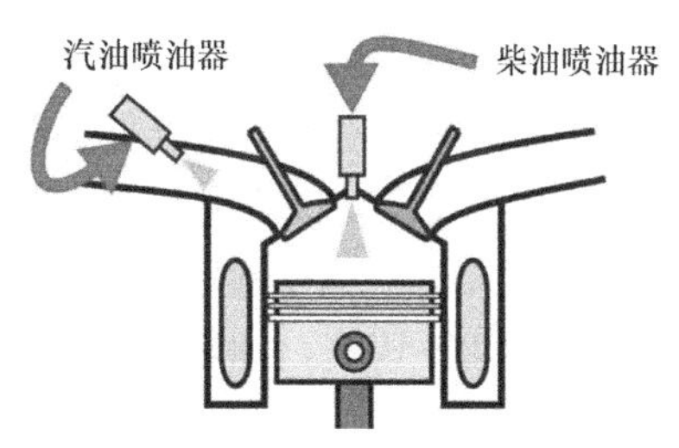

图 10-14 汽、柴油双燃料 HCCI 燃烧示意图

除了高压缩比、稀混合气等能够带来的高燃油经济性外，在第二次喷入的柴油进一步吸收一部分热量，降低了燃烧温度，拟制了 NO_x 和炭烟的生成。

由于 RCCI 燃烧使用了柴油这类高十六烷值的燃料，因此发动机工作时将会相对粗暴，特别是在高负荷运转时，可能会产生剧烈的振动，同时需要发动机结构能够抵抗更高的压力，故 RCCI 发动机的体型和质量将会较大。

10.7 代用燃料发动机

代用燃料发动机通常是指对传统燃料发动机的改造，其意义在于能在一定程度上缓解对石油燃料的依赖，并能降低有害排放。在此主要介绍代用燃料特性及其对发动机性能的影响，关于燃料系统、结构等不做赘述。

10.7.1 天然气发动机

天然气是一种无色、无味的气体，质量分数 90% 以上是甲烷。常用的天然气一般为压缩天然气（CNG）或液化天然气（LNG）。天然气储量丰富、良好的经济性和排放性能，使其具有很好的发展优势。

1. CNG 发动机

天然气经过高强度压缩（20 ~ 30MPa）后保存在高压气瓶中即成为 CNG。

（1）压缩天然气的特性

天然气的优势在于：

① 价格低于汽油和柴油，供应有保障，配套设施较为完善，使用及运行费用较低。

② 天然气与空气更易形成混合气，燃烧完全，加之其着火界限（过量空气系数 0.6 ~ 1.8）宽，稀薄燃烧性能好。所以，CO、HC、炭烟、颗粒物、NO_x 排放量少，燃料经济性好，冷起动及低温运转性能好。

与汽油机相比，CNG 发动机排放中 CO 含量降低约 90%，HC 减少约 70%，NO_x、颗粒物排放可降低约 40%，CO_2 减少约 70%。

③ 天然气不含胶质，燃烧不会产生积炭，且其硫含量和机械杂质也少，对活塞组件、气门组件等危害少，加之气体燃料不会稀释机油，所以发动机寿命长，维修里程可提高 20% 以上，维修费用大大降低。

④ 天然气具有良好的抗爆性，研究法辛烷值约为 130，不需要添加抗爆剂。用于汽油机，可适当增大压缩比或点火提前角，提高经济性和动力性。

但天然气发动机或汽车存在的主要问题是：

① 缸外进气道喷射时，天然气使进入气缸内的空气量减少，发动机充气系数比液体燃料发动机低约 10%，加之其密度、能量密度较低，与同排量的汽油机相比，功率约下降 10% 以上。

② 高压气瓶使整车重量加大，空间减小，持续运行时间短。

（2）CNG 发动机类型

目前，燃用单燃料 CNG 发动机、在现有汽油机和柴油机基础上加装天然气供给系统而成的 CNG – 汽油和 CNG – 柴油压燃式双燃料发动机均有较广泛的应用。

① 单燃料 CNG 发动机。仅使用 CNG 作为燃料，按汽油机工作循环方式工作，燃料供给系、工作循环参数等都针对 CNG 做专门设计，燃料热效率较高、经济性好。

② 天然气 – 汽油点燃式双燃料发动机。设有两套燃料供给系统，一套供给天然气，另一套供给汽油，但两套燃料系统不可同时向气缸供给燃料，即两种燃料不可同时混合使用，只可在两种燃料间进行切换。虽然较原汽油机动力性有所下降，但燃料成本可降

低30% ~50%。

③ 天然气－柴油压燃式双燃料发动机，既可同时燃用两种燃料工作，也可以燃用纯柴油工作。两种燃料混合使用时，供油系统仅喷入气缸少量（总热量6% ~10%）的柴油，压燃后引燃天然气与空气混合气。低负荷及怠速时自动切换到燃用纯柴油工作模式。

（3）CNG发动机供气方式

CNG发动机供气方式可归纳为4种：天然气（减压后）和空气通过进气管混合器预混合进入气缸、电控单点喷射供气、电控多点进气道喷射供气和缸内高压喷射供气。

其中缸内喷射主要用于压燃双燃料发动机。空气单独进入气缸，压缩过程进行到上止点前某一时刻，压力大25MPa的天然气和引燃用柴油同时或相继喷入热燃烧室。由于压缩的是空气，压缩比可提高，热效率可达44% ~55%。缸外喷射的压燃双燃料发动机热效率为37% ~44%。

2. LNG发动机

天然气经过低温（－162℃）深冷处理后就成为液态，称之为LNG。其体积是天然气体积的1/625，所以其持续工作时间大于CNG发动机，续驶里程一般在400~500km以上。其燃烧性能、储存性能、安全性能等为气体燃料中最佳。LNG发动机也分单燃料LNG发动机、LNG－汽油两用燃料发动机和LNG－柴油双燃料发动机三种。

CNG发动机与LNG发动机的主要区别在于，压缩天然气在进入气缸前，需要有一套减压装置进行减压，液化天然气发动机则需要一套增压装置，将液态气加压后变成气态气。此外，二者的车载气瓶也不同，CNG瓶要承受200个大气压，所以壁厚、重量大；LNG瓶要保温，所以隔热性要好。

10.7.2 生物燃料发动机

生物燃料是以植物、动物制取的燃料，主要包括生物柴油、甲醇和乙醇。生物柴油是以动物脂肪、植物油做原料制取的，甲醇可以从天然气、煤、生物质等原料中提取，乙醇主要来源于含淀粉和糖的植物果实及秸秆，是可再生的“绿色（低碳）能源”，具有矿物燃料不可比拟的优势，是汽车、发动机新能源技术的重要发展方向。

1. 醇类燃料发动机

（1）醇类燃料的主要特性

甲醇、乙醇作为内燃机燃料具有以下特点。

① 辛烷值高。研究法辛烷值乙醇达111、甲醇达112，抗爆性能好，利于采用较高压缩比，以获得良好的经济性和动力性。

② 汽化潜热高。乙醇的汽化潜热约为汽油的3倍，甲醇约为3.52倍，产生的降温效应不利于低温下混合气的形成，冷起动困难。加之乙醇和甲醇的十六烷值低，着火性能差，使得它们在压燃式发动机上直接使用很困难。

③ 含氧量大，具有自供氧能力，利于完全燃烧，使CO和HC排放减少。加之其汽化潜热高，燃烧温度低，NO_x生成量减少。

④ 着火界限宽，火焰传播速度快，利于稀薄燃烧，进一步提高了热效率和改善排放。

⑤ 热值低，因其含氧量大，理论空燃比小，混合气之热值却与汽油相当，加之其汽化降温效果利于充气效率提高，所以发动机动力性没有降低。

⑥ 甲醇和乙醇的沸点低，易产生气阻，且蒸发排放较高。

⑦ 甲醇有一定毒性，进入人体会引起胃痛、头昏、乏力，严重时对视神经造成损伤，导致失明甚至死亡。使用中，未燃的甲醇、甲醛的排放，一直是国内外十分关注的问题。

⑧ 甲醇及有关燃烧产物对金属件及塑料、橡胶等非金属件均有一定腐蚀性。对金属件的腐蚀、对油膜的破坏，会加剧气缸-活塞组、气门-气门座等的异常磨损；对金属管的腐蚀，对非金属件造成的溶胀变形、变黏、变硬或脆裂等，将引起供给系统的泄漏。

考虑到燃用甲醇燃料的排放、腐蚀性和制取甲醇的成本高等问题，以及乙醇燃料商业化的可行性更好，国际上车用甲醇燃料的发展处于停滞阶段。我国由于具有丰富的煤矿资源，煤制甲醇的成本较低廉，推广甲醇和乙醇燃料发动机已成为一项国家战略举措。

（2）甲醇燃料在发动机上的应用

甲醇燃料主要以与汽油掺混的形式用于点燃式汽油机上，称之为甲醇汽油。按照甲醇在燃料中所占体积比例的不同，甲醇汽油以 Mx 表示，其中 x 表示甲醇所占比例，如 M5、M10、M15、M30、M50、M85 等。

① 低比例甲醇汽油。使用 M15 以下的低比例甲醇汽油时，汽油机可以不做任何改装，只需在甲醇汽油中加入相应的添加剂。其冷起动性和加速性与汽油机没有明显区别，动力性略有增加，热效率基本相当，CO、HC 排放有一定改善，NO_x 排放基本不变。

② 高比例甲醇汽油。使用 M80 以上的高比例甲醇汽油时，为充分发挥高辛烷值的优势，需要对汽油机进行大的技术改造，如提高压缩比、采用冷型火花塞，为避免气阻需加大输油泵供油能力，为改善冷起动，需附加供给系统及预热，为保证使用寿命，需改善有关零部件的抗腐蚀性和抗溶胀性等。

使用中比例甲醇汽油时，不仅发动机需要做适当改变和调整，而且还存在甲醇汽油的互溶性、溶胀性、腐蚀性等问题，应用成本较高，故很少使用。

③ 甲醇灵活燃料

灵活燃料是指使用任何比例掺混的甲醇汽油。电控系统通过燃料传感器和其他传感器识别甲醇掺混比例、工况和气缸内氧含量，中央控制单元进行数据处理后，对点火时刻、喷醇（油）时间、喷醇（油）量等要素进行自动优化调节。甲醇灵活燃料发动机对燃料有很强的适应能力，既可用任意掺混比的甲醇汽油，也可单独使用汽油或甲醇，而且具有良好的动力性、经济性和排放性。

④ 甲醇改质。甲醇改质就是利用排气余热将甲醇在催化剂的作用下分解为 H_2 和 CO。催化剂温度越高，转化率越大，H_2 和 CO 数量越多。当催化剂温度高于 300℃之后，绝大多数甲醇参与了改质，H_2 和 CO 含量基本保持不变。改质气的理论成分为：含氢 66.7%（摩尔分数），含一氧化碳 33.3%（摩尔分数），实际上还会含有少量甲烷和甲醛。甲醇改质气的低热值较甲醇高，但混合气热值比甲醇略低。改质气最大火焰传播速度高达 215m/s，远高于汽油。改质气的着火界限宽（$\phi_a=0.4\sim7$），很容易实施稀混合气燃烧。改质气辛烷值高，许用压缩比高。改质气混合气质量好，燃烧完全度高。所以，燃用甲醇改质气，热效率高，有害排放减少。

（3）乙醇燃料在汽油机上的应用

乙醇汽油按照乙醇在燃料中所占体积比例的不同，以 Ex 表示，其中 x 表示乙醇所占比例，如 E10、E15、E20、E25 等。通常，同等条件下乙醇在汽油机中的掺烧比例比甲醇高。

① 低比例乙醇汽油（低于20%），汽油机不需要做任何改动即可直接燃用，这也是 E10

乙醇汽油应用最广泛的原因。

② 单燃料乙醇，即单燃用乙醇，必须对发动机做类似于燃用高比例甲醇汽油的改动。

随着乙醇比例的提高，对密封件的腐蚀性增强，其中 E20、E30 的腐蚀性最强，也存在着类似于燃用高比例甲醇的问题。

③ 乙醇灵活燃料，指既可使用汽油，又可以使用乙醇或乙醇与汽油任何掺混比例的乙醇汽油。

（4）乙醇燃料在柴油机上的应用

乙醇难溶入柴油的特性，决定了其用于柴油机上的复杂性，方法和形式也多样化。

① 乙醇柴油混合法。为了不改变柴油机结构使用乙醇燃料，通常需要借助于助溶剂使乙醇与柴油形成均相、稳定的混合燃料。也可以采用乳化法混合，将水、乙醇和柴油按一定比例在外界动力下成为乳化液。

虽然这一方法简单，无需改变柴油机结构，但也存在一些问题，如乳化燃料不稳定、易分层，加入的助溶剂、表面活性剂等多是硝基化合物的十六烷值改进剂，会增加炭烟和 NO_x 排放。

② 柴油引燃乙醇，类似于乙醇 HCII（或 RCCI）或天燃气 - 柴油压燃式双燃料发动机。只是喷油量随着掺醇率的增加而减少，掺醇率可达 80%，即从以柴油为主直到以乙醇为主，柴油仅作为引燃燃料。但这种方法需要对发动机和供给系统做较大改动。

③ 柴油、乙醇同时喷射法。在柴油机气缸盖上再安装一个喷醇器，将乙醇以一定提前角和压力喷入燃烧室与柴油混合燃烧。此法涉及喷醇器的布置问题，主要用于大型的载重汽车柴油机上。该方法的优点是可以使用价格便宜、来源广泛的含水（一定量）乙醇，但缺点是需要改动缸盖，而且乙醇黏度低，易加剧喷油器偶件磨损，存在乙醇喷射系统的寿命和可靠性问题。

④ 柴油、乙醇在线混合法。燃料供给系设有流量控制阀和超声波混合器。超声波混合器用以提高两种燃料的混合均匀性，流量控制阀调节流入混合器之柴油和乙醇的掺混比例，以适应不同的工况。

2. 生物柴油发动机

① 生物柴油具有与石化柴油相近的性质，可以任意比例与石化柴油调和使用，也可以单独使用来替代柴油，柴油机不需要做改动。

② 生物柴油不含硫或含硫很低（来自于生产过程），不含芳香烃，加之十六烷值高，含氧 10% 左右，燃烧性能好，可减少油耗，显著降低炭烟和颗粒物排放，但 NO_x 排放相对传统柴油机上升 10% ~12%。

③ 十六烷值高，燃烧性能好。

④ 闪点高，使用安全性好。

⑤ 热值比石化柴油约低 10%，但因理论空燃比小，混合气之热值却与柴油的相当，基本不影响发动机动力性。

⑥ 润滑性能好，可延长发动机及其部件的使用寿命。

⑦ 不增加 CO_2 排放（来源于植物的光合作用，能基本平衡掉生产和使用过程中的 CO_2），且生物可降解性好。

⑧ 生物柴油中含有少量的甲醇（或者乙醇），醇类物质在燃烧过程中必然会产生各种有害的非常规排放，如甲醛、乙醛、烯烃和炔烃。

⑨ 生物柴油黏度大，雾化性能较差，低温流动性差，寒冷条件下使用较困难。

10.7.3 氢燃料发动机

氢气不含有炭，燃烧排放物中没有CO_2、CO、HC和炭烟，仅有H_2O、少量NO_x和窜机油导致的极少量CO和HC排放。氢气可以通过太阳能、风能等可再生能源获得，是最丰富的、理想的能源物质。氢燃料自燃温度高（580℃），难以压燃，主要用于汽油发动机。实际应用的氢燃料发动机或汽车大多采用氢与汽油或柴油混合的燃料。

氢的燃烧速度快，理论空燃比的混合气燃烧速度比汽油高2～8倍，燃烧持续时间短；氢气扩散速度很快，与空气混合快而均匀，燃烧充分；氢与空气混合气的可燃范围广，易于实现稀薄燃烧，过量空气系数范围可达0.15～10，在发动机整个负荷范围内均能正常工作；点火所需能量极小，仅为其他燃气的1/3～1/6，着火稳定；加之氢的辛烷值高、抗爆燃性好，允许推迟点火、采用较高的压缩比。所以氢燃料发动机冷起动性好、热效率高（比汽油机高出15%～50%，掺烧时提高10%～35%）、经济性好。

氢气单位质量低热值高，约为汽油的2.7倍，但理论空燃比则是汽油的2.5倍，混合气热值小于汽油。加之其密度小，仅为空气的1/14.5，影响充气量，其动力性反而较差。

氢气扩散系数是汽油的12倍，万一发生泄漏，亦可快速飘散，提高了行车安全性。

氢燃料发动机没有积炭、颗粒物、结胶等产生，使磨损大大减少，机油遭受污染的程度也大大减轻，使发动机寿命延长。

但氢气的沸点低，储运性能、携带性较差。氢气制取成本较高。

【思考题与练习题】

1. 传统的均质混合气点燃式汽油机和非均质压燃柴油机的主要问题有哪些？
2. 发动机排气能量利用的方法有哪几种？
3. 就利用废气能量的方式而言，涡轮增压有几种方式？车用发动机多采用哪种？为什么？
4. 涡轮增压发动机存在的主要问题是什么？如何解决？
5. 说明汽油机采用可变压缩比的缘由。
6. 变排量的出发点是什么？变排量的方法有几种？
7. 为何采用米勒循环？现在多采用什么方法实现米勒循环？
8. 混合动力技术有何优势？串联、并联、混联系统，哪种更有优势？
9. 分层稀薄混合气燃烧有什么优势？
10. 缸内喷射实现混合气分层的方法有哪几种？
11. 缸内喷射采用的可变混合气形成与燃烧模式有哪几种？分别对应于什么运行工况？
12. 简述均质混合气压燃的优势及存在的问题。
13. HCCI汽油机燃烧过程控制中的废气再循环有何特点？
14. 如何实施HCCI燃烧与传统燃烧双模式可变？
15. 简述汽、柴油双燃料HCCI燃烧过程的特点。
16. 天然气燃料发动机有何特点？
17. 甲醇和乙醇作为发动机代用燃料有何特点？

参 考 文 献

[1] 蒋德明. 内燃机原理 [M]. 北京：机械工业出版社，1988.

[2] 王建昕，帅石金. 汽车发动机原理 [M]. 北京：清华大学出版社，2011.

[3] 奥林，克鲁戈罗夫. 内燃机 - 活塞式及复合式发动机原理 [M]. 罗远荣，等译. 北京：机械工业出版社，1987.

[4] 庄人隽. 汽车发动机电控系统的结构与维修 [M]. 北京：中央广播电视大学出版社，2006.

[5] 王俊金，马元绍，高永康. 内燃机及其热工基础 [M]. 北京：机械工业出版社，1992.

[6] 林学东. 发动机原理 [M]. 北京：机械工业出版社，2008.

[7] 周龙宝. 内燃机学 [M]. 北京：机械工业出版社，2011.

[8] 斋藤孟. 汽车柴油发动机 [M]. 张荣禧，译. 北京：人民交通出版社，1986.

[9] 董敬，庄志，常思勤. 汽车拖拉机发动机 [M]. 3 版. 北京：机械工业出版社，2010.

[10] 吴建华. 汽车发动机原理 [M]. 北京：机械工业出版社，2008.

[11] 张志沛. 汽车发动机原理 [M]. 3 版. 北京：人民交通出版社，2011.

[12] 韩同群. 汽车发动机原理 [M]. 2 版. 北京：北京大学出版社，2012.

[13] 李岳林. 工程热力学与传热学 [M]. 北京：人民交通出版社，2007.

[14] 于秋红. 热工基础 [M]. 北京：北京大学出版社，2009.

[15] 俞佐平. 传热学 [M]. 北京：高等教育出版社，1979.

[16] 赵航，史广奎. 混合动力电动汽车技术 [M]. 北京：机械工业出版社，2012.

[17] 常思勤. 汽车动力装置 [M]. 北京：机械工业出版社，2006.

[18] 舒华，姚国平. 汽车新技术 [M]. 北京：国防工业出版社，2008.

[19] 林学东，王霆. 车用发动机电子控制技术 [M]. 北京：机械工业出版社，2010.

[20] 倪计民. 汽车发动机原理 [M]. 上海：同济大学出版社，1997.

[21] 刘玉梅. 汽车节能技术与原理 [M]. 2 版. 北京：机械工业出版社，2010.

[22] 庄继德，庄蔚敏，叶福恒. 低碳汽车技术 [M]. 北京：清华大学出版社，2010.

[23] 克劳斯. 汽车发动机设计 [M]. 北京：人民交通出版社，1980.

[24] 李兴虎. 汽车环境保护技术 [M]. 北京：北京航空航天大学出版社，2004.

[25] 斯卡沃勒尔. 汽车构造与维修应用：发动机篇 [M]. 吴友生，孟怡平，等译. 北京：机械工业出版社，2004.

[26] 吉尔. 汽车发动机诊断与大修 [M]. 北京：机械工业出版社，2009.

[27] 艾若扎维克. 汽车发动机及其诊断维修 [M]. 司利增，等译. 北京：电子工业出版社，2006.